国家自然科学基金重大研究计划重点支持项目（91647202）支持

雅鲁藏布江流域径流演变与生态水文过程模拟

徐宗学　彭定志　孙文超
李秀萍　庞　博　左德鹏　等　著

科学出版社

北　京

内 容 简 介

本书针对雅鲁藏布江流域复杂下垫面特征及生态水文过程，重点开展气候变化-径流演变互馈机理研究、流域下垫面演变特征及其驱动力分析、气候变化驱动下的径流响应与水文过程演变机理研究，阐明流域水文气象要素时空演变特征，辨识下垫面时空演变规律及其驱动机制，分析植被动态演变机理和径流对下垫面及气象要素的响应，建立流域分布式生态水文模型及其和植被的双向耦合模型，揭示雅鲁藏布江流域生态水文过程和生态系统演变规律。

本书可以作为研究高寒地区生态水文过程及其演变规律的参考书，供水文学、地理学、资源科学、环境科学、生态学等相关领域研究人员参考使用。

审图号：藏 S（2022）013 号

图书在版编目（CIP）数据

雅鲁藏布江流域径流演变与生态水文过程模拟/徐宗学等著. —北京：科学出版社，2023.5
ISBN 978-7-03-073616-1

Ⅰ.①雅… Ⅱ.①徐… Ⅲ.①雅鲁藏布江–流域–地面径流–研究 ②雅鲁藏布江–流域–区域水文学–流域模型 Ⅳ.①P331.3 ②P344.275

中国版本图书馆 CIP 数据核字(2022)第 199848 号

责任编辑：杨帅英 程雷星 / 责任校对：郝甜甜
责任印制：吴兆东 / 封面设计：蓝正设计

科学出版社 出版
北京东黄城根北街 16 号
邮政编码：100717
http://www.sciencep.com

北京九州迅驰传媒文化有限公司 印刷
科学出版社发行 各地新华书店经销

*

2023 年 5 月第 一 版   开本：787×1092 1/16
2023 年 5 月第一次印刷   印张：13 3/4
字数：326 000
定价：140.00 元
(如有印装质量问题，我社负责调换)

本书编委会

序

　　水是生命之源，也是经济社会发展不可替代的资源，它还是联系地球系统中"地圈-生物圈-大气圈"的纽带。自然界的水循环受气候变化和人类活动的双重影响，其决定着水资源形成及与水土相关的环境演变。近百年来，地球气候系统经历着显著的变化，加之剧烈的人类活动影响，水循环过程显著改变。因此，变化环境下水循环演变规律成为当前国际水科学的热点和前沿研究领域之一。

　　青藏高原是亚洲地区十条主要河流重要的发源地，其能量与水循环过程对我国、东亚乃至全球的天气和气候系统都有着十分重要的作用和影响。雅鲁藏布江起源于青藏高原，是我国较大的跨境国际河流之一。流域内包括西藏自治区经济开发潜力最大的核心地区，水能蕴藏量大，生态资源丰富。在全球气候变暖的背景下，雅鲁藏布江流域水资源和生态环境也发生了一系列深刻的变化，如降水减少、积雪消融、冰川冻土退缩、土地沙漠化加剧等。因此，辨析变化环境下雅鲁藏布江流域的水文循环过程演变机理，不仅是西藏地区水资源开发利用和生态保护的现实需求，而且是跨境河流水资源管理的迫切需要。

　　多年来国家对青藏高原的形成与演变、地质、古环境开展了大量基础性研究，取得了多方面的重大科学进展，但对雅鲁藏布江流域的河流系统变化，特别是气候变暖、水循环变化背景下流域径流响应的研究相对较少。应对全球变化和国际河流可持续发展趋势，迫切需要研究雅鲁藏布江流域水循环演变规律与气候-水文-生态系统相互作用机理问题，为国家制定区域资源环境政策提供科技支撑和决策依据。

　　2017年，北京师范大学联合中国科学院青藏高原研究所、西藏自治区水文水资源勘测局等单位共同承担了国家自然科学基金重大研究计划"西南河流源区径流变化和适应性利用"的重点支持项目"变化环境下的雅鲁藏布江流域径流响应与水文过程演变机理研究"。该项目通过深入研究流域内大气水、地表径流和地下水之间的水文循环过程，探讨流域水循环对气候变化的响应，分析复杂植被与生态系统的相互作用机理，合理评估界定气候变化和人类活动在区域水循环和水量调控与平衡等过程中的作用，揭示雅鲁藏布江流域生态安全的时空格局及其在环境变化背景下的演变趋势，掌握气候变化驱动下的雅鲁藏布江流域径流响应特征与生态水文过程演变机理，为西藏地区的水资源开发利用、生态保护和跨境河流管理等一系列重大问题提供科技支撑。

　　本人作为"西南河流源区径流变化和适应性利用"重大研究计划的指导专家组组长，受"变化环境下的雅鲁藏布江流域径流响应与水文过程演变机理研究"项目负责人徐宗学教授的邀请，曾多次参加了项目启动会和专家咨询会议，了解项目情况，深入研讨，为项目的顺利实施出谋划策，提出了相关的意见和建议。总的来说，该项目在变化环境下的雅鲁藏布江流域水循环演变规律以及气候-水文-生态相互作用机理等方面取得了多项创新成果，发表了多篇高水平的学术论文，丰富了青藏高原的水科学理论，为未来雅鲁藏布江水能资源开发利用和西藏自治区水资源可持续利用及生态保护提供了理论依据。

北京师范大学水科学研究院徐宗学教授等撰写的专著《雅鲁藏布江流域径流演变与生态水文过程模拟》是上述项目的部分研究成果。该书在对雅鲁藏布江流域降雨径流关系深入分析的基础上，结合最新观测数据、统计降尺度结果和多源融合数据，甄别了径流演变的关键影响因子，解析了径流补给的来源及其时空分布特征；建立了流域分布式生态水文模型及其与植被的双向耦合模型，分析了雅鲁藏布江流域水文过程和生态系统演变规律，大幅提升了雅鲁藏布江流域径流演变与生态水文过程模拟研究的理论水平。

随着我国在青藏高原水科学领域研究水平的逐渐提高，中国已成为名副其实的青藏高原科研大国。但是我们也应该看到，当前青藏高原研究正进入以学科分支（包括大气、水文、地理、地质、土壤、地球物理、地球化学、遥感科学等）为主体向学科间大跨度交叉渗透研究的新时代。如何把握学科发展机遇，提高我国水科学领域在青藏高原的研究水平，扩大我国学术界在世界范围内青藏高原水科学研究的话语权，使我国真正成为青藏高原研究的强国，是我国水科学工作者面临的重要挑战。相信该专著的出版，必将推动雅鲁藏布江流域乃至青藏高原水科学基础理论的研究，为西部地区水安全、生态安全和国防安全以及经济社会的可持续发展做出积极的贡献。

国家自然科学基金委员会
重大研究计划指导专家组组长
中国工程院院士
2021 年 1 月

前　　言

　　雅鲁藏布江（以下简称雅江）流域是西藏自治区经济开发潜力最大的核心地区，也是我国较大的跨境国际河流之一，其水资源蕴藏量丰富，生态安全问题也十分突出。近年来，雅江流域冰川退缩、土地沙漠化加剧、降水减少、汛期径流增大，易引起洪涝灾害发生。另外，国际上对雅江跨境水资源和生态环境变化极为关注。与西藏紧邻的印度是全球经济增长最快和人口最多的国家之一，一直关注中国境内雅江流域的水资源利用和生态变化问题。在中印边界问题谈判过程中，跨境水资源、水环境与水生态安全问题已成为印方极为关注的焦点之一。多年来，国家投入了大量的人力、物力和财力，对青藏高原的形成与演变、地质、古环境开展了大量基础研究，取得了若干重大科学进展，但对雅江流域的河流系统变化，特别是水循环变化、气候变化背景下的流域径流响应研究相对比较少。应对全球变化和国际河流可持续发展趋势，迫切需要研究雅江流域水循环演变规律与气候-水文-生态系统相互作用机理问题，为国家解决区域国际重大资源环境问题提供科技支撑和决策依据。通过深入系统的研究，弄清水循环演变规律、影响径流的主导因子；通过对流域内的气候-水文-生态相互作用机理开展深入研究，促进区域水资源合理利用和保护，为我国参与区域合作一系列相关行动计划提供直接的科学依据和科技支撑。

　　作者在国家自然科学基金委员会"西南河流源区径流变化和适应性利用"重大研究计划的重点支持项目"变化环境下的雅鲁藏布江流域径流响应与水文过程演变机理研究"的支持下，聚焦于气候变化驱动下的径流响应与流域水循环演变机理问题，以雅江流域为研究对象，结合地面观测数据、遥感遥测资料和统计降尺度结果，研究多源数据融合技术，解决缺资料流域水文模拟的技术难题。分析研究区径流演变特征，辨识径流演变关键影响因子，揭示径流补给来源及其时空分布特征。基于多源遥感数据，分析研究区下垫面演变规律，构建陆地生态系统模型，揭示植被生态系统动态演变机理。结合野外试验观测数据，研究雅江典型流域高寒地区复杂下垫面条件下的产汇流机理，构建考虑融雪径流和冻土的分布式生态水文模型，实现水循环过程和植被动态过程的双向耦合，辨析雅江流域水文过程和生态过程演变规律，揭示变化环境下雅江流域径流响应与水文过程演变机理。

　　本专著是在雅江重大研究计划项目相关研究成果的基础上完成的，专著总体设计与大纲由徐宗学教授负责，彭定志教授负责统稿。第 1、2 章由徐宗学、彭定志撰写；第 3 章由李秀萍撰写；第 4、5 章由孙文超、左德鹏撰写；第 6 章由庞博撰写；第 7 章由彭定志撰写；第 8 章由徐宗学、彭定志撰写。第 1 章主要介绍了研究背景及意义、国内外研究现状、研究目标与关键科学问题、研究内容与技术路线；第 2 章主要介绍了雅江流域自然地理、河流水系、水文气象、地质地貌、植被土壤、社会经济、自然灾害；第 3 章结合地面观测数据、遥感遥测资料，基于多源数据融合和陆面同化方法分析了流域短时降水、土壤湿度、极端降水、积雪时空分布、气温等的时空演变特征，阐述了流域径流与降水的相关关系，并对流域径流变化做了归因分析和定量识别；第 4 章分析了雅江流域下垫面（土地利用、景观格局、植被覆盖、积雪覆盖）时空演变规律及其驱动机制；第 5 章基于生长季 NDVI，分析了植被生长状态时空演变特征，基于植被动态模型研究了陆地生态系统演变规律，并对陆地生态系统对气候变化响应进行了预估；第 6 章分析了径流演变与下垫面及气象要素相关性、径流演变与下垫面及气象要素敏感性、径流演变与下垫面及气象要素贡献率，以及下垫面变化对流域径流量影响的定量分析；第 7 章利用分布式生态水文模型 BTOPMC、HEC-HMS、SRM 和 VIC，模拟了雅江流域径流响应与水文过程；第 8 章为结论与建议。本专著是一部具有很强实践性的专著，可为高海拔流域水资源合理开发与生态环境问题分析提供很好的借鉴和参考。

本专著主要内容是在国家自然科学基金委员会重大研究计划重点支持项目的研究基础上提炼完成的，上述作者也是本项目的主要承担者和主要完成人。作为项目的主要负责人，希望借此机会对所有项目参与人员和本专著的所有作者表示由衷的感谢！项目执行过程中，得到了西藏自治区水文水资源勘测局王静副局长、日喀则分局达瓦次仁局长及相关人员的大力支持和配合，在此表示衷心的感谢！本专著的出版得到了国家自然科学基金委员会重大研究计划重点支持项目的经费支持。

限于时间和水平，本书难免存在疏漏之处，敬请读者批评指正。

作　者

2021 年 1 月

目　　录

第1章 绪　　论

1.1　研究背景及意义

气候变化驱动下的水循环水资源演变规律研究是国际地圈生物圈计划（IGBP）、世界气候研究计划（WCRP）和全球环境变化国际人文因素计划（IHDP）等重大科学计划的前沿科学问题之一，也是国际社会普遍关注的全球性问题和各国政府的重要议题之一。联合国政府间气候变化专门委员会（IPCC）评估报告指出，以全球气候变暖为主要特征的气候变化破坏了水环境和水生态，导致水资源总量估计的不确定性，造成水文极值事件的频发，深刻影响着人类社会水安全和社会安全。随着科学技术的进步，人类活动对流域水循环的干预强度日益增大。人类活动引起的水文循环状况和水量平衡要素在时间、空间和数量上发生着不可忽视的变化。研究气候变化和人类活动驱动下的水循环水资源演变规律是水科学研究中的热点。

我国西南河流源区生态环境较为脆弱，开展该类地区水循环与水资源对气候变化和人类活动的响应研究具有十分重要的现实意义，将为防灾减灾、水资源可持续利用以及生态安全提供基础理论和科技支撑。青藏高原是亚洲地区十条主要河流重要的水源地，被称为"亚洲水塔"（Qiu, 2008; Immerzeel et al., 2010）。自20世纪80年代中期以来，青藏高原的气候发生了显著的变化，表现为变暖变湿、风速减弱、太阳辐射减少（Yang et al., 2014），导致该地区的水循环发生了剧烈的变化，干旱区变湿，湿润区变干，蒸发增强（Yang et al., 2011; Gao et al., 2015）。青藏高原地表水循环最为突出的基本特征就是冰冻圈、水圈以及大气圈之间的相互作用、相互影响。在气候变暖的背景下，由于冰冻圈对气候变化的敏感性，该地区地表环境发生了一系列深刻的变化，冰川退缩、湖泊扩张、冻土活动层加深、草场退化等，这些变化影响到水文循环，威胁到生态系统安全。

雅鲁藏布江流域是西藏自治区经济开发潜力最大的核心地区，该河也是我国最大的跨境国际河流之一，其水资源蕴藏量丰富，生态安全问题也十分突出。近年来，雅鲁藏布江流域冰川退缩，土地沙漠化加剧，降水减少（杨志刚等，2014），汛期径流较大，易引起洪涝灾害发生。另外，国际上对雅鲁藏布江跨境水资源和生态环境变化极为关注。与西藏紧邻的印度是全球经济增长最快和人口最多的国家之一，一直关注中国境内雅鲁藏布江流域的水资源利用和生态变化问题。在中印边界问题谈判过程中，跨境水资源及水环境与水生态安全问题已成为印方极为关注的焦点之一（Barnett et al., 2005; Kang et al., 2010; Guo et al., 2012; Ji and Kang, 2013）。

多年来，国家投入大量人力、物力和财力，对青藏高原的形成与演变、地质、古环境开展了大量基础研究，取得了若干重大科学进展，但对雅鲁藏布江流域的河流系统变化，特别是水循环变化、环境影响与生态安全、气候变化背景下的流域径流响应研究相对比较少。应对全球变化和国际河流可持续发展趋势，迫切需要研究雅鲁藏布江流域水循环演变规律与气候-水文-生态系统相互作用机理问题，为国家解决区域国际重大资源环境问题提供科技支撑和决策依据。通过深入系统的研究，弄清水循环演变规律、影响径流的主导因子，对流域内的气候-水文-生态相互作用机理开展深入研究，促进区域水资源合理利用和保护，为我国参与区域合作一系列相关行动计划提供直接的科学依据和科技支撑。

1.2 国内外研究现状

1.2.1 雅鲁藏布江气候变化及其对径流的影响

近年来，针对雅鲁藏布江流域水资源变化的研究多数以对水文气象序列的统计特征分析为主（周顺武等，2000，2001；曹建廷等，2005；黄俊雄等，2007；胡林涓等，2012；杨志刚等，2014），深入的机理分析较少。由于特殊的地理位置和特殊的多圈层（积雪、冰川、冻土等）存在，雅鲁藏布江流域气象与水文观测站十分稀疏，无法满足目前研究工作的需要。而现有的模型数据和遥感数据在高原地区存在较大的不确定性，因此融合观测、遥感和模型数据及统计降尺度生成高分辨率的水文气象数据显得十分必要。

在数据融合与同化方面，目前国内外已有多个研究小组开展了陆面同化技术研究，建立了中国西部陆面数据同化系统（WCLDAS）和高分辨率多源遥感陆面数据同化系统（HDAS）等多个陆面数据同化系统。如基于集合卡尔曼滤波同化近表面观测湿度的实验（Zhang et al.，2006）、土壤水分同化系统的敏感性试验研究（黄春林和李新，2006）、基于非饱和土壤水模型的土壤湿度同化方案（张生雷等，2006，2008），这些结果表明利用数据同化方法对土壤水分的估计效果显著提高。相比站点观测而言，遥感观测可以提供目前最具潜力的大尺度、长时间序列土壤湿度信息。近年来，在卫星遥感资料方面，同化 AMSR-E 垂直极化 6.9 GHz 和 18.7 GHz 亮温估计土壤水分和能量平衡的自动率定系统（Yang et al.，2007，2009），不仅检验了驱动数据中缺失降水的影响，同时也改善了地表能量收支平衡。其他研究结果也表明同化结果能够比较合理地改善数据精度（Huang et al.，2008；贾炳浩等，2010；Xu et al.，2011）。

IPCC 第五次报告（IPCC AR5）提供了几十个全球性能最好的全球大气环流模式的输出结果，发现几乎所有模式均高估了青藏高原的降水（Muller and Seneviratne，2014）。可能的原因就是全球数值模式分辨率过低（吴辉，2015），特别是难以满足水文应用的需要。因此，统计降尺度法常常被用来生成高分辨率的数据集，特别是满足流域尺度水文应用的需要，近年来其已经成为国际上和国内气候及水文领域研究中的热点问题（Fowler et al.，2007；Chu et al.，2008）。统计降尺度方法可以将 GCM 输出中物理意义明确、模拟得较准确的大尺度影响因子与局地观测的气候要素联系起来，在二者之间架起桥梁，且计算量小。目前的统计降尺度方法很多，各有其优缺点，而且选择不同的统计降尺度方法取得的预估结果很不一样。过去开展了大量的统计降尺度方法的比较研究，目前的统计降尺度法存在较大的不确定性，最主要缘于输入 GCM 的不确定性和方法本身的不确定性。

1.2.2　流域下垫面植被演变及驱动力分析研究进展

下垫面是影响气候、水文过程的重要因素，由于植被发挥了较为关键的作用，因此在众多水文研究中，下垫面条件中的植被要素颇受关注。关于植被变化及驱动要素开展的研究中，针对大尺度区域的研究多基于遥感植被指数产品。除此之外，也有部分研究基于数值模拟或野外观测与调查。

基于遥感植被指数产品开展的工作主要关注植被覆盖变化及其驱动要素。遥感技术的不断进步使得可用于植被覆盖变化研究的遥感数据日渐增多。目前，国际上已经开发了近 50 种遥感植被指数。其中，在大尺度区域植被覆盖度监测研究中，归一化植被指数（NDVI）最为常用（Tucker et al.，2005；Fensholt et al.，2009；陈效逑和王恒，2009；Eastman et al.，2013；袁丽华等，2013；刘宪锋等，2015；Otto et al.，2016）。国内外众多学者基于遥感 NDVI 产品，在植被覆盖变化及驱动要素方面开展了较多研究工作。在雅鲁藏布江流域，Guo 等（2014）基于 NDVI 采用重力中心法分析了流域 NDVI 与气候指数的相关性，结果表明降水与气温影响流域植被生长。Cai 等（2015）基于 GIMMS NDVI 产品，利用二维生态-水文状态域法（two-dimensional eco-hydrological state space）分析了青藏高原植被-气候变化关系，定量刻画了引发植被覆盖变化的气候变化和人类活动影响的比例。杜加强等（2016）基于 GIMMS NDVI 和 MODIS NDVI 产品，研究了新疆地区近 30 年生长季各月植被生长的动态变化，并利用回归分析方法探究了植被对气象要素和人类活动的响应，结果表明各月植被对气象要素的响应程度并不一致，除气候要素外种植结构和灌溉方式也是造成植被改变的重要原因。肖洋等（2016）基于 MODIS 影响反演获得植被覆盖度数据，在此基础上分析了我国内蒙古地区 2000~2010 年生态系统的演变规律，利用相关分析法探讨了生态系统演变与气候变化、人类活动之间的关系。结果表明，该区域生态系统演变与降水、气温存在明显的相关关系，同时与退耕还草工程、风沙治理工程等人类活动也存在密切的联系。

除了基于遥感产品，国内外也有部分学者基于数值模拟或野外观测数据，对植被变化及其驱动要素进行研究。Mao 等（2013）基于 CLM4.0（Community Land Model Version 4.0）分析了全球 1982~2009 年植被变化过程及驱动要素，结果表明在研究时段内气温升高和 CO_2 浓度的上升使得植被覆盖趋于增加。Rigling 等（2012）基于 1983~2003 年瑞士国家森林调查数据，对罗讷河谷（Rhone valley）植被组成的变化进行了研究，结果表明气候要素的变化尤其是干旱导致了罗讷河谷植被组成的变化。徐小军等（2016）基于光能利用率模型 EC-LUE（Eddy Covariance Light Use Efficiency）对浙江省西北部安吉县毛竹林生态系统 2004~2011 年的总初级生产力（gross primary productivity，GPP）空间分布进行了模拟，并利用相关分析分析了叶面积指数（LAI）、气温对 GPP 的影响。

综上，基于遥感数据进行植被监测和植被覆盖变化的研究已经得到了广泛应用，是目前植被动态变化研究中一项极为重要的技术手段，但目前大多研究在特定研究区采用单一遥感数据源进行分析，使得研究结果往往受该研究区和遥感数据源限制，不易推广到其他区域。此外，识别植被动态变化的关键驱动因子多采用简单的统计方法，缺乏物理基础，研究有待于进一步加强。

在陆地生态系统研究中，模型作为一种有效且必不可少的手段备受关注。基于动态的陆地生态系统模型利用植被动力学原理，在一个模拟框架中模拟生态系统物质循环、冠层生理过程、植被动态变化过程，代表性模型有 LPJ-DGVM（Lund-Potsdam-Jena，Dynamic Global Vegetation Models）（Sitch et al.，2003）、TRIFFD（Top-down Representation of Interactive Foliage and Flora Including Dynamics）（Cox et al.，2002）、ORCHIDEE（Organizing Carbon and Hydrology in Dynamic Ecosystems Environment）（Krinner et al.，2005）、IBIS（Integrated Biosphere Simulator）（Foley et al.，1944）等。

近年来，利用 NDVI 等遥感数据分析雅鲁藏布江流域植被覆盖状况，并探讨其与水热、高程等因素关系的研究逐步展开。付新峰等（2006）对雅鲁藏布江流域 NDVI 时空变化特征分析的同时，对流域站点经纬度提取流域面上的 NDVI 值与流域站点主要气候因子（降水与平均气温）的关系进行了分析。孙明等（2012）为了查明雅鲁藏布江源区的草地植被盖度，采用 Landsat 5 TM 数据，以其派生数据 NDVI、RVI、VI3、PVI、DVI、MSAVI、SAVI、TM4/TM5 为主要分析对象，结合野外植被样地调查数据，选取相关性最高的因子与植被盖度实测值建立回归模型，然后利用该模型反演源区的植被盖度。Liu等（2014）和 Li 等（2013）基于土地利用数据探讨了雅鲁藏布江流域土地利用与土地覆盖变化趋势，结果同时表明雅鲁藏布江流域草地面积减少，森林和建筑面积呈增加趋势。李海东等（2013）运用 1982～2010 年的两种 NDVI 数据集，以及 1975 年、1990年、2000 年和 2008 年 4 期遥感数据，通过 GIS 技术、人工目视解译和灰色关联分析方法，研究了雅鲁藏布江流域 NDVI 变化和风沙化土地演变的耦合关系，结合 1957～2007年降水和气温逐日气象资料，探讨了气候变化对其耦合关系的影响。姜琳等（2014）基于 MODIS-NDVI 和 SPOT-VTG 遥感数据探讨了雅鲁藏布江流域 1998 年、2004 年、2010年植被覆盖度的空间格局和变化规律，并从空间上利用重心模型、从时间上利用相关系数模型分析了降水因子对雅鲁藏布江流域植被生长的影响。吕洋等（2014）利用 2001～2012 年 MODIS NDVI 月数据，基于趋势分析法和 Hurst 指数法分析了雅鲁藏布江流域植被覆盖的时空分布及其变化规律，并采用基于像元的空间统计方法，结合 TRMM 月降水数据和 SRTM DEM 数据定量分析了 NDVI 与降水和高程的关系。张嘉琪和任志远（2015）运用经验正交函数和奇异值分解法对 2000～2010 年雅鲁藏布江流域生长季植被覆盖与降水量的时空分布及时空相关性进行研究。结果表明：研究期间，雅鲁藏布江流域湿季降水的主要空间分布类型是东西差异分布型，每年 7 月、8 月、9 月这一特征逐渐显著，且长期变化趋势的显著性逐渐增强。

由此可见，对雅鲁藏布江流域植被变化的研究多集中于分析植被变化过程对气候变化的响应，而气候要素多集中于气温和降水，其他要素（如地表反射率、土壤含水量等下垫面要素及风速、相对湿度等气象要素）对植被的影响研究尚不多见，不同要素对植被影响的分析方法也多集中于简单的相关性分析方法，定量划分各要素贡献尚不多见。因此，将下垫面条件变化与流域产流机制结合起来，进行基于机理模型的下垫面陆面生态系统模拟,对雅鲁藏布江流域进一步开展变化环境下流域下垫面演变特征及其驱动机制分析是十分必要的。

1.2.3　气候变化驱动下的雅鲁藏布江流域径流响应研究进展

径流是地球表面水循环过程中的重要环节,其化学、物理特性对地理环境和生态系统有着重要的作用。随着全球变暖,径流量及其时空分布也发生了巨大变化,尤其是以冰川积雪融水补给为主的地区,径流的变化极其明显(王建和李硕,2005)。全球不同区域的研究均表明(Stewart et al.,2004),在以融雪径流为主要补给的流域,河川径流的变化对冬季温度的上升极为敏感。

国内外的研究者对融雪径流及其模拟进行了大量的研究,并取得了丰硕的研究成果,可以归纳为两大类:一类是基于能量平衡方程,这类模型从热力学的角度进行理论分析与定量计算,如斯坦福模型、PROMET、PRMS 等;另一类是基于气温指标的模型,这类模型利用经验方法建立气温和融雪融冰的相关方程,如 SHE、SRM 等。

另外,严寒气候、多年冻土层和土壤的季节冻结融化作用控制或影响了寒区水文地质环境,使冻土区地下水类型、结构、地表水文及其生态和工程环境均具有特殊性。冻土层作为一种特殊的区域性隔水层或弱透水层,在一定时空尺度上阻隔或显著减弱了地下水、地表水等水体和水分之间的水力联系,在寒区地下水的形成和运移过程及地下水分布格局和循环方式方面均起决定性作用。杨针娘等(1993)在祁连山黑河流域上游冰沟流域进行了冻土水文观测试验,对冻土活动层内地下水位变化、冻结与解冻过程以及相关参数等进行了观测研究,这是我国对冻土水文过程较为系统研究的开始。肖迪芳和丁晓黎(1996)对冻土条件下的水分运移规律、地下水分割等做了大量的工作,提出了寒冷地区月降水径流模型以及河川基流分割方法等。常学向等(2001)通过对土壤冻融测定、气温测定和径流量测定,对祁连山林区季节性冻土的冻融规律及其水文功能进行了研究。康尔泗(2002)根据 HBV 水文模型的基本原理,将我国西部山区流域分为高山冰雪冻土带和山区植被带,建立了气候变化条件下预测内陆河山区流域可能变化趋势的模型,该模型的冰雪融水量采用度日因子法进行计算,模型的输入为月气温和降水量,输出为月出山径流量。该模型对河西走廊黑河莺落峡水文站控制山区流域的逐月出山径流量进行了预报。陈仁升等(2006)以黑河干流流域为例,建立了一个内陆河高寒山区流域分布式水热耦合模型(DWHC),该分布式模型考虑了冻土水热耦合问题。总体来说,关于冻土研究的大多数模型还停留在经验研究层面上,冻土地区的水文过程很大程度上取决于冻土条件下水分动态规律和融雪融冰过程的模拟精度,而这些因素随着冻融速度和冻融深度而变化。气候、土壤、植被、地形等对土壤冻融都存在着很大的影响,对土壤冻融条件下的水分运移规律的模拟仍不完善。

目前,总体来看对雅鲁藏布江流域水文模拟的研究工作相对较少(陈刚等,2008;高冰等,2008;彭定志等,2008;王皓等,2010;刘文丰等,2012;邱玲花等,2013;Li et al.,2014;Qiu et al.,2014;Peng et al.,2015)。陈刚等(2008)利用 MIKE Basin

模型对拉萨河流域达孜县地表径流进行了计算,并初步进行了流域水资源合理配置。高冰等(2008)运用 GBHM 模型对雅鲁藏布江流域进行了长序列水文过程模拟,得到了拉萨河流域径流等水文要素的变化趋势。彭定志等(2008)运用改进的 TOPMODEL、新安江模型、经验相关图等对拉萨河流域洪水进行模拟,并比较了其模拟效果。王皓等(2010)通过构建高山深谷地区基于物理机制的流域分布式水文模型进行了拉萨河汛期产汇流过程并行计算,探索了降雨、蒸发等水文因子的垂向分布特征。刘文丰等(2012)分析了 VIC 模型在拉萨河流域的适应性,研究表明 VIC 模型能较好地应用在拉萨河流域。邱玲花等(2013)结合 MODIS 遥感数据和 DEM 资料分析了拉萨河流域不同高程的雪盖分布状况和雪盖衰退曲线,基于 SRM 模型构建了拉萨河流域融雪径流模型,对流域融雪径流过程进行了模拟,初步探讨了缺资料地区融雪径流的模拟方法。Li 等(2014)探讨了 GR4J 以及 SIMHYD 模型在雅鲁藏布江流域的模拟效果,径流模拟结果显示纳西效率系数达到 0.73~0.93,表明 GR4J 与 SIMMYD 模型能较好地应用于雅鲁藏布江流域径流模拟。Qiu 等(2014)分析认为拉萨河流域融雪径流主要集中在海拔 5000m 以下,融雪径流占总径流的 3%~6%。另外,其还对 SRM 参数的不确定性进行了分析。Peng 等(2015)运用改进的 TOPMODEL 模型与原模型对拉萨河流域水文模拟进行了对比研究,评估了拉萨河流域降雨空间差异性对流域径流的影响。因此,作为高海拔地区,雅鲁藏布江流域面积大,实测站点稀少,如何分析 TRMM 等卫星降水、多普勒天气雷达测雨数据,并建立考虑融雪径流和冻土影响的流域分布式水文模型,是研究的关键科学问题之一。

分析气候变化和人类活动影响下雅鲁藏布江流域水循环演变规律的研究仍然较为缺乏(巩同梁等,2006;蔺学东等,2007;张圣微等,2010;洛珠尼玛等,2012)。巩同梁等(2006)运用 Mann-Kendall 趋势分析法和 Pettitt 变点检验法分析了拉萨河冬季径流对气候变暖和冻土退化的响应。蔺学东等(2007)利用 Mann-Kendall 趋势分析法和 Pettitt 变点检验法分析了拉萨河流域径流的变化特征,采用多元回归法分析了气候因素(气温、降水)对径流变化的影响。张圣微等(2010)利用 SWAT 模型探讨了拉萨河流域气候波动和土地覆被变化对径流量的影响。洛珠尼玛等(2012)采用 Mann-Kendall 秩次相关检验法、线性回归分析法等对拉萨河流域水循环要素长期变化趋势进行了分析。Li 等(2013,2014)基于 GR4J 和 SIMHYD 模型分析了气候变化对雅鲁藏布江流域径流的影响,结果表明气候变化将减少流域径流。Liu 等(2015)基于 VIC 模型分析了拉萨河流域 21 世纪中叶(2046~2065 年)水文过程情景,结果表明径流呈增加趋势,但积雪深将会显著减少。

综上所述,基于国际国内经济、政治、外交方面的迫切需要,开展变化环境下的雅鲁藏布江流域水循环演变规律以及气候-水文-生态相互作用机理的研究,不仅对我国外交政策和西部大开发战略的实施具有重要的战略意义,而且对促进西藏经济社会跨越式发展也具有现实的指导意义,是十分必要和迫切的。另外,相关研究对于提高我国水科学领域在青藏高原上的研究水平、丰富青藏高原的水科学理论、扩大我国学术界在雅鲁藏布江流域研究国际上的话语权均具有重要的现实意义。

1.3 研究目标与关键科学问题

以雅鲁藏布江流域为研究对象,在对流域降水径流关系深入分析的基础上,结合多源数据融合,建立考虑融雪径流和冻土的流域分布式水文模型及其和植被的双向耦合模型,分析雅鲁藏布江流域水文过程和生态系统演变规律,为西藏地区的水资源管理、生态恢复等一系列重大问题解决提供科技支撑。

深入研究流域内大气水、地表径流和地下水之间的水文循环过程,探讨流域水循环对气候变化的响应,分析复杂植被与生态系统的相互作用机理,合理评估界定气候变化和人类活动在区域水循环和水量调控与平衡等过程中的作用,揭示雅鲁藏布江流域生态安全的时空格局及其在环境变化背景下的演变趋势,掌握气候变化驱动下的雅鲁藏布江流域径流响应特性与生态水文过程演变机理。结合高水平论文的发表和专著的出版,在国际上形成我国关于雅鲁藏布江流域水科学研究的学派和观点,推动雅鲁藏布江流域水科学基础理论的研究;在实践中,为变化环境条件下西藏自治区水资源可持续利用和生态恢复提供理论依据,为我国西部地区水安全、生态安全和国防安全提供科技支撑。

受气候变化和人类活动影响,雅鲁藏布江流域水循环规律发生了明显变化,改变了流域内的水热平衡与生态平衡状态,这些变化的原因是什么?如何科学定量地界定气候变化和人类活动影响的贡献?如何充分利用多源观测数据?如何加强陆面生态过程对水文过程描述的精细程度,使之对植被动态与水循环的双向耦合关系的模拟更加合理?如何建立适应变化环境下的流域水文与水循环分布式定量模型?复演环境变化下的水文过程与流域水循环时空变化等是必须解决的关键性科学问题。

(1)缺资料流域的水文预测与模拟问题:雅鲁藏布江流域地广人稀,水文观测站极为稀疏和不足,任何关于水文循环与生态系统的研究,都首先必须解决资料短缺的先天不足和问题。

(2)高寒地区不同产流区流域产汇流机理问题:其关键是确定寒区积雪、冻土影响下的流域下垫面产汇流关键参数,弄清高寒地区冰川和冻土影响下的产汇流机理。

(3)陆地水循环与生态系统演变中的气候变化和人类活动影响:包括气候变化和人类活动对水文循环与生态系统影响的甄别与界定,气候变化驱动下流域植被过程和生态系统变化对流域水循环的响应规律。

针对上述科学问题,本书拟充分利用十分有限的地面观测数据,并结合遥感和雷达观测资料,开展多源数据融合研究,针对过去近百年来雅鲁藏布江流域水循环和生态系统的演变与退化,揭示气候变化驱动下的径流响应和水循环演变机理,解决缺资料流域和变化环境下水文模拟的技术难题,这是国际水文科学协会(IAHS)重大研究计划 PUBs(2003—2012)的核心科学问题,也是国际水文科学协会重大研究计划 Panta Rhei(2013—2022)的关键科学问题之一。

1.4 研究内容与技术路线

以雅鲁藏布江流域为研究对象,结合最新观测数据、统计降尺度输出数据和多源融合数据，分析该流域的径流演变特征，甄别径流演变的关键影响因子，解析径流补给的来源及其时空分布特征；开发积融雪产流模型，考虑冰川冻土影响，并考虑流域水文气象要素和土地利用/覆被的空间差异性，建立适合高原寒区、能够描述气候变化和人类活动影响的流域尺度分布式水文模型，通过对植被与水文要素双向耦合关系的描述，深入揭示气候变化影响下下垫面变化对径流的影响以及径流对气候变化和人类活动的响应。技术路线如图 1-1 所示。

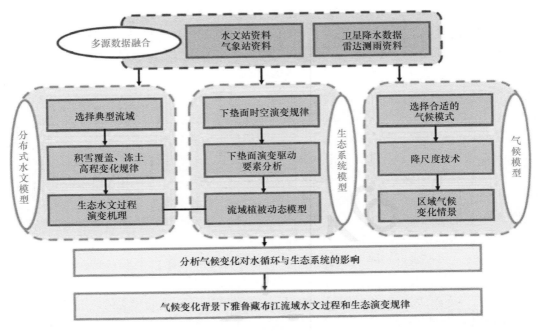

图 1-1　研究技术路线图

根据拟定的研究目标，本书分解为气候变化-径流演变互馈机理研究、雅鲁藏布江流域下垫面演变特征及其驱动力分析和气候变化驱动下的径流响应与水文过程演变机理三个研究内容。

1.4.1　气候变化-径流演变互馈机理研究

基于统计降尺度的输出数据和融合的多源数据以及水量平衡方法，解析雅鲁藏布江径流补给来源，识别气候变化驱动下的径流演变特征及其关键水文气象影响因子，量化各水文气象要素时空分布特征，探讨雅鲁藏布江流域气候变化与径流演变互馈机理。

（1）多源数据融合及其影响分析：对于站点观测和遥感资料等不同类型的观测数据，构建观测算子，将多源观测数据同化后输入水文模型，比较不同观测数据对提高模型模拟能力的影响。通过对不同类型的观测资料的分析，实现水文模型与传统观测、遥感观测的有效集成，探讨多源数据同化对模拟结果的影响，提高水文模型对水文过程的优化估计能力，揭示雅鲁藏布江流域主要水文要素在时间和空间上的变化趋势。

（2）气候变化驱动下的径流演变特征辨识：基于 CMIP5 提供的多 GCM 模式，开展适应性评估，在多种统计降尺度方法对比分析的基础上，研发充分考虑降水、气温等要素空间相关结构的统计降尺度模型，降低气候模拟和机理分析的不确定性。在统计降尺度输出结果和多源融合数据的基础上，借助水量平衡法研究流域水循环，分析雅鲁藏布江流域的水循环过程及其径流演变特征，甄别径流演变的关键影响因子，解析径流补给的来源及其时空分布特征，揭示气候变化-径流演变的互馈机理。

其具体的技术路线如图 1-2 所示。

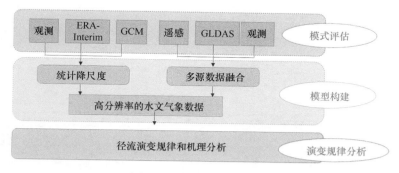

图 1-2　技术路线图（一）

1.4.2　雅鲁藏布江流域下垫面演变特征及其驱动力分析

基于多源遥感数据分析与生态系统机理模型模拟，从不同角度研究气候变化影响下雅鲁藏布江流域下垫面特征演变规律及其驱动机制。

（1）基于多源遥感数据的雅鲁藏布江流域下垫面演变分析：搜集整理近 30 年来的雅鲁藏布江流域多源遥感数据产品（如 NDVI、LAI、地表温度、地表反射率、土壤含水量等下垫面要素），分析多源遥感数据产品在其重叠时间段的相关关系，并采用 Landsat ETM+遥感影像以及站点实测数据进行对比分析验证，为判断是否能进行数据融合提供依据。通过在不同遥感产品之间建立各下垫面要素的最优关系模型，对下垫面要素进行归一化处理，实现多源遥感数据融合，从而构建雅鲁藏布江流域长序列下垫面要素数据集。基于 GIS 和数理统计分析方法探究雅鲁藏布江流域年代际、年际、季节及生长季不同下垫面要素动态变化及空间格局特征。构建典型气象要素如降水、气温、相对湿度、风速以及高程、人类活动等因子与下垫面要素之间的关系模型，识别影响下垫面要素变化的关键驱动因子，揭示下垫面演变机制。

（2）在改进全球广泛应用的 LPJ 模型对流域陆面生态系统模拟的基础上分析植被演变规律及其驱动力与驱动机制：为了使原本应用于大尺度的模型能够模拟流域内植被动态时空异质性与水文循环过程的响应关系，本书将对 LPJ 进行如下改进：采用北京师范大学全球变化与地球系统科学研究院全国 5km 分辨率气象场数据驱动模型，提高模拟的空间分辨率；采用北京师范大学全球变化与地球系统科学研究院全国 1km 分辨率土壤水力学参数集改进对模型土壤下渗过程的模拟；采用考虑植被冠层腾发和冠层间（或冠层下）裸土蒸发的双源潜在蒸散发 Shuttleworth-Wallace 模型模拟潜在蒸散发过程，从而在能量和水分双重约束下对气孔吸收二氧化碳、释放水分这一植物生理与水文过程耦合的关键过程进行模拟。将改进的生态模型对雅鲁藏布江流域植被动态演变过程进行模拟，分析其时空演变规律。分别将不同气候变化情景下的气温、降水、CO_2 浓度数据作为模型的输入驱动模型，分析模拟结果对上述不同要素的敏感性，从而揭示雅鲁藏布江流域植被动态变化的驱动要素及机制。

其具体技术路线如图 1-3 所示。

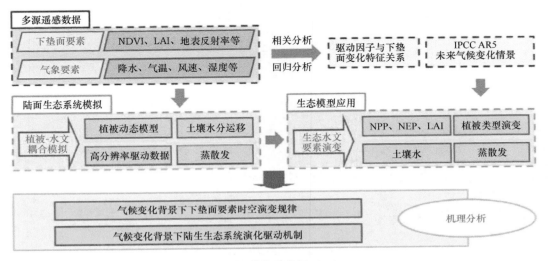

图 1-3　技术路线图（二）

1.4.3　气候变化驱动下的径流响应与水文过程演变机理

（1）卫星降水、多普勒天气雷达测雨数据分析。定量分析测站降水与卫星降水、多普勒天气雷达测雨的差异，利用气象测站以及水文测站降水资料，采用与网格点最近的测站有、无降水确定该网格点有、无降水和 Barnes 插值方案确定网格点降水大小的混合插值方案，得到流域降水量格点数据。然后，基于测站降水资料评价卫星降水资料，并进行相关性分析，进而分析流域降水的空间差异性。结合 GEFS（global ensemble forecast system）产品、气象测站以及水文测站降水资料，与拉萨、那曲、日喀则等多普勒天气雷达测雨资料进行相关性分析，校正测站降雨和雷达测雨的关系，分析流域降水空间分布特性，与卫星降水数据相结合并互为补充，分析雅鲁藏布江流域降水时空分布规律。建立水文站实测降水与卫星降水、多普勒天气雷达测雨的定量关系，通过卫星降水、拉萨、那曲、日喀则等多普勒天气雷达测雨资料和气象测站以及水文测站降水的相关关系，补充展延缺资料流域降水等模型输入数据的不足。

（2）分析雅鲁藏布江流域近 10 年不同月份的 MODIS 雪盖遥感数据，结合实地考察，校核 MODIS 雪盖遥感数据序列。利用流域 DEM 数据，分析各高程带积雪覆盖率，研究雅鲁藏布江流域积雪覆盖率的高程分布规律，为流域分布式水文模型构建提供支撑。利用 MODIS 雪盖遥感数据、卫星降水、雷达测雨和 Landsat 遥感数据，开发积融雪产流模型，考虑冰川冻土影响以及流域水文要素和土地利用/覆被的空间差异性，改进和完善模型，建立评价气候变化和人类活动对雅鲁藏布江流域水循环与水资源影响的分布式水文模型。结合典型流域野外试验实测数据，深入研究研究区不同尺度下的产流机制。

（3）采用 Mann-Kendall、Spearman、Pettitt 等方法对流域水循环要素长期变化趋势和突变点进行分析，确定雅鲁藏布江流域的"天然基准期"和"人类活动影响期"。改进双累积曲线法，采用最优指纹法，利用统计学方法定量甄别气候变化和人类活动的影响。同时，应用弹性系数法和构建的考虑融雪径流的流域分布式水文模型，定量识别气候变化和人类活动各自的贡献率。验证改进双累积曲线法、最优指纹法、弹性系数法、分布式水文模型法的合理性和适用性，最终进行气候变化和人类活动影响甄别的多方法综合归因分析。结合 IPCC 最新研究成果，根据适用性评估得到的适合雅鲁藏布江流域的 GCMs 和统计降尺度技术，应用建立的分布式水文模型，分析不同气候变化情景下，雅鲁藏布江流域水循环与水资源状况及其演变规律，刻画气候变化和人类活动对流域径流过程的影响。

其具体技术路线如图 1-4 所示。

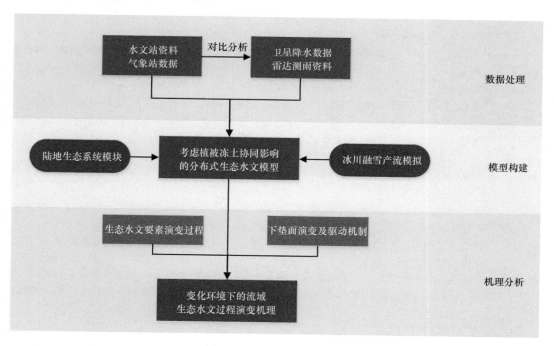

图 1-4 技术路线图（三）

参 考 文 献

曹建廷, 秦大河, 康尔泗, 等. 2005. 青藏高原外流区主要河流的径流变化[J]. 科学通报, 50(21): 2403-2408.

常学向, 王金叶, 金博文, 等. 2001. 祁连山林区季节性冻土冻融规律及其水文功能研究[J]. 西北林学院学报, S1: 26-29.

陈刚, 张兴奇, 李满春. 2008. MIKE BASIN 支持下的流域水文建模与水资源管理分析——以西藏达孜县为例[J]. 地球信息科学, 10(2): 230-236.

陈仁升, 吕世华, 康尔泗, 等. 2006. 内陆河高寒山区流域分布式水热耦合模型(I): 模型原理[J]. 地球科学进展, 8: 806-818.

陈效述, 王恒. 2009. 1982～2003 年内蒙古植被带和植被覆盖度的时空变化[J]. 地理学报, 64(1): 84-94.

杜加强, 赵晨曦, 贾尔恒•阿哈提, 等. 2016. 近 30a 新疆月 NDVI 动态变化及其驱动因子分析[J]. 农业工程学报, 5: 172-181.

付新峰, 杨胜天, 刘昌明, 等. 2006. 雅鲁藏布江流域 NDVI 时空分布及与站点气候因子的关系[J]. 水土保持研究, 13(3): 229-232.

高冰, 杨大文, 刘志雨, 等. 2008. 雅鲁藏布江流域的分布式水文模拟及径流变化分析[J]. 水文, 28(3): 40-44, 21.

巩同梁, 刘昌明, 刘景时. 2006. 拉萨河冬季径流对气候变暖和冻土退化的响应[J]. 地理学报, (5): 519-526.

胡林涓, 彭定志, 张明月, 等. 2012. 雅鲁藏布江流域气象要素空间插值方法的比较与改进[J].北京师范大学学报(自然科学版), 48(5): 449-452.

黄春林, 李新. 2006. 土壤水分同化系统的敏感性试验研究[J]. 水科学进展, 17(4): 457-465.

黄俊雄, 徐宗学, 巩同梁. 2007. 雅鲁藏布江径流演变规律及其驱动因子分析[J]. 水文, 27(5): 31-35.

贾炳浩, 谢正辉, 田向军, 等. 2010. 基于微波亮温及集合Kalman 滤波的土壤湿度同化方案[J]. 中国科学: 地球科学, 40: 239-251.

姜琳, 冯文兰, 郭兵. 2014. 雅鲁藏布江流域近 13 年植被覆盖动态监测及与降水因子的相关性分析[J]. 长江流域资源与环境, 23(11): 1610-1619.

康尔泗. 2002. 中国西北干旱区冰雪水资源和出山径流[M]. 北京: 科学出版社.

李海东, 沈渭寿, 蔡博峰, 等. 2013. 雅鲁藏布江流域 NDVI 变化与风沙化土地演变的耦合关系[J]. 生态学报, 33(24): 7729-7738.

蔺学东, 张镱锂, 姚治君, 等. 2007. 拉萨河流域近 50 年来径流变化趋势分析[J]. 地理科学进展, 26(3): 58-67.

刘文丰, 徐宗学, 刘浏, 等. 2012. 基于 VIC 模型的拉萨河流域分布式水文模拟[J]. 北京师范大学学报(自然科学版), 48(5): 524-529.

刘文丰, 徐宗学, 李发鹏, 等. 2014. 基于 ASD 统计降尺度的雅鲁藏布江流域未来气候变化情景[J]. 高原气象, 33(1): 26-36.

刘宪锋, 朱秀芳, 潘耀忠, 等. 2015. 1982～2012 年中国植被覆盖时空变化特征[J]. 生态学报, 35(16): 5331-5342.

洛珠尼玛, 王建群, 徐幸仪. 2012. 拉萨河流域水循环要素演变趋势分析[J]. 水资源保护, 1: 51-53.

吕洋, 董国涛, 杨胜天, 等. 2014. 雅鲁藏布江流域 NDVI 时空变化及其与降水和高程的关系[J]. 资源科学, 36(3): 603-611.

彭定志, 徐宗学, 巩同梁. 2008. 雅鲁藏布拉萨河流域水文模型应用研究[J]. 北京师范大学学报(自然科学版), 44(1): 92-95.

邱玲花, 彭定志, 胡林涓, 等. 2013. 基于 MODIS 和 SRM 的拉萨河流域融雪径流模拟研究[J]. 北京师范大学学报(自然科学版), 49(2/3): 152-156.

师春香, 谢正辉, 钱辉, 等. 2011. 基于卫星遥感资料的中国区域土壤湿度 EnKF 数据同化[J]. 中国科学: 地球科学, 41: 375-385.

孙明, 杨洋, 沈渭寿, 等. 2012. 基于 TM 数据的雅鲁藏布江源区草地植被盖度估测[J]. 国土资源遥感, 31(3): 71-77.

王皓, 高洁, 傅旭东, 等. 2010. 高山深谷地区的水文模拟——以拉萨河流域为例[J]. 北京师范大学学报(自然科学版), 46(3): 300-306.

王建, 李硕. 2005. 气候变化对中国内陆干旱区山区融雪径流的影响[J]. 中国科学(D 辑: 地球科学), 7: 664-670.

吴辉. 2015. 基于观测与区域数值模拟对青藏高原热源的定量化研究[D]. 北京: 中国科学院大学博士学位论文.

肖迪芳, 丁晓黎. 1996. 寒冷地区河川基流量分割方法的商榷[J]. 水文, 2: 27-32.

肖洋, 欧阳志云, 王莉雁, 等. 2016. 内蒙古生态系统质量空间特征及其驱动力[J]. 生态学报, 19: 1-12.

徐小军, 周国模, 杜华强, 等. 2016. 毛竹林总初级生产力年际变化及其驱动因素——以安吉县为例[J]. 生态学报, 6: 1-9.

杨针娘, 杨志怀, 梁凤仙, 等. 1993. 祁连山冰沟流域冻土水文过程[J]. 冰川冻土, 2: 235-241.

杨志刚, 卓玛, 路红亚, 等. 2014. 1961～2010 年西藏雅鲁藏布江流域降水量变化特征及其对径流的影响分析[J]. 冰川冻土, 36(1): 166-172.

袁丽华, 蒋卫国, 申文明, 等. 2013. 2000～2010 年黄河流域植被覆盖的时空变化[J]. 生态学报, 33(24): 7798-7806.

张嘉琪, 任志远. 2015. 雅鲁藏布江流域生长季 NDVI 对湿季降水的响应[J]. 水土保持研究, 2: 209-212.

张生雷, 谢正辉, 田向军, 等. 2006. 基于土壤水模型及站点资料的土壤湿度同化方法[J].地球科学进展, (12): 1350-1362.

张生雷, 谢正辉, 师春香, 等. 2008. 集合 Kalman 滤波在土壤湿度同化中的应用[J]. 大气科学, 32(6): 1419-1430.

张圣微, 雷玉平, 姚琴, 等. 2010. 土地覆被和气候变化对拉萨河流域径流量的影响[J]. 水资源保护, 26(2): 39-44.

周顺武, 假拉, 杜军. 2001. 近 42 年西藏高原雅鲁藏布江中游夏季气候趋势和突变分析[J]. 高原气象, 20(1): 71-75.

周顺武, 普布卓玛, 假拉. 2000. 西藏高原汛期降水类型的研究[J]. 气象, 26(5): 39-45.

Barnett T P, Adam J C, Lettenmaier D P. 2005. Potential impacts of a warming climate on water availability in snow-dominated regions[J]. Nature: International Weekly Journal of Science, 438(10): 303-309.

Cai D, Fraedrich K, Sielmann F, et al. 2015. Vegetation dynamics on the Tibetan Plateau (1982～2006): An attribution by ecohydrological diagnostics[J]. Journal of Climate, 28(11): 4576-4584.

Cao J T, Qin D H, Kang E S, et al. 2006. River discharge changes in the Qinghai-Tibet Plateau[J]. Chinese Science Bulletin, 51(5): 594-600.

Chaudhary P, Bawa K S. 2011. Local perceptions of climate change validated by scientific evidence in the Himalayas[J]. Biology Letters, 7(5): 767-770.

Chu J T, Xia J, Xu C Y. 2008. Statistical downscaling the daily precipitation for climate change scenarios in Haihe River basin of China[J]. Journal of Natiral Resources, 23(6): 1068-1077.

Cox P M, Betts R A, Betts A, et al. 2002. Modelling vegetation and the carbon cycle as interactive elements of the climate system[J]. International Geophysics, 83: 259-279.

Eastman J, Sangermano F, Machado E, et al. 2013. Global trends in seasonality of normalized difference vegetation index (NDVI), 1982～2011[J]. Remote Sensing, 5(10): 4799-4818.

Fensholt R, Rasmussen K, Nielsen T T, et al. 2009. Evaluation of earth observation based long term vegetation trends–Intercomparing NDVI time series trend analysis consistency of Sahel from AVHRR GIMMS, Terra MODIS and SPOT VGT data[J]. Remote Sensing of Environment, 113(9): 1886-1898.

Foley J A, Prentice I C, Ramankutty N, et al. 1944. An integrated biospheremodel of land surface processes, terrestrial carbon balance, and vegetation dynamics[J]. Global Biogeochemical Cycles, 10(4): 603-628.

Fowler H J, Blenkinsop S, Tebaldi C. 2007. Linking climate change modeling to impacts studies: Recent advances in downscaling techniques for hydrological modeling[J]. International Journal of Climatology, 27(12): 1547-1578.

Gain A K, Immerzeel W W, Sperna W F C, et al. 2011. Impact of climate change on the stream flow of lower

Brahmaputra: Trends in high and low flows based on discharge-weighted ensemble modelling[J]. Hydrology and Earth System Sciences, 15(13P): 1537-1545.

Gao Y, Xu J, Chen D. 2015. Evaluation of WRF mesoscale climate simulations over the Tibetan Plateau during 1979—2011[J]. Journal of Climate, 28(7): 2823-2841.

Guo B, Zhou Y, Wang S X, et al. 2014. The relationship between NDVI and climate factors in the semi-arid region: A case study in Yalu Tsangpo River basin of Qinghai-Tibet Plateau[J].Journal of Mountain Science, 11(4): 926-940.

Guo D L, Wang H J, Li D. 2012. A projection of permafrost degradation on the Tibetan Plateau during the 21st century[J]. Journal of Geophysical Research: Atmospheres, 117(D5), D05106, doi: 10.1029/2011 JD016545.

Huang C L, Li X, Lu L. 2008. Retrieving soil temperature profile by assimilating MODIS LST products with ensemble Kalman filter[J]. Remote Sensing of Environment, 112(4): 1320-1336.

Immerzeel W W, Droogers P, de Jong S M, et al. 2009. Large-scale monitoring of snow cover and runoff simulation in Himalayan river basins using remote sensing[J]. Remote Sensing of Environment, 113(1): 40-49.

Immerzeel W W, van Beek L P H, Bierkens M F P. 2010. Climate change will affect the Asian water towers[J]. Science, 328(5984): 1382-1385.

Ji Z M, Kang S C. 2013. Projection of snow cover changes over China under RCP scenarios[J]. Climate Dynamics, 41(3-4): 589-600.

Kang S C, Xu Y W, You Q L, et al. 2010. Review of climate and cryospheric change in the Tibetan Plateau[J]. Environmental Research Letters, 5(1): 15101.

Krinner G, Viovy N, Noblet-Ducoudré N D, et al. 2005. A dynamic global vegetation model for studies of the coupled atmosphere-biosphere system[J]. Global Biogeochemical Cycles, 19(1), GB1015, doi: 10.1029/2003 GB002199.

Laghari A N, Vanham D, Rauch W. 2012. The Indus basin in the framework of current and future water resources management[J]. Hydrology and Earth System Sciences, 16(154): 1063-1083.

Li F P, Xu Z X, Feng Y C, et al. 2013. Changes of land cover in the Yarlung Tsangpo River basin from 1985 to 2005[J]. Environmental Earth Sciences, 68(1): 181-188.

Li F P, Xu Z X, Liu W F, et al. 2014. The impact of climate change on runoff in the Yarlung Tsangpo River basin in the Tibetan Plateau[J]. Stochastic Environmental Research & Risk Assessment, 28(3): 517-526.

Li F P, Zhang Y Q, Xu Z X, et al. 2013. The impact of climate change on runoff in the southeastern Tibetan Plateau[J]. Journal of Hydrology, 505(15): 188-201.

Li F P, Zhang Y Q, Xu Z X, et al. 2014. Runoff predictions in ungauged catchments in southeast Tibetan Plateau[J]. Journal of Hydrology, 511(1): 28-38.

Liu W F, Xu Z X, Li F P, et al. 2015. Impacts of climate change on hydrological processes in the Tibetan Plateau: a case study in the Lhasa River basin[J]. Stochastic Environmental Research and Risk Assessment, 29(7): 1809-1822.

Liu Z, Yao Z, Huang H, et al. 2014. Land use and climate changes and their impacts on runoff in the Yarlung Zangbo River basin, China[J]. Land Degradation & Development, 25(3): 203-215.

Liu Z F, Xu Z X, Charles S P, et al. 2011. Evaluation of two statistical downscaling models for daily precipitation over an arid basin in China[J]. International Journal of Climatology, 31(13): 2006-2020.

Mao J F, Shi X Y, Thornton P, et al. 2013. Global latitudinal-asymmetric vegetation growth trends and their driving mechanisms: 1982–2009[J]. Remote Sensing, 5(3): 1484-1497.

Moiwo J P, Yang Y H, Tao F L, et al. 2011. Water storage change in the Himalayas from the Gravity Recovery and Climate Experiment (GRACE) and an empirical climate model[J]. Water Resources Research, 47(7), W07521, doi: 10/1029/2010WR010157.

Muller B, Seneviratne S I. 2014. Systematic land climate and evapotranspiration biases in CMIP5 simulations[J]. Geophysical Research Letters, 41(1): 128-134.

Otto M, Hopfner C, Curio J, et al. 2016. Assessing vegetation response to precipitation in northwest Morocco during the last decade: An application of MODIS NDVI and high resolution reanalysis data[J].

Theoretical & Applied Climatology, 123(1-2): 23-41.

Peng D Z, Chen J, Fang J. 2015. Simulation of summer hourly stream flow by applying TOPMODEL and two routing algorithms to the sparsely gauged Lhasa River basin in China[J]. Water, 7(8): 4041-4053.

Qiu J. 2008. The third pole[J]. Nature, 454(7203): 393-396.

Qiu L H, You J J, Qiao F, et al. 2014. Simulation of snowmelt runoff in the ungauged basin based on MODIS: A case study in Lhasa River basin[J]. Stochastic Environmental Research & Risk Assessment, 28(6): 1577-1585.

Rigling A, Bigler C, Eilmann B, et al. 2012. Driving factors of a vegetation shift from Scots pine to pubescent oak in dry Alpine forests[J]. Global Change Biology, 19(1): 229-240.

Sitch B, Smith B, Prentice I C. 2003. Evaluation of ecosystem dynamics, plant geography and terrestrial carbon cycling in the LPJ dynamic vegetation model[J]. Global Change Biology, 9(2): 161-185.

Sperna Weiland F C, van Beek L P H, Kwadijk J C J, et al. 2012. Global patterns of change in discharge regimes for 2100[J]. Hydrology and Earth System Sciences, 16(154): 1047-1062.

Stewart I T, Cayan D R, Dettinger M D. 2004. Changes in sonwmelt runoff timing in weatern north america under a 'business as usual' climate changes scenario[J]. Climate Change, 62(1-3): 217-232.

Tucker C J, Pinzon J E, Brown M E, et al. 2005. An extended AVHRR 8-km NDVI dataset compatible with MODIS and SPOT vegetation NDVI data[J]. International Journal of Remote Sensing, 26(20): 4485-4498.

Xu T R, Liu S M, Liang S L, et al. 2011. Improving Predictions of Water and Heat Fluxes by Assimilating MODIS Land Surface Temperature Products into the Common Land Model[J]. Journal of Hydrometeorology, 12(2): 227-244.

Yang K, Watanabe T, Koike T, et al. 2007. Auto-calibration system developed to assimilate AMSR-E data into a land surface model for estimating soil moisture and the surface energy budget[J]. Journal of the Meteorological Society of Japan, 85A: 229-242.

Yang K, Koike T, Kaihotsu I, et al. 2009. Validation of a dual-pass microwave land data assimilation system for estimating surface soil moisture in semiarid regions[J]. Journal of Hydrometeorology, 10(3): 780-793.

Yang K, Ye B S, Zhou D G, et al. 2011. Response of hydrological cycle to recent climate changes in the Tibetan Plateau[J]. Climatic Change, 109(3-4): 517-534.

Yang K, Wu H, Qin J, et al. 2014. Recent climate changes over the Tibetan Plateau and their impacts on energy and water cycle: A review[J]. Global and Planetary Change, 112: 79-91.

Zhang S W, Li H R, Zhang W D, et al. 2006. Estimating the soil moisture profile by assimilating near-surface observations with ensemble Kalmanfilter (EnKF)[J]. Advances in Atmospheric Science, 22(6): 936-945.

第 2 章　研究区概况

2.1　自 然 地 理

雅鲁藏布江是青藏高原上最大的河流，也是最重要的国际河流之一，发源于西藏自治区南部，喜马拉雅山北麓的杰玛央宗冰川。雅鲁藏布江横贯青藏高原南部，河流总长为 2057 km，流域面积为 $2.42×10^5$ km²，年径流量为 $1.39×10^8$ m³（You et al.，2007；Li et al.，2014）。雅鲁藏布江流域位于 81°9′E～97°1′E，29°9′N～31°9′N（图 2-1），是世界上海拔最高的河流之一，平均海拔在 4600 m 以上，流域地势西高东低，平均坡降为 2.6‰，其上较大支流有拉萨河、帕龙江、年楚河、多雄藏布和尼洋曲等（Tang and Xiong，1998）。雅鲁藏布江流域的气候主要受高原地理位置和地势特点支配，上游地区属高原寒温带气候，具有气候寒冷、雨量稀少的特点；中游地区属高原温带气候区，具有长冬无夏、光照充足、蒸发量大及雨季短的特点；下游属热带亚热带气候，天气变化较为复杂，季节现象明显；流域多年平均气温的地域差异较明显，西部气温较低，东南部气温较高（刘文丰等，2014）。

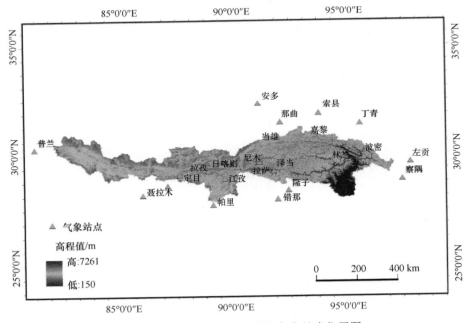

图 2-1　雅鲁藏布江流域位置和气象站点位置图

2.2　河 流 水 系

雅鲁藏布江发源于日喀则仲巴县与阿里普兰县交界处的杰玛央宗冰川，整体流向为自西向东，并在派镇折转向东北，帕隆藏布支流汇入干流后流向又折转向南，该处即著名的雅鲁藏布江大拐弯地区，后经墨脱巴昔卡进入印度。雅鲁藏布江河流长度约为 2057 km，落差达 5.5 km，坡降达 2.6‰。整个雅鲁藏布江河段包括三段，从河源到拉孜为上游河段，海拔在 4530～5590 m，本段河谷宽阔，水流相对平缓，该河段流域面积约为 2.7 万 km²，长约 270 km，总落差达 1190 m，其在整个干流总落差中占比约 22%。拉孜到派镇为中游河段，海拔位于 2880～4530 m，该河段流域面积近 16.5 万 km²，长约 1290 km，宽窄相间，宽谷段水面宽多分布在 200～400 m，其两岸阶地极其发育，峡谷段水面宽仅 50 m 左右，多高山峡谷，该河段水流湍急，"V"形河谷分布广泛，本段有众多大型支流汇入，中游河流总落差为 1520 m，该段河流落差约占干流落差的 28%。派镇至巴昔卡之间是下游段，海拔为 155～2880m，下游河段流域面积 5 万 km²，长约 496km，总落差达 2725 m，该段河流落差占干流落差的 50%，其中派镇到墨脱的大拐弯河段河长 213 km，落差达 2190 m，河弯直线距离仅 39 km，本段径流丰沛，河床坡度陡，谷深流急。

　　雅鲁藏布江支流众多，长度超过 100 km 的有 14 条，其中拉萨河、帕隆藏布、年楚河、多雄藏布和尼洋河等 5 条河流流域面积超过 1 万 km²，最长的河流为拉萨河，水量最大的是帕隆藏布。拉萨河是雅鲁藏布江河道最长的支流，该支流流域面积也是所有支流流域面积中最大的，该河流发源于念青唐古拉山中段南部山峰，源区海拔约为 5200 m，其于曲水汇入雅鲁藏布江干流，总落差为 1620 m，河流坡降约 0.3‰。河流总长近 550 km，流域面积达 3.25 万 km²，该流域面积占雅鲁藏布江流域总面积 13.4%左右。拉萨河流域是青藏高原地区人类活动最活跃、影响最深刻的地区，是西藏地区政治、社会经济与文化发展的核心地带，该地区拥有多种农林牧地域类型分布区（包括农、林、牧区及其交错带等），同时也是西藏地区农牧畜业发展最重要的地区，流域面积虽然只占西藏总面积的 2.7%，但耕地面积却占到全西藏的约 15%，是西藏著名的三大粮仓之一。尼洋河是雅鲁藏布江中游东部左岸的一条大支流，发源于米拉山西侧，由西向东流，于林芝县则们附近汇入雅鲁藏布江。米拉山口是尼洋河的源头，海拔 5013 m，是高山寒带气候与高山温带气候、亚热带气候的分水岭，农牧区与林农区的分界点。帕隆藏布位于雅鲁藏布江下游左岸，是雅鲁藏布江水量最大的支流，由东西两条大小相近的河流构成，该流域是藏东南林区的重要分布区，也是中国最大的季风海洋性冰川分布区。

2.3　水文气象

　　雅鲁藏布江流域内既有海拔 7000 m 以上的银峰雪岭，又有海拔仅 150 m 的流域下游巴昔卡附近的湿热低谷。整个河谷构成了青藏高原的"低槽"部分。受这种特殊的地形特点及高原高海拔特点影响，流域内上下游气候变化各异，上游地区寒冷干燥，下游地区温暖湿润。孟加拉湾的暖湿气流是该地区水汽来源主体。每年 11 月到次年 4 月，流域由西风带控制，区域内呈现少雨、干旱、寒冷的气候特征；而在 4～5 月期间，流域受西南地区孟加拉湾输送的水汽影响，暖湿气流沿雅鲁藏布江下游河谷先北上后西移，且降水也自下游往上游不断推进。然而，由于喜马拉雅山的屏障作用，来自印度洋孟加拉湾的暖湿气流受阻，仅沿着雅鲁藏布江干流河谷上溯运动，故气温、降水一般由东南向西北，即下游向上游逐渐降低。巨大的高程差异以及水汽通道分布也造就了区域内多样性气候分布，从流域下游至上游，气候由热带逐渐发展至寒带，包含西藏所有气候分带（赵鲁青，2011）。具体地，上游地区气候寒冷，雨量稀少，属高原寒温带气候，年平均降水量不足 300 mm，年平均气温处于 0～3℃。中游地区气候温凉，属高原温带气候，年平均降水量为 300～600 mm，河谷地带年平均气温一般在 4.78～6℃，最热月平均气温在 15℃左右（戴露，2006），年无霜期为 110～320 d。下游地区低谷气候温热，湿润多雨，属热带亚热带气候，年平均降水量在 4000 mm 以上，特别是流域下游的巴昔卡、戴林一带平均降水量约为 5000 mm。

总的来看，流域内四季不分明，主要表现为干、雨两季的更替。一般 5～10 月为雨季，降水量大；11 月至次年 4 月为干季（上、下流域由于受西南季风来临的迟早及影响程度不同，其干雨季起讫时间与长短也有不同。一般情况，下游雨季来临早，持续时间长），降水少且风力大。流域降水年际变化较小，但年内分配很不均匀，尤以中、下游明显。雨季时流域降水非常集中，降水主要集中在 6～9 月，其间降水量占全年总降水量的 65%～80%（刘天仇，1999）。除拉萨河流域降水量自下游向上游递增外，其他支流流域的降水分布规律大多表现为自下游往上游递减（巩同梁等，2006）。由于雅鲁藏布江流域地处青藏高原，辐射强、气压低、湿度小、蒸发量大，水面蒸发量随高程的增加而减小，但蒸发量年际变化较为稳定。其中，拉孜以上水面年蒸发量（E601 蒸发器，下同）约为 1200～1400 mm，中游段为高值区，水面的年蒸发量在 1600 mm 以上，而下游段年蒸发量不足 1000 mm。流域陆地蒸发量多在 200～1000 mm 区间变化，最大月蒸发量多发生在 5～6 月，最小月蒸发量多发生在 1 月。

2.4　地　质　地　貌

雅鲁藏布江流域地域范围广，地形地貌条件十分复杂。流域总体呈西部高、东部低、南北部高、中间地势低的地形特征，平均坡降达到 2.6%。（陈斌等，2015）。雅鲁藏布江中上游地区多为山地，且海拔多在 4000 m 以上，仅干流及支流宽谷地带存在扇形地形与冲积阶地。流域内宽谷盆地沿江呈串珠状分布，宽谷地段河谷宽阔，水流平缓，河道多岔流、江心洲、浅滩等，堆积旺盛，具有宽广的砂质或砂砾冲洪积平原及宽浅的河床，冬春枯水时有冲洪积河床沙地出露，河谷地表沙物质十分丰富。由于河流总长 63% 的雅鲁藏布江中游河谷地貌具有宽谷和窄谷及峡谷相间、以谷为主的特点，流域内沙漠化土地主要集中于宽谷盆地与支流汇入口地带（董玉祥等，1999）。按河谷宽窄特征和行政界线，流域自上而下可划分为 4 个宽谷河段，即马泉河宽谷、日喀则宽谷、山南宽谷和米林宽谷（李海东，2012）。

雅鲁藏布江流域地层构造在喜马拉雅向斜槽内，其实际为东西走向地槽型的褶皱带。雅鲁藏布江频繁参与构造运动，其内褶皱与断裂十分发育，频繁有岩浆活动，地震活动也极为强烈。沿断裂带曾发生七级以上的地震。另外，干流朗县以上地区地震烈度是Ⅶ度，而朗县以下地区是Ⅷ和Ⅸ度。整个流域岩层以雅鲁藏布江干流为界，呈现出显著的南北差异。

2.5　植　被　土　壤

　　受特殊地质地貌和水热因素的影响，流域自然景观多样。流域下游水汽条件良好，主要植被类型有热带低山半常绿雨林、亚热带常绿阔叶林、亚热带山地半常绿阔叶林和常绿针叶林，此外还有一些次生植被；中游地区植被类型为山地与河谷灌丛草原，普遍分布着灌丛草原植被，草本植物为中温型禾草，如三刺草、白草、长芒草和固沙草，上游地区主要植被类型为高寒草原、高寒草甸、高寒灌丛以及高寒垫状植物。

　　雅鲁藏布江流域受其特殊的地形、气候、海拔和生物等因素的影响，土壤类别多而全（可分为 11 个土纲，28 个土类），几乎涵盖了我国地貌的全部土壤种类，因其地处青藏高原，其多种多样的土壤类别体现了青藏高原的典型特征。整个流域按土纲分，包含高山土、淋溶土、铁铝土、冰川雪被、半水成土、初育土、岩石、半淋溶土、水成土、湖泊水库和人为土 11 类。研究区的土壤以高山土类为主体，涵盖了流域面积的 70.58%，包含如草毡土、寒冻土、黑毡土、寒钙土等。土壤的类型一般呈垂直状分布。上游地区以寒钙土、草毡土为主；中游地区主要是草毡土、寒冻土、寒钙土、黑毡土、冷钙土、棕冷钙土等；下游则多草毡土、黑毡土、暗棕壤、赤红壤、寒冻土等。

2.6　社　会　经　济

　　青藏高原南部的雅鲁藏布江流域位于西藏自治区腹地，是西藏自治区重要的政治、经济和文化中心。流域中游的"一江两河"区域（雅鲁藏布江、拉萨河和年楚河）是西藏地区重要的农业灌溉区，耕地面积约为 22.83 hm^2，占西藏自治区耕地面积的 62.1%，农作物品种以青稞、小麦和油菜为主。樊江文等（2019）基于遥感、地面观测、气象及社会统计年鉴数据等，采用层次分析法，综合评估了青藏高原地区的人类活动强度。其结果表明，青藏高原南部雅鲁藏布江流域的人类活动主要集中在流域中游，特别是"一江两河"区域，而上游和源头区域的人类活动强度相对较弱（图 2-2）。图 2-3 反映了 2000～2015年西藏自治区城镇面积和耕地面积的变化趋势，数据来源于 Li 等（2019）的研究。结

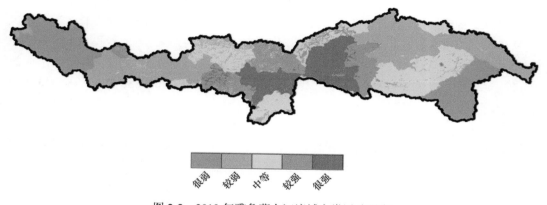

图 2-2　2012 年雅鲁藏布江流域人类活动强度

果进一步表明 2000 年以来，西藏自治区的耕地面积和城镇面积都呈现显著增长的趋势。这再次强调了以农业耕种和城市化为主的人类活动在青藏高原南部土地利用变化中的重要作用。

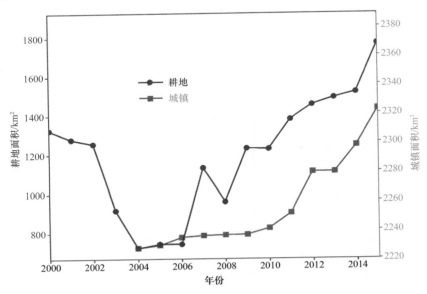

图 2-3　2000～2015 年西藏自治区城镇面积和耕地面积的变化

2.7 自 然 灾 害

在自然因素和人类活动共同作用下，雅鲁藏布江流域形成了特殊的生态环境，存在着暴雨灾害、旱灾、土地沙漠化、水土流失现象、地震与崩塌、滑坡和泥石流地质灾害等，这对丰富的水资源与水力资源开发及经济社会发展具有重要影响。流域内的暴雨事件主要发生在地势较低的峡谷地区（以下游为主），其年降水量与洪峰流量最大值多发生于 7 月和 8 月。据记载，从 1924 年至今雅鲁藏布江干流共经历了 7 次洪水。雅鲁藏布江流域旱灾事件发生地点以流域中游和上游为主，如自 20 世纪 80 年代以来，西藏地区主体经济区的地级市（包括林芝、山南、拉萨、日喀则和昌都等）均发生过大面积干旱。此外，青藏高原地势高，气候异常干旱，大多内部地区植被覆盖与生长状况差，风蚀作用强烈，加之人类不合理土地开发利用活动，致使河谷地带土地沙漠化。雅鲁藏布江流域土地沙漠化主要集中在流域中上游地区及其三个子流域（年楚河流域、拉萨河流域和尼洋河流域）和下游宽谷区域。其中，严重沙漠化面积接近 836 km²，占流域土地沙漠化面积的 40%。严重的土地沙漠化会造成各种危害，包括掩埋大量草地和耕地、损坏水利设施、阻塞交通和环境污染等，给人民财产和经济建设带来巨大损失。水土流失现象多由地形起伏大、坡度陡、降水集中、植被稀少或地表植被遭人为破坏（包括森林过度砍伐和不合理土地耕作）等因素引起。水土流失多发生在雅鲁藏布江中游地区及年楚河和拉萨河流域。其中，雅鲁藏布江流域中游地区的水土流失在不断发展。依据《西藏自治区农业综合开发"十五"计划及 2015 年中长期发展规划》，仅中游地区拉孜-加查、拉萨河和年楚河的 23 个县市镇范围内水土流失面积就超过 27000 km²，加上轻度水土流失面积，总水土流失面积约为 70431 km²，约占流域面积的 29%左右。

　　西藏自治区位于欧亚板块和印度洋板块接合部，地震强烈。雅鲁藏布江流域拥有十分强烈的地层构造运动，是西藏强震的主要分布地，区域内地震基本烈度为Ⅷ和Ⅸ度。雅鲁藏布江下游大拐弯一带存在多处大型崩塌滑坡体。历史上，易贡藏布江的然乌湖就是因右岸巨大山体崩塌而壅塞河道成湖的。然乌湖右岸于 21 世纪初发生山体滑坡事件，形成堆积体，截断易贡藏布，壅高然乌湖水位，溃湖后又冲毁下游的公路、桥梁和通信设施，损失惨重。流域泥石流灾害主要分布在念青唐古拉山南部、冈底斯山以及西藏东部，具有明显的水平和垂直分带特征，其在 2800~3800 m 高程带最为发育，且主要发生在地形陡峻的江河两岸。雅鲁藏布江流域东南部处于强烈的泥石流发育区，该地区内河流深切、谷坡陡峻，多暴雨且强度大、历时长。山体中上部海洋性冰川发育、冰川湖多，岩石风化严重，中下部冰碛物广布，均为泥石流的形成提供了孕灾条件。

参 考 文 献

陈斌, 李海东, 曹学章, 等. 2015. 雅鲁藏布江流域植被格局与 NDVI 分布的空间响应[J]. 中国沙漠, 35(1): 120-128.

戴露. 2006. 雅鲁藏布江中游段径流预测研究[D]. 成都: 四川大学硕士学位论文.

董玉祥, 李森, 董光荣. 1999. 雅鲁藏布江流域土地沙漠化现状与成因初步研究——兼论人为因素在沙漠化中的作用[J]. 地理科学, 19(1): 35-41.

樊江文, 辛良杰, 张海燕, 等. 2019. 高原人类活动强度数据(2012~2017 年)[EB/OL]. 国家青藏高原科学数据中心.

巩同梁, 刘昌明, 刘景时. 2006. 拉萨河冬季径流对气候变暖和冻土退化的响应[J]. 地理学报, 61(5): 519-526.

李海东. 2012. 雅鲁藏布江流域风沙化土地遥感监测与植被恢复研究[D]. 南京: 南京林业大学硕士学位论文.

刘天仇. 1999. 雅鲁藏布江水文特征[J]. 地理学报, (S1): 157-164.

刘文丰, 徐宗学, 李发鹏, 等. 2014. 基于 ASD 统计降尺度的雅鲁藏布江流域未来气候变化情景[J]. 高原气象, 33(1): 26-36.

赵鲁青. 2011. 雅鲁藏布江中下游区域植被绿期和净初级生产力时空格局及其对气候变化的响应[D]. 上海: 华东师范大学硕士学位论文.

Li F P, Xu Z X, Liu W F, et al. 2014. The impact of climate change on runoff in the Yarlung Tsangpo River basin in the Tibetan Plateau[J]. Stochastic Environmental Research & Risk Assessment, 28(3): 517-526.

Li H, Liu L, Liu X, et al. 2019. Greening implication inferred from vegetation dynamics interacted with climate change and human activities over the Southeast Qinghai–Tibet Plateau[J]. Remote Sensing, 11(20): 2421.

Tang Q C, Xiong Y. 1998. River Hydrology in China [M]. Beijing: Science Press.

You Q L, Kang S C, Wu Y H, et al. 2007. Climate change over the Yarlung Zangbo River Basin during 1961~2005 [J]. J Geograp Sci, 17(4): 409-420.

第 3 章　雅鲁藏布江流域水文气象要素时空演变特征

3.1　流域气温的时空演变特征

3.1.1　基于遥感数据的流域近地表温度分布

近地表气温控制着大部分陆地表面过程，是地球系统能量循环、水循环和碳循环的关键参数，也是陆面数据同化系统中模型主要输入参数之一，在气候和数值天气预报中扮演着重要的角色。受环境和地形条件的限制，在高寒山区流域布设和维护实测气象站点的难度较大，因此高寒山区流域的近地观测站点一般集中在低海拔区域，这就为整体研究高海拔流域的气温分布规律带来一定的挑战。近几十年来为了弥补地面观测站点的不足，全面监测地球表面温度变化和地表热量差异，现有的许多卫星遥感系统都设置有热红外波段，研究者可以通过卫星传感器所接收到的热红外资料反演出陆面温度，并且国内外很多学者从不同的遥感反演算法入手，尝试提高陆面温度估算的精度，并在这方面取得了很多研究进展。

以 8 个气象站点为基准点，采用反距离权重法（IDW）分别将截距、回归系数和残差值进行插值，通过计算得到精度较高的温度数据集。图 3-1 即为通过 MOD11C3 计算得到的拉萨河流域多年月平均地表温度（LST）和多年月平均近地表温度（NLST）对比图。

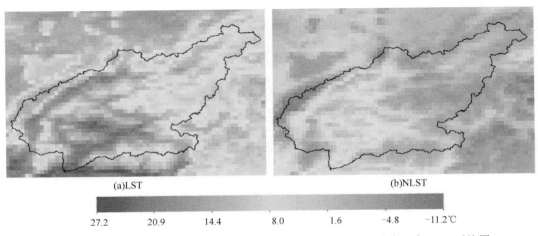

图 3-1　拉萨河流域多年月平均地表温度（a）和多年月平均近地表温度（b）对比图

根据多年月平均近地表温度提取计算得到 7 个高程带内的区域最低温度、区域最高温度和区域平均温度,具体见表 3-1。根据每个高程带的平均温度和平均高程(图 3-2)可知,流域的高程每增加 100 m,温度平均降低 0.62℃。

表 3-1　各高程带及对应近地表温度的特征值

高程带	高程范围/m	平均高程/m	面积百分比/%	最低温度/℃	最高温度/℃	平均温度/℃
1	3481~4000	3808	5.94	3.4	11.8	8.4
2	4000~4500	4296	14.46	−1.7	13.9	6.8
3	4500~5000	4788	32.37	−6.2	13.2	3.1
4	5000~5500	5216	41.12	−8.3	12.2	−0.1
5	5500~6000	5668	5.74	−9.6	6.4	−2.7
6	6000~6500	6093	0.35	−8.3	−5.6	−6.9
7	6500~7112	6756	0.02	−8.2	−8.2	−8.2

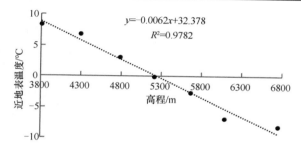

图 3-2　高程带的平均高程与对应区域平均近地表温度的线性关系图

拉萨河流域的第一、二、三高程带内都有实测温度站点,且第一和第二高程带无明显的积融雪期,对其遥感修正温度数据进行验证意义不大。第五、六、七高程带的面积之和仅占总面积的 6.11%,缺乏代表性,因此以占流域面积 41.12% 的第四高程带为例进行温度数据的验证。

如表 3-2 所示,仅 2007 年的相关系数(为−0.17)和 2011 年相关系数较小(为 0.32),其余年份的数据都呈现出较好的相关性,说明本书的方法计算得到的近地表温度数据在 87% 以上的年份精度较好。

表 3-2　第四高程带修正温度与无积雪天数比率在 2003～2014 年的线性关系

融雪期(年/月)	相关系数	融雪期(年/月)	相关系数
2003/06~2003/10	0.91	2009/04~2009/10	0.74
2004/05~2004/09	0.70	2010/04~2010/09	0.78
2005/05~2005/10	0.95	2011/05~2011/10	0.32
2006/05~2006/09	0.95	2012/05~2012/10	0.64
2007/05~2007/10	−0.17	2013/05~2013/09	0.89
2008/05~2008/09	0.97	2014/05~2014/09	0.80

结合表 3-1 的温度特征值和图 3-3 的雪盖衰退曲线发现,由近地表温度数据集得到的各高程带特征值较为准确地反映了多年积雪在不同高程区间内变化的规律,说明以实

测站点数据为基础，采用线性相关、残差修正和 IDW 插值修正得到的近地表温度数据的精度较为可靠。

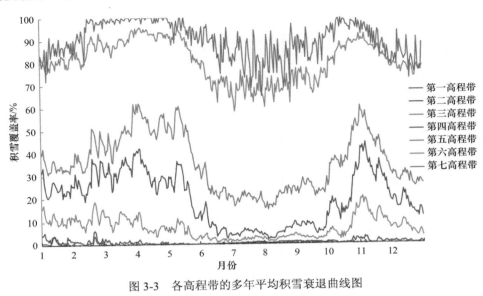

图 3-3　各高程带的多年平均积雪衰退曲线图

3.1.2　基于随机森林模型的流域气温降尺度研究

1. 随机森林模型介绍

随机森林（RF）方法最早是由 Breiman 于 2001 年提出的一种由多棵分类与回归决策树 CART 组合构成的一种新型的机器学习算法。RF 模型由众多 CART 决策树构成，模型的决策能力取决于每一棵 CART 决策树，每一棵决策树由根节点、子节点和叶子节点组成，每个子节点包含一个评判规则，叶子节点则对应一个评判级别。RF 算法大致分为以下几步：①从原始数据集中抽取训练集，每个训练集数据数量约为原始数据集的 2/3。②为每个训练集建立决策树，众多决策树就构成了森林。设 RF 模型中共有 M 个风险指标，随机抽取 m 个（$m \leqslant M$）作为节点指标，Breiman 推荐 $m = \sqrt{M}$，在这 m 个节点指标中选择基尼最小值作为该节点的分支标准。③根据所有决策树的预测结果，采用投票的方式决定新样本的类别。每次抽样未被抽中的 1/3 数据构成了袋外数据（out-of-bag，OOB），利用这些袋外数据估计内部误差，称之为袋外误差（error of out-of bag，EOOB）。其计算原理如下：

$$EOOB = \frac{1}{n} \sum_{i=1}^{n} \left[\hat{Y}(X_i) - Y_i \right]^2 \tag{3-1}$$

式中，n 为 OOB 样本个数；$\hat{Y}(X_i)$ 为根据给定样本 X_i，RF 模型的输出数据；Y_i 为观测数据。

除了分类与回归，RF 模型还可以评价特征变量的重要性，特征变量的重要性通过 RF 算法中的 OOB 误差进行估计。首先计算每个决策树的袋外误差 $EOOB_1$，然后对风

险指标 i 的数据随机加入噪声并计算袋外误差 $EOOB_2$，风险指标 i 的重要性就可表示为

$$V(i) = \frac{1}{N} \sum (EOOB_2 - EOOB_1) \tag{3-2}$$

改变指标 i 造成的袋外误差 $EOOB_2$ 越大，精度减少得越多，说明变量 i 就越重要（赖成光等，2015；马玥等，2016）。

2. 因子筛选

RF 模型内置变量重要性评价功能，模型可对每一个特征变量的相对重要性做出评估，这有利于 RF 模型在降尺度研究中特征变量的筛选。根据 RF 计算结果，特征变量在每个站点的重要性排名都不相同，这可能与每个站点的地理位置及气象与地理因素有关，以普兰站、左贡站为流域上、下游代表站，以拉萨站和当雄站为流域中游代表站，图 3-4 为代表站特征变量重要性排名，其中 msl p,p5_u,p8_u,p5_v,p8_v,p500,p850,rhum,shum,temp 分别代表平均海平面气压，500 hPa 高度纬向速度分量，850 hPa 高度纬向速度分量，500 hPa 高度经向速度分量，850 hPa 高度经向速度分量，500 hPa 高度位势高度，850 hPa 高度位势高度，地表相对湿度，地表比湿，地表气温。

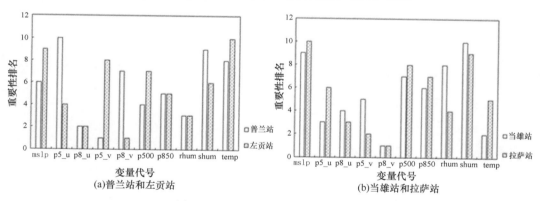

图 3-4　代表站特征变量重要性排名

图 3-5 为 RF 模型对 22 个站点特征变量的重要性排名，图中最下边第一条线代表 22 个站点中该变量对于平均气温重要性排名数据中的最高排名，最上边一条线代表 22 个站点中该变量对于平均气温重要性排名数据中的最低排名；"□"下边界代表 22 个站点中该变量对于平均气温重要性排名数据的第一四分位点，上边界代表 22 个站点中该变量对于平均气温重要性排名数据的第三四分位点，中间的红色线代表 22 个站点中该变量对于平均气温重要性排名数据的中值（部分有重叠）。从图 3-5 可以看出，850 hPa 高度经向速度分量 p8_v 为影响最显著的因子；排名第二显著的变量为 850 hPa 高度纬向速度分量 p8_u；地表相对湿度 rhum、500 hPa 高度经向速度分量 p5_v、500 hPa 高度位势高度 p500、500 hPa 高度纬向速度分量 p5_u 和 850 hPa 高度位势高度 p850 分别排在第三~七位；而地表气温 temp 和地表比湿 shum 为大部分站点中重要性相对较差的两个变量。

由于 RF 模型中的袋外误差 EOOB 可以对 RF 模型的模拟效果进行偏差估计，图 3-6 给出了 22 个站点考虑 1~10 个特征变量的袋外误差 EOOB 分布，图中最下边第一条线

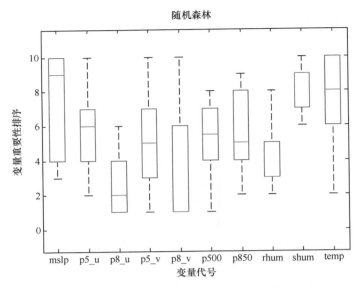

图 3-5　RF 模型对 22 个站点特征变量的重要性排名

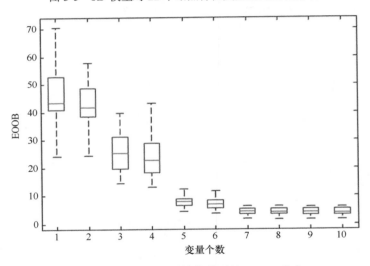

图 3-6　基于 RF 模型的袋外误差 EOOB 分布

代表 22 个站点中分别考虑 1～10 个变量时 RF 模型袋外误差数据中的最小值，最上边一条线代表 22 个站点中分别考虑 1～10 个变量时 RF 模型袋外误差数据中的最大值；"□"下边界代表 22 个站点中分别考虑 1～10 个变量时 RF 模型袋外误差数据中的第一四分位点，上边界代表 22 个站点中分别考虑 1～10 个变量时 RF 模型袋外误差数据中的第三四分位点，中间的红色线代表 22 个站点中分别考虑 1～10 个变量时 RF 模型袋外误差数据中的中值。由图 3-6 可以看出，随着预报因子的增加，EOOB 误差逐渐减小，这就说明RF 模型能够避免过度拟合的现象。从图 3-6 可以看出，当所考虑的特征变量达到某一固定值时，EOOB 误差将趋于稳定，从而 RF 模型的表现能力也就趋于相对稳定，本次研究结果显示，当特征变量个数达到 7 个时，RF 模型的表现能力趋于稳定。考虑到 RF

模型强大的计算功能，也为了能够考虑更多的信息，本书中将 10 个统计变量全部作为研究特征变量因子。

3. 未来气候情景分析

为了探求雅鲁藏布江流域在 21 世纪中期的气候情况，将 MPI-ESM-LR 模式在 RCP2.6 和 RCP8.5 两种极端排放情景下在 2016～2050 年的特征变量试验数据导入已建好的 RF 模型中，从而对雅鲁藏布江流域未来气温进行模拟分析。图 3-7 为雅鲁藏布江流域未来气温在各站点的变化情况。

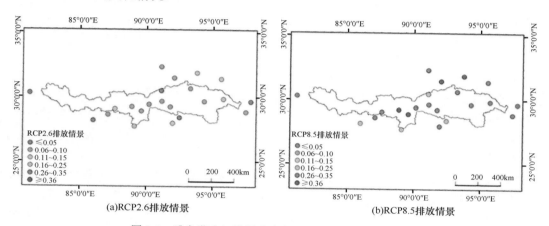

图 3-7　雅鲁藏布江流域未来气温在各站点的变化情况

结果表明，雅鲁藏布江流域未来 2016～2050 年在 RCP2.6 排放情景下日平均气温平均上升 0.14℃，在 RCP8.5 排放情景下日平均气温平均上升 0.30℃。从图 3-7 可以看出，雅鲁藏布江流域虽然在 RCP2.6 排放情景下的气温上升趋势不是十分显著，但未来 2016～2050 年流域在 RCP2.6 和 RCP8.5 两种排放情景下，都表现出气温持续上升的趋势，在 RCP8.5 排放情景下的气温升高值明显高于在 RCP2.6 排放情景下的升高值，这也符合两种排放情景的模式设置。

本书对雅鲁藏布江流域未来 2016～2050 年日平均气温的模拟值进行了 M-K 趋势检验分析，并对未来时间序列进行了逐月趋势检验分析，全年与逐月日平均温度变化趋势如表 3-3 所示，图 3-8 为雅鲁藏布江流域未来 2016～2050 年日平均气温 Kendall 倾斜度 β 插值图。

表 3-3　研究期全年与逐月日平均温度变化趋势

排放情景	项目	2016～2050 年												
		1 月	2 月	3 月	4 月	5 月	6 月	7 月	8 月	9 月	10 月	11 月	12 月	全年
RCP2.6	Z	6.632	6.055	3.251	0.952	0.916	1.505	2.628	4.397	4.004	1.773	3.021	0.148	4.362
	β	0.102	0.116	0.051	0.023	0.023	0.020	0.029	0.046	0.047	0.035	0.042	0.002	0.004
RCP8.5	Z	7.621	7.384	6.420	6.495	7.011	8.539	7.838	8.527	10.325	5.729	7.930	5.095	10.847
	β	0.083	0.110	0.080	0.110	0.100	0.106	0.080	0.083	0.117	0.084	0.094	0.062	0.008

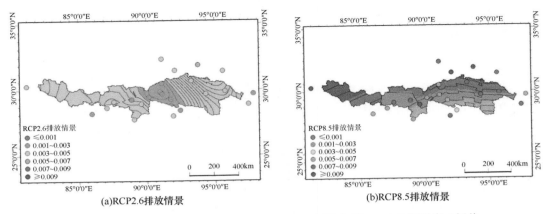

(a)RCP2.6排放情景　　　　　　　　　　　　　(b)RCP8.5排放情景

图 3-8　雅鲁藏布江流域未来 2016～2050 年日平均气温 Kendall 倾斜度 β 插值

从表 3-3 可以看出，雅鲁藏布江流域未来 2016～2050 年在 RCP2.6 和 RCP8.5 两种排放情景下，全年 M-K 检验的 Z 值分别为 4.362 和 10.847，β 值分别为 0.004 和 0.008，雅鲁藏布江流域未来 2016～2050 年在两种排放情景下都呈现出增温趋势；RCP8.5 排放情景下的增温趋势高于 RCP2.6 排放情景；对于 RCP2.6 排放情景，全年中的 1 月和 2 月增温趋势高于其他月份；对于 RCP8.5 排放情景，6～9 月的增温趋势相对较高。从图 3-8 可以看出，雅鲁藏布江流域未来 2016～2050 年在 RCP2.6 排放情景下，上、下游两端的增温趋势高于流域中部区域，在 RCP8.5 排放情景下，增温趋势呈现出从北到南依次降低。

3.2　流域降水的时空演变特征

使用水文模型模拟径流的方法是评估降水卫星数据精度的有效方法，在气象站点稀缺的地区该方法十分流行。降水卫星产品的精度评估，可以通过降水卫星产品驱动率定后的水文模型，模拟径流数据与实测的径流数据，并进行对比（Poméon et al.，2017）。使用水文模型模拟的方法对降水卫星的精度进行评估不仅可以避免在大尺度流域中由于地面气象站点稀缺所带来的不确定性，还可以在对降水卫星产品精度评估中增加水文循环的物理过程信息，即使用流域的径流数据对其进行交叉验证。由于青藏高原地区数据稀少且不易获得，因此选择结构简单、所需输入数据少的水文模型，能够有效避免模型所需参数过多而无法在流域中进行模拟的问题。

选取多种定量指标和分类指标构建降水卫星精度评价体系，评价了雅鲁藏布江流域 1998～2015 年 PERSIANN-CDR、TRMM 3B42V7 卫星遥感数据精度；基于评价结果，采用降水量分类指标，作为 PERSIANN 和 TRMM 降水卫星的评价体系的补充指标，有效地区分出降水卫星对地面降水特征捕捉能力的差别。然后，基于 PERSIANN-CDR 产品、IHACRES 模型和地面站点数据，使用逐步订正法对 PERSIANN-CDR 产品的精度在日尺度上进行校正，并利用校正前后的数据驱动水文模型进行了验证。

3.2.1　基于遥感降水产品的分析

1. 降水卫星数据精度评估与优选

计算 1998～2015 年不同降水量范围内的降水卫星数据和地面站点的数据在整个流域平均偏差（图 3-9）。从图 3-9 可以看出，PERSIANN 卫星在 9～50 mm 日降水量范围内的偏差占了总偏差大小的 54%，TRMM 卫星在 9～50 mm 日降水量范围内的偏差占了总偏差大小的 44.7%，说明微量和重度降水偏差是降水卫星偏差的主要原因。在降水量比较小的范围内，两种降水卫星数据偏差均为正值，即它们在不同程度上高估了小降水量。在降水量相对较大的范围内，两种降水卫星的偏差均为负值，即它们低估了大降水量。

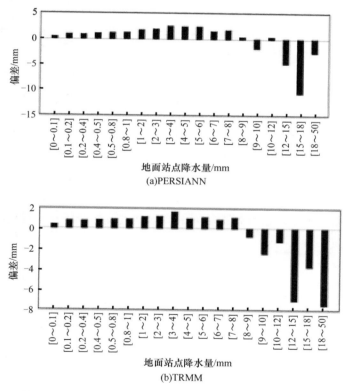

图 3-9　不同降水量范围内的降水卫星数据和地面站点的数据之间的平均偏差分布

为评估降水卫星数据在雅鲁藏布江流域的适用性，检验卫星降水数据的精度，本书计算了卫星降水数据与地面站点数据之间的相关系数 Corr、相对误差 Bias、平均误差 ME、均方根误差 RMSE（图 3-10）。从图中可以看出，PERSIANN 降水卫星的相关系数平均值为 0.663，Bias 的平均值为 0.845 mm。TRMM 降水卫星的相关系数平均值为 0.666，Bias 的平均值为 0.579 mm。TRMM 降水卫星的相关系数只比 PESIANN 降水卫星的相关系数高出了 0.45%，两个卫星的相关系数差别不大，精度相近。

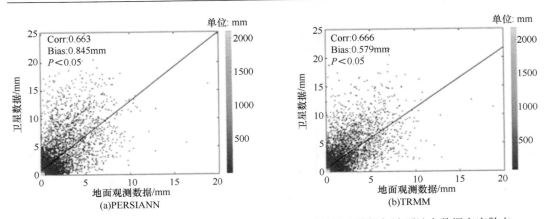

图 3-10　1998～2015 年 PERSIANN 卫星和 TRMM 卫星降水数据与地面站点数据密度散点

$P<0.05$ 表示通过 95%信度水平检验

1998～2015 年雅鲁藏布江流域站点的分类指标如图 3-11 所示，指标数值（或者 1-指标数值）越大表明卫星对降水事件或降水量的反演精度越高。在流域整体上，雷达图包围的面积越大表示降水卫星对降水的反演能力越强，PERSIANN 降水卫星在雷达图中包围的面积要高于 TRMM 所包围的面积，表明 PERSIANN 降水卫星对降水事件和降水量的反演精度要高于 TRMM 降水卫星数据。具体而言，PERSIANN 卫星比 TRMM 卫星的 POD 高了 23.1%，PERSIANN 降水卫星能够捕捉到雅鲁藏布江流域发生的绝大部分降水事件，而 TRMM 降水数据遗漏了相当一部分降水事件。PERSIANN 降水卫星的 VHI 为 0.927，TRMM 降水卫星的 VHI 为 0.833，PERSIANN 降水卫星捕捉降水量的能力同样比 TRMM 卫星捕捉降水量的能力强。VMI 数值大小反映流域的降水事件中有多少降水量可以被卫星漏掉，PERSIANN 和 TRMM 卫星的 VMI 值分别为 0.073和 0.167。PERSIANN 卫星能够捕捉更多的降水量，被其"漏掉"的降水量更少。

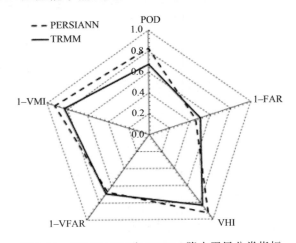

图 3-11　PERSIANN 和 TRMM 降水卫星分类指标

2. PERSIANN-CDR 降水数据校正

选取覆盖雅鲁藏布江流域内和周围 40 个站点的 PERSIANN-CDR 产品降水网格数据

作为初始待校正场，选择搜索半径为 2° 对降水卫星数据进行校正，校正结果如表 3-4 所示，从表中可以看出随着校正步数的增加，PERSIANN-CDR 产品对地面站点数据反演的精度先增加后降低，并且校正步数为 1 时，PERSIANN-CDR 产品对地面站点数据的反演精度最大，因此本书选取校正步数为 1 时的结果作为最终的校正结果。

表 3-4 PERSIANN-CDR 降水卫星数据校正结果

项目	标准偏差 SDEV	变异系数 coef	均方根误差 RMSE
未校正	3.99	0.58	3.24
步数 1	3.98	0.73	2.77
步数 2	16.16	0.35	15.46
步数 3	174.19	0.26	173.56

校正前和校正后的降水卫星产品散点密度图如图 3-12 所示，校正前 PERSIANN-CDR 产品高估了地面降水数据，尤其是降水量较小的部分。校正后的 PERSIANN-CDR 产品与地面站点的散点向着拟合曲线聚集，尤其是降水量较小的情况，降水卫星数据对地面站点数据高估的情况得到了一定程度的缓解。经过逐步订正法校正，PERSIANN-CDR 产品与地面站点数据之间的相关系数从 0.585 提高到 0.727，PERSIANN-CDR 产品的散点有明显的收敛效应，其反演误差减小十分明显。

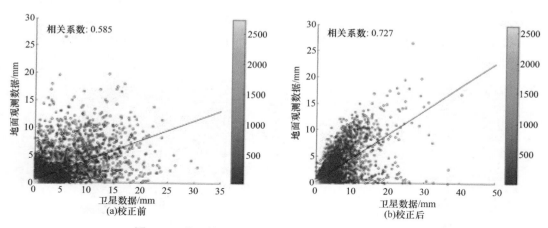

图 3-12 校正前和校正后的降水卫星产品散点密度图

在率定期（2009～2011 年），经过 SCE-UA 算法率定后模型的 NSE 达到 83.58%，模型对径流的模拟达到了非常好的效果，经过率定后的 IHACRES 模型能够在拉萨河流域上应用。在验证期（2011～2014 年），分别使用站点数据、PERSIANN-CDR 原始数据和校正后的 PERSIANN 降水数据驱动 IHACRES 模型，其模拟结果如图 3-13 所示，其站点数据模拟的 NSE 数值为 81.62%，PBIAS 数值为 9.79%，模型模拟达到了非常好的效果，即站点降水数据在拉萨河流域上有相对较高的精度，能够比较好地反映流域内降水的真实情况。利用 PERSIANN 原始数据驱动 IHACRES 模型，其 NSE 的数值为 -167.28%，PBIAS 的数值为 -135.32%，模型的模拟效果很差，模拟的径流量数值远高于拉萨河流域径流量的实际值，PERSIANN-CDR 原始降水数据增加了模型的不确定性，降低了模型模拟结果的精度。校正的 PERSIANN-CDR 产品驱动 IHACRES 模型的 NSE 数值为 70.22%，PBIAS 的数值为–23.24%，模型的模拟效果达到较好的水平。相比于原始的 PERSIANN-CDR 降水卫星数据对径流的模拟效果，经过校正后的 PERSIANN-CDR 降水卫星数据对实际径流模拟的结果有很大的提升。

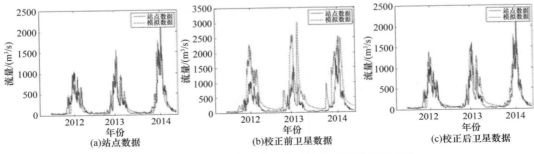

图 3-13　地面站点数据和校正前后的卫星数据模拟结果

3.2.2　TRMM 卫星降水产品的统计降尺度

采用分辨率为 0.05°×0.05°的遥感植被指数数据集 MOD13C2、修正后的遥感气温数据集 MOOD11C3、四个参数集和残差数据，根据回归方程计算得到拉萨河流域分辨率为 0.05°×0.05°的降水数据集及拉萨河流域的月平均降水量。

对经过降尺度处理得到的降水数据集进行分析，发现在拉萨河流域的局部地区有极端降水情况出现。如图 3-14 所示，圆圈内部的区域都存在极端降水情况，多数圆圈内都

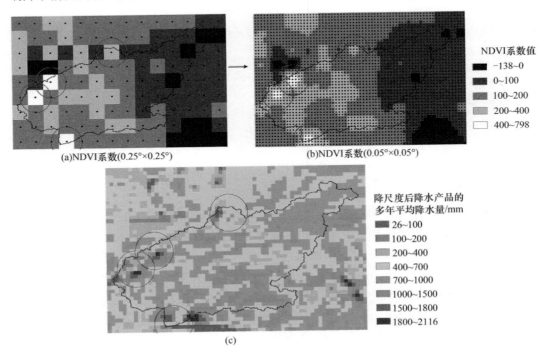

图 3-14　降尺度 TRMM 降水产品 2001～2015 年的多年平均降水量

是极端少雨和极端多雨并存的情况，呈现出一种海拔越高、降水量越少的情况。结合章节 3.1 对降尺度回归模型参数的分析可知，在高海拔 5500 m 以上的区域，植被覆盖度特别低，导致在用回归模型计算参数时，NDVI 的系数要特别大才能达到模拟结果与实测值的平衡。但是由于高海拔地区所占的面积较小，邻近的网格海拔急速降低，植被的长势相对较好，所以出现局部 NDVI 的系数不是渐进变化的，而是呈现突变的情况。之后采用反距离权重法进行参数的插值，该插值方法考虑了距离因子，会对每个插值点邻近的已知点根据距离分配权重，距离越近权重越大，在极值点周围的插值点受这种极值的影响较大。图中的圆圈就是以极值点为中心，以距离极值点最近的已知点的距离为半径，认为圆圈中的小网格的系数值都会受极值系数的影响。在这个区域中，靠近极值点的低海拔插值点得到的参数较大；受周围较小参数的影响，靠近极值点的高海拔插值点得到的参数较小。由此导致圆圈区域的降水量出现较大的不确定性。

　　用 13 个实测站点降水数据来评价 TRMM 3B32V7 降水产品降尺度之后的结果，与原始的分辨率为 0.25°×0.25° 的原始 TRMM 3B32V7 降水产品作比较。如表 3-5 所示，在拉萨河流域内的站点，虽然降尺度之后的降水产品与实测站点数据的相关系数有所减小，但是减小幅度不大，整体来说还有很好的正相关性；对于偏差值来说，降尺度之后的产品有些站点与实测数据更加接近，但是局部也有误差增大的现象。总体来说，降尺度之后的降水产品与实际降水之间还存在着一定的误差，需要进一步修正。

表 3-5　TRMM 3B32V7 降尺度产品精度的评价指标

实测站点	站点位置	高程/m	相关系数		偏差		多年平均降水量/mm	
			3B43	降尺度	3B43	降尺度	3B43	降尺度
拉萨气象	流域内	3649	0.97	0.96	0.34	0.03	625	588
拉萨水文	流域内	3670	0.97	0.95	0.34	0.14	625	646
墨竹工卡	流域内	3804	0.95	0.94	0.19	0.10	678	636
唐加	流域内	3850	0.93	0.91	0.23	0.74	699	783
旁多	流域内	4050	0.94	0.93	0.10	1.38	636	1546
当雄	流域内	4200	0.93	0.78	0.19	−0.58	586	161
羊八井	流域内	4250	0.91	0.86	0.17	1.06	525	707
工布江达	流域外	3400	0.92	0.95	0.74	0.79	1132	838
泽当	流域外	3552	0.92	0.96	0.52	0.68	592	783
尼木	流域外	3810	0.91	0.89	0.42	0.04	489	509
嘉黎	流域外	4489	0.93	0.93	0.18	0.06	884	791
那曲	流域外	4507	0.95	0.95	0.21	0.15	563	534
班戈	流域外	4700	0.90	0.92	0.12	0.36	387	469

　　总体来说，13 个实测站点降水数据与 TRMM 3B32V7 降尺度之后的产品之间的相关性较好，因此考虑用实测降水数据对降尺度产品进行修正。采用一元线性回归模型，将实测站点数据作为因变量，对应站点的降尺度数据作为解释变量，由此建立的一元线性回归模型的参数如表 3-6 所示。

表 3-6 实测站点降水数据与降尺度降水数据的线性模型参数

站点	拟合度	截距/mm	系数
拉萨气象	0.90	−15.62	0.78
拉萨水文	0.93	−9.92	0.75
墨竹工卡	0.91	2.55	0.92
唐加	0.89	1.03	0.86
旁多	0.88	1.45	0.88
当雄	0.79	6.04	0.82
羊八井	0.83	−20.05	0.88
工布江达	0.87	−19.27	0.57
泽当	0.61	17.33	1.12
嘉黎	0.87	9.91	0.80
那曲	0.90	1.07	0.85
尼木	0.74	−1.39	0.51
班戈	0.84	−3.56	0.83

将修正模型的参数采用反距离权重插值法在研究区重采样为 0.05°×0.05°，通过计算得到修正后的降尺度的降水数据，如图 3-15 所示。

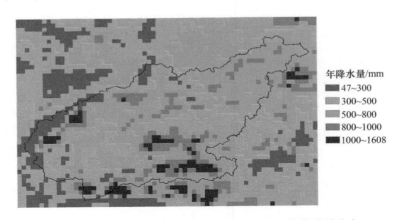

图 3-15 经过修正的 TRMM 3B43V7 的多年平均降水量分布

修正后的降尺度的降水数据也有极端降水存在，但所占的格网比例较小，且大部分极端降水格网出现在 NDVI 值较小的区域。NDVI 较小值出现在海拔 5500 m 以上的区域，这部分区域对应的面积仅占总流域面积的 6.11%。流域内年平均降水在 300～500 mm 和 500～800 mm 之间的网格占的比例最大，认为此次降尺度降水的结果较为可信。

3.2.3 降水的时空演变特征

分析了流域尺度上七个指标的线性变化趋势，结果显示在表 3-7 中。对雅鲁藏布江流域的一般降水指数分析的时间序列如图 3-16 所示。AP 和 RD 在显著性检验中均超过

95%置信水平，增加趋势分别为 1.4752 mm/a 和 0.404 d/a，表明年降水量和降水天数均增加。然而，随着 AP 和 RD 的增加，RI 没有显示出显著的变化。

表 3-7　降水及极端降水事件指标定义

指标	定义	单位
AP	年均降水量	mm
RD	年降水天数	d
RI	年降水强度	mm/d
PX5D	年连续五日最大降水量	mm
PQ90	每年日降水量的 90%分位值	mm
PNL90	每年日降水量大于 1958~2010 年降水量 90%分位值的日数	d
PFL90	每年日降水量大于 1958~2010 年降水量 90%分位值的降水量占年降水量的百分比	%

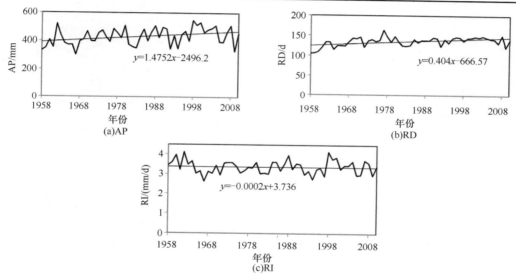

图 3-16　一般降水指标 AP、RD 和 RI 在流域尺度变化趋势

图 3-17 显示了 1958~2010 年 53 年间 AP、RD 和 RI 均值在雅鲁藏布江流域的空间分布。三个指标的空间分布情况大体上较为一致，从西部上游区域到东部下游区域，整体均呈现增加趋势。唯一的例外是年楚河流域及其靠近干流以北地区的 RD 较低，RI 高于周边地区。最小降水量出现在源头地区，为 167mm。大部分中游地区属于干旱到湿润的过渡带，每年降水量在 300~400mm。RD 大体上从西（79.7d）到东（187.6d）呈现增加趋势，但在中游地区出现低值区，值为 90~100d。RI 从上游（1.92mm/d）到下游（4.18mm/d）呈现增加趋势增加。然而，最高值（4.18 mm/d）出现在中游的日喀则地区。

3.2.4　极端降水事件分析

图 3-18 显示了四个 EPE 指标的时间序列。两个强度指标（PX5D 和 PQ90）和显示 EPE 对年降水量的贡献的指标（PFL90）分别呈现 0.0319 mm/a、0.0047 mm/a 和 0.0727%/a

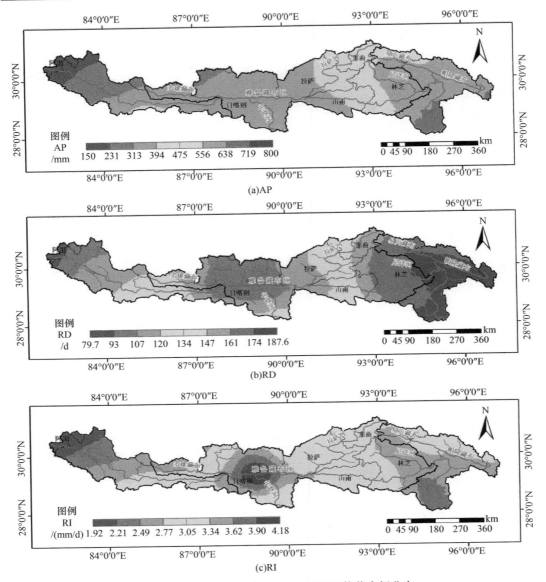

图 3-17　1958～2010 年 AP、RD 和 RI 均值空间分布

的增加趋势。然而，检测到的增加趋势在 0.05 置信水平下并不显著。只有表示 EPE 天数的指标（PNL90）的趋势是显著的，以约 0.0811 d/a 的速率增加。7 个指标变化趋势及显著性检验结果如表 3-8 所示。

　　1958～2010 年 AP、RD 和 RI 显著变化区域趋势空间分布如图 3-19 示。AP 呈现增加趋势的区域占流域面积的 50.8%，最大值为 5.09 mm/a。该区域主要分布在中上游，中游西部和下游地区。具有下降趋势的区域位于上游西部地区，覆盖流域面积的 1.37%。超过 75.8%的区域 RD 表现出增加趋势。只有部分上游区域（占总面积的 0.9%）的网格显示出下降趋势。拉萨河流域部分地区以及下游地区流域出口附近的 RI 呈上升趋势，而日喀则地区的年楚河流域呈下降趋势。

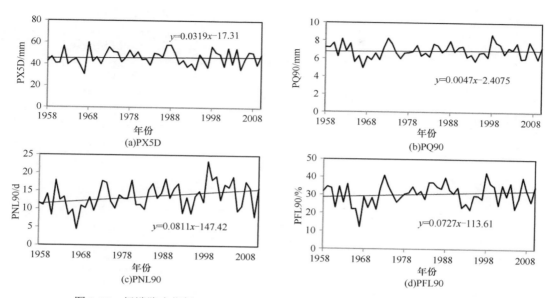

图 3-18　极端降水指标 PX5D、PQ90、PNL90 和 PFL90 在流域尺度变化趋势

表 3-8　7 个指标变化趋势及显著性检验结果

指标	均值	趋势	变化是否显著
AP	430.6 mm	1.4752 mm/a	是
RD	135.0 d	0.404 d/a	是
RI	3.4 mm/d	−0.0002 mm/（d·a）	否
PX5D	46.0 mm	0.0319 mm/a	否
PQ90	6.9 mm	0.0047 mm/a	否
PNL90	13.5 d	0.0811 d/a	是
PFL90	30.5 %	0.0727 %/a	否

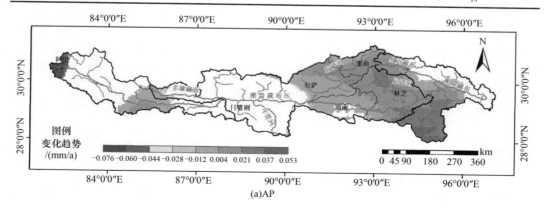

(a)AP

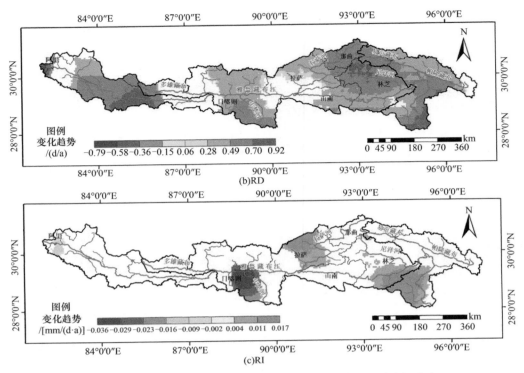

图 3-19　1958～2010 年 AP、RD 和 RI 显著变化区域趋势空间分布

图 3-20 显示了 1958～2010 年两个 EPE 强度指标 PX5D 和 PQ90 的空间分布。两个指标整体上都表现出相似的空间模式，除了年楚河流域及其周边中游地区外，两个强度值从上游地区到下游地区均呈现增加趋势。在流域源头地区发现最小 PX5D 值为 24.5 mm，在流域出口处附近检测到最大值为 63.0 mm。中游日喀则地区的一些网格的值也相对较高，范围在 50～60 mm。在中游区域日喀则附近和流域出口区域检测到 PQ90 指数的高值。具有上升趋势的 PX5D 网格主要分布于拉萨河流域、中游东南部和下游区域的西南部，覆盖雅鲁藏布江区域的 24.6%[图 3-21（a）]。然而，年楚河流域的许多 PX5D 网格呈下降趋势。PQ90[图 3-21（b）]的变化空间模式与 PX5D 相似。大约 38.3% 的流域面积呈显著变化趋势，流域面积的 33.0% 呈上升趋势。这些证据表明，拉萨（流域中最发达和人口稠密的地区）的 EPE 数量正在增加，相应地，该地区的洪水强度可能会增加，因为这两个指标尤其是 PX5D，可以捕获到数天的大雨，这些大雨可能会导致洪水泛滥。

PNL90 指数表示 EPE 发生的频率。图 3-22 显示了雅鲁藏布江流域的 PNL90 数值和变化趋势的空间分布。从源头到流域出口，PNL90 逐渐增加，中游日喀则除外，其值低于 10d。雅鲁藏布江流域的 43.0% 出现了显著趋势，其中近 99% 都呈现出增长趋势。这表明在流域的大部分地区极端降水频率有可能增加。

PFL90 指数描述了 EPE 对年总降水量的贡献。图 3-23 表明上游区域南部的值最高（36.3%），拉萨的值最低（27.2%）。大约 34.2% 的流域显示出显著上升趋势，趋势范围从 0～0.49%/a。这些区域位于上游和中游交界处，中游东部区域和下游南部区域。然而，在年楚河流域出现了下降趋势。

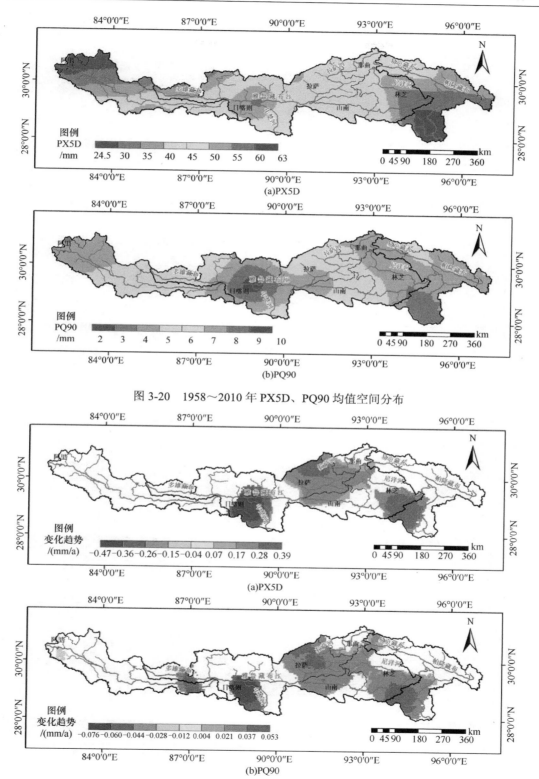

(a)PX5D

(b)PQ90

图 3-20　1958～2010 年 PX5D、PQ90 均值空间分布

(a)PX5D

(b)PQ90

图 3-21　1958～2010 年 PX5D、PQ90 显著变化区域趋势空间分布

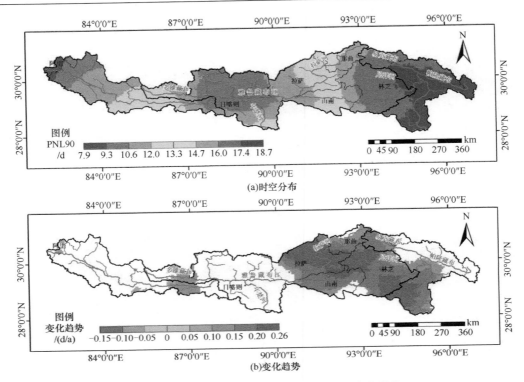

图 3-22 1958～2010 年 PNL90 时空分布及变化趋势

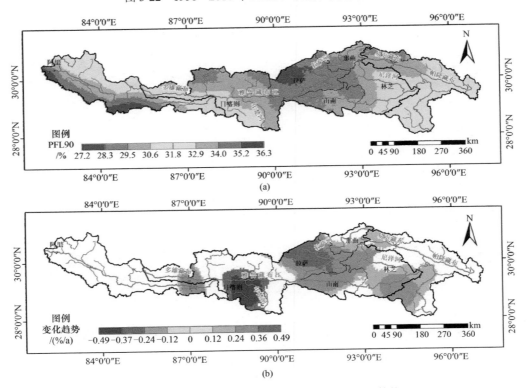

图 3-23 1958～2010 年 PFL90 时空分布（a）及变化趋势（b）

3.3 流域径流的时空演变规律

为充分反映整个流域径流变化规律，选取流域奴下、羊村等 9 个水文站的实测径流资料，并对数据进行整理与标准化处理。基于 1961~2015 年的月平均和年平均径流量序列，分析流域内径流量的年内分布规律和年际变化特征及其空间差异。

采用集中度（CR）和集中期（CR）指标分析月径流量的年内分布规律，应用集合经验模态分解（EEMD）方法和 Mann-Kendall（MK）方法分析年径流量的长期非平稳变化特征，进一步利用去趋势波动分析（DFA）方法探讨每个站点年径流量序列的尺度行为。

3.3.1 年内变化特征

9 个水文站径流的年内分布规律结果表明，月均径流的 CR 值范围为 0.18~0.72 [图 3-24（a）]，主要集中在 7~9 月[图 3-24（b）]，且在空间上存在一定差异。考虑 9 个水文站的位置和降水量空间分布，将 9 个站点分为三组，分别代表流域三个区域，即西部（江孜、日喀则、奴各沙水文站）、中部（羊村、拉萨和唐加水文站）和东部（奴下、更张和工布江达水文站），三个地区 CR 的平均值分别是 0.49、0.61 和 0.64。相应地，三个地区的平均 CP 值分别为 8 月中旬、8 月初和 7 月下旬。一般来说，5~9 月是雅鲁藏布江流域的雨季，计算每年雨季径流总量与年径流总量的比值[图 3-24（c）]，可以看出干流的雨季径流量占年径流总量的 73%左右，空间差异不大，而三个子流域（尼洋河、拉萨河和年楚河）的雨季径流总量占其年径流总量的比例分别为 68%、79% 和 83%，具有一定的空间差异。

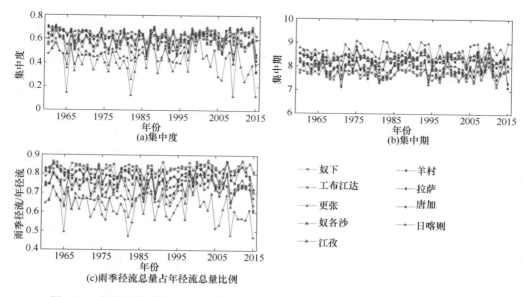

图 3-24 各水文站月径流序列的集中度、集中期和雨季径流总量占年径流总量比例

1961～2015 年各水文站月平均径流量和降水量的年内分配规律如图 3-25 所示，整体上流域径流具有相似的年内分布规律，即主要集中在雨季。然而，从东部到西部，径流高值在流域西部仅集中在 8 月，在中部则主要在 7～8 月，而在东部地区多为 6～9 月，最大径流出现的月份逐渐延后且持续时间变短。

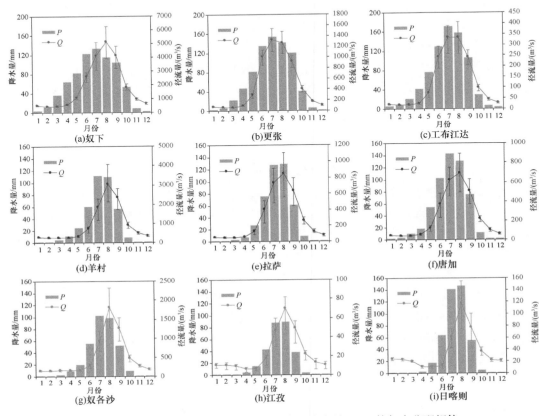

图 3-25　各水文站月平均径流量（Q）和降水量（P）的年内分配规律

3.3.2　年际变化特征

应用 MK 趋势检验方法对年均径流序列的变化趋势进行检验。结果表明，在 95% 置信水平下，雅鲁藏布江干流及其支流多数水文站的年径流序列表现为不显著下降趋势，仅有羊村和更张两个水文站的年径流序列在 1975 年左右发生突变，总体呈不显著上升趋势（图 3-26）。

采用集合经验模态分解（EEMD）对各站年平均径流量序列的长期非平稳变化特征进行分析，得到各站 IMF 分量及残余趋势项，并采用 Wu 和 Huang（2004）所提出的显著性分析方法对各 IMF 分量与残余趋势项的显著性进行评价。结果表明，雅鲁藏布江流域干流及其主要支流的年径流序列在大于 30 年的尺度上呈相似的非单调变化趋势，整体上在 20 世纪 90 年代之前呈下降趋势，1990 年之后表现为先上升后下降的趋势（图 3-27），且通过了 0.05 的显著性检验（图 3-28）。

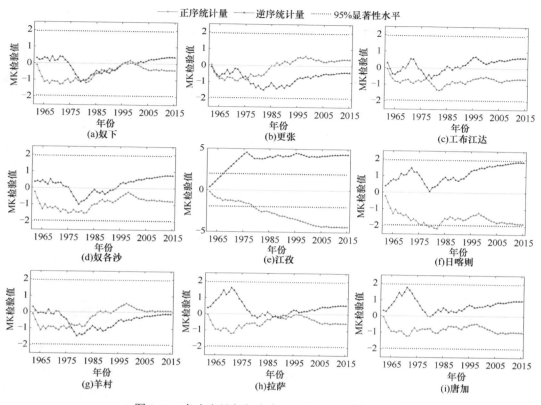

图 3-26 各水文站年径流序列的 MK 趋势检验结果

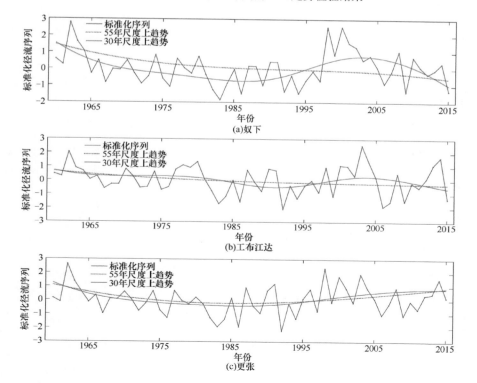

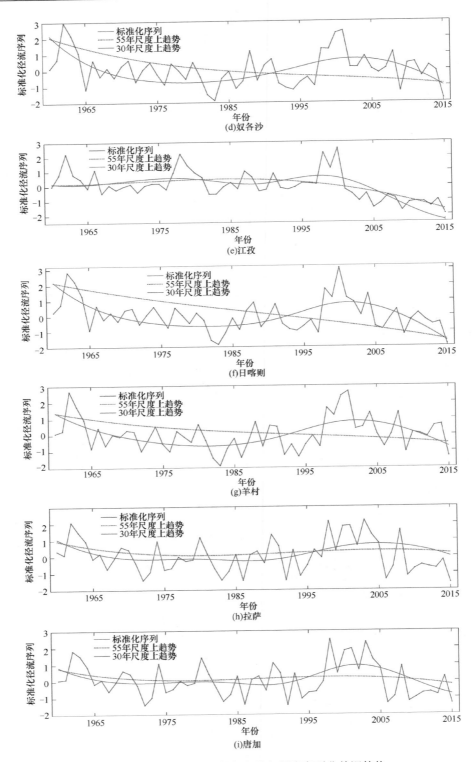

图 3-27　基于 EEMD 分析的各水站年径流序列非单调趋势

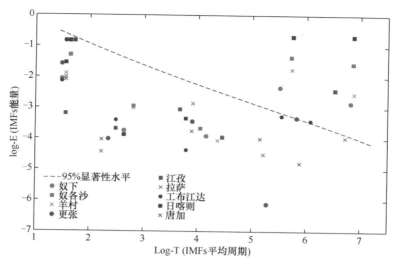

图 3-28　EEMD 分析所得 IMF 分量的显著性分析结果

　　进一步结合 HHT 变换，对各站 IMF 分量的变化周期进行分析，图 3-29 为第 3～5 个 IMF 分量的时间尺度平均希尔伯特谱。由图可见，雅鲁藏布江干流年径流量存在 3～4 年和 12～15 年左右的不显著周期变化，部分支流（拉萨、工布江达和日喀则水文站）为 20 年左右周期，同时各站均存在一个 30～33 年的长周期（图 3-29）且通过了显著性检验（图 3-28）。

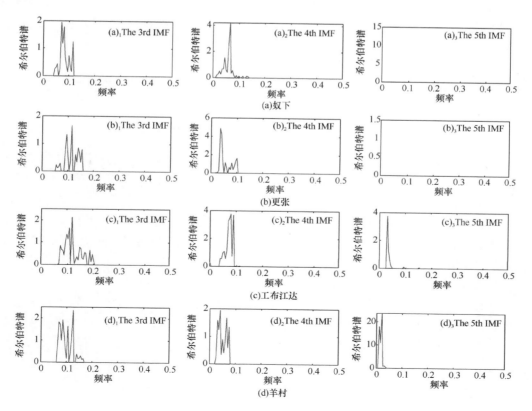

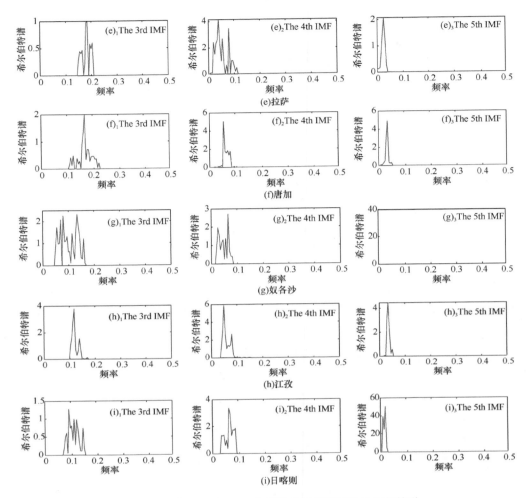

图 3-29　第 3～5 个 IMF 分量的时间尺度平均希尔伯特谱

　　利用 DFA 方法分析了 9 个水文站年径流序列的尺度行为。除工布江达和唐加水文站外，其余 7 个站点的标度指数 α 均大于 0.53，最小值为更张站年径流序列的 0.745，最大值为江孜站的 0.963，表明雅鲁藏布江干流及其主要支流的年径流过程具有明显的长程相关性，并在 95% 置信水平下表现为正相关性（图 3-30）。唐加和工布江达水文站年径流序列的标度指数在 16 年尺度上发生变化，分别由 0.974 和 0.896 变化至 0.423 和 0.382，表明随着时间尺度的增加，两个站点的年径流序列在大于 16 年的长度上发生尺度行为改变，且由正长程相关转变为负长程相关（图 3-30）。

　　从径流量与降水量的年内分布规律（图 3-25）可见，径流年内分配随降水的变化而发生相应变化，但径流主要集中在 6～10 月，相较降水（5～9 月）延后 1 个月。9 个水文站多年平均月径流量与降水量的线性相关分析表明，各站月径流量与月降水量的年内分配均具有较好的相关性，东、中和西部地区的平均 R^2 分别为 0.6776、0.809 和 0.8269，且拟合系数均小于 1，表明月径流的年内分配规律较月降水量有所滞后（图 3-31）。

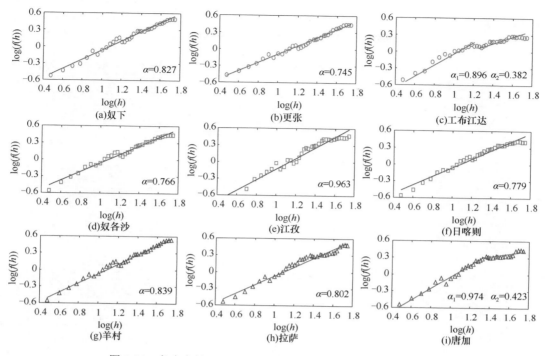

图 3-30 各水文站 1961～2015 年年径流序列的 DFA 分析结果

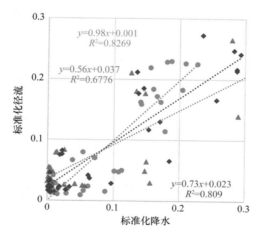

图 3-31 各水文站多年平均月径流变化过程与月降水量相关关系

红色代表流域东部水文站：奴下、更张和工布江达；蓝色代表流域中部水文站：羊村、拉萨和唐加；绿色代表流域西部水文站：奴各沙、日喀则和江孜

为更好地分析流域径流年际变化与降水变化的同步性和相似性，采用小波相干分析方法对年均径流序列和降水序列的相关性进行分析。如图 3-32 所示，在 2～4 年周期区间，各水文站年径流序列与降水序列在 1961～1975 年和 2005～2015 年呈现较强的相关关系，相关系数均在 0.8 以上，通过 95%置信度检验，但在其他时间尺度上各站之间差异较大。在 10～16 年周期区间，两序列在 1970～2005 年尺度上均具有较强的相关关系，相关系数大于 0.8，通过 95%置信度检验。整体上，各站年均径流序列和降水序列在 2～

4年和10～16年周期区间均呈现显著的能量高值区,且显著区域内的相位范围为0°～90°,
表明两序列具有较同步的正相关关系(图3-32)。

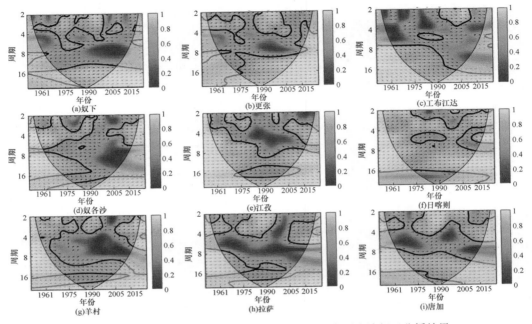

图 3-32　1961～2015 年年均径流序列与年降水序列小波相干分析结果

图 3-33 为利用小波分析定义的各站 1961～2015 年年均径流序列与年降水序列的平
均周期变化。由图可见,降水序列具有 3～4 年、16 年和 32 年的周期,年径流序列相应

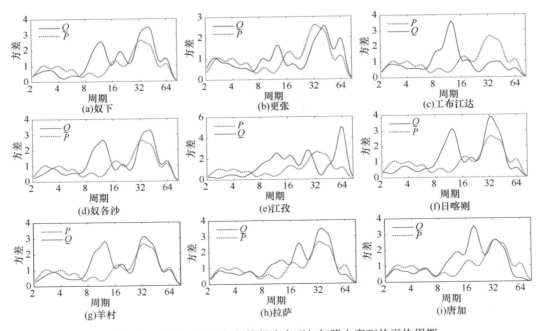

图 3-33　1961～2015 年年均径流序列与年降水序列的平均周期

具有 3～4 年、12 年、20 年左右和 32 年左右的周期，进一步表明径流的年际变化规律与降水变化具有相似性，降水是径流变化的主要驱动要素。

3.4 基于趋势周期特征的径流演变分析

3.4.1 径流趋势分析

从全年和四季的角度对雅鲁藏布江流域代表站点径流进行统计分析，结果如图 3-34 所示。通过分析可知：1956～2015 年位于中部干流的奴各沙站径流量呈现微弱的减小趋势（–0.09%/a），位于拉萨河、年楚河和尼洋河流域的拉萨、羊村和更张站均呈现出微弱的增加趋势（0.12%/a、0.17%/a 和 0.39%/a）。可以观察到，1978 年和 1996 年左右，各站径流量均小于往年。

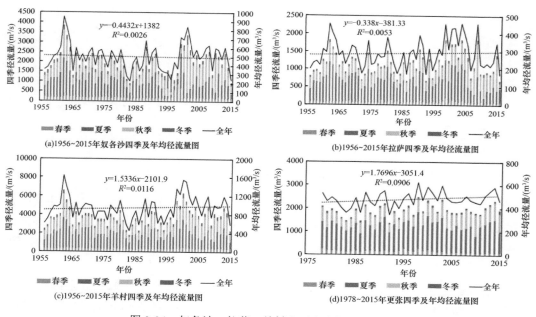

图 3-34 奴各沙、拉萨、羊村和更张多年平均径流量

3.4.2 径流突变分析

使用 Mann-Kendall 检验法对雅鲁藏布江流域内代表站点径流数据进行突变分析，结果如图 3-35 所示。从图 3-35 可以发现：奴各沙站 1958～1978 年、2009～2015 年 UF 线大于 0，说明研究时段内径流变化呈增加趋势，其中，1959～1964 年 UF 线超过显著性水平临界线，说明径流呈现显著的增加趋势；1979～2008 年 UF 线小于 0，说明径流稳步减小，其中 1995～1999 年减小趋势显著；UF 线和 UB 线在 1973 年和 2015 年出现交点且位于临界直线之间，存在突变。

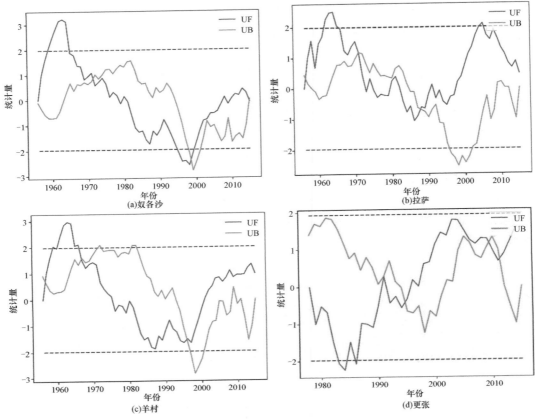

图 3-35　奴各沙、拉萨、羊村和更张站径流 M-K 突变检验分析

拉萨站 1956～1974 年、1979～1982 年、1998～2015 年 UF 线大于 0，说明其间径流呈增加趋势，1962～1965 年和 2005 年 UF 线超过显著性水平临界线，说明其间上升趋势显著，其余时段径流均呈减小趋势。UF 线和 UB 线在 1971 年和 1987 年出现交点且位于临界直线之间，发生突变。

羊村站 1956～1975 年、2001～2015 年 UF 线大于 0，说明其间径流呈增加趋势，其中 1959 年和 1962～1966 年 UF 线超过显著性水平临界线，说明增加趋势显著；1976～2000 年 UF 线小于 0，说明径流呈减小趋势，研究时段内未发现减小趋势显著年份；UF 线和 UB 线在 1969 年和 1996 年出现交点且位于临界直线之间，存在突变。

整体来看，更张站 1978～2015 年径流的正序 MK 统计量（UF）前半段小于、后半段大于 0，但未超过 95% 显著性区间，表明径流呈增加趋势但并不显著。同时 UF 线与 UB 线（逆序 MK 统计量）在 1995 年和 2009 年左右出现相交，且交点位于 95% 显著性区间之间，表明径流在 1995 年和 2009 年左右存在趋势突变。

总的来说，位于雅鲁藏布江中下游支流尼洋河的更张站径流在 21 世纪前呈现增加趋势，之后呈现弱的减少趋势。位于雅鲁藏布江中游支流拉萨河流域的拉萨站在 1980～1995 年呈现下降趋势；位于雅鲁藏布江干流的奴各沙站呈现出 1980 年前径流增加，1980 年后径流逐渐减少的趋势，可以合理地猜想这与改革开放后逐步加强经济建设，推进西部大开发存在一定关系。

3.4.3　径流周期分析

应用快速傅里叶变换对雅鲁藏布江水文站点进行周期分析,分别以羊村站、拉萨站、奴各沙站和更张站为代表,分析雅鲁藏布江流域中游、拉萨河支流、尼洋河支流、年楚河支流的径流周期变化情况,由于周期强度的对称性,取频率 0~0.5 的部分绘制,代表站点周期强度分布如图 3-36 所示。从图中可以看出:羊村站最大周期强度对应的频率为 0.078125,倒数为 12.8,即对应周期为 12.8 年左右,同理,第二周期和第三周期分别为 32 年和 9.14 年。经 Fisher 检验:12.8 年和 9.14 年通过检验。羊村径流最有可能以 9.14~12.8 年为周期变化。同理,拉萨站通过检验的周期为 32 年和 12.8 年的周期,奴各沙站通过检验的周期为 9.14 年和 7.11 年的周期,更张通过检验的周期为 12.8 年和 2.56 年的周期。

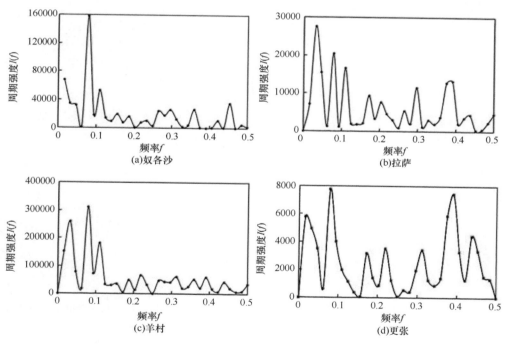

图 3-36　奴各沙、拉萨、羊村和更张四站周期强度分析图

应用 Morlet 小波分析对流域内具有代表性的四个水文站点径流数据进行分析,结果如图 3-37 所示。从图中可以看出:奴各沙站径流演变中存在着 2~5 年、6~14 年、15~25 年和 26~32 年四个尺度的周期变化规律。6~14 年的震荡非常稳定,具有全域性。拉萨站径流演变中存在着 2~5 年、9~14 年和 20~32 年三个尺度的周期变化规律。其中,2~5 年和 20~32 年的震荡非常稳定,具有全域性。羊村站径流演变中存在着 4~8 年、9~15 年和 17~32 年三个尺度的周期变化规律,且震荡在 1978 年前表现较为稳定。更张站径流演变中存在着 2~6 年、7~12 年、13~24 年三个尺度的周期变化规律。

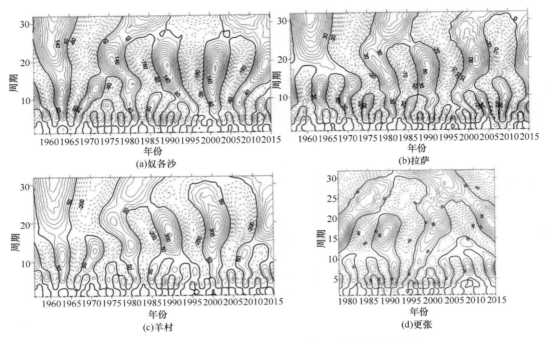

图 3-37　奴各沙、拉萨、羊村和更张小波实部等值线图

小波方差图能更好地揭示周期震荡的强度，分别统计四个代表站的小波方差和对应的小波实部过程线，如图 3-38～图 3-41 所示，从图中可以看出：

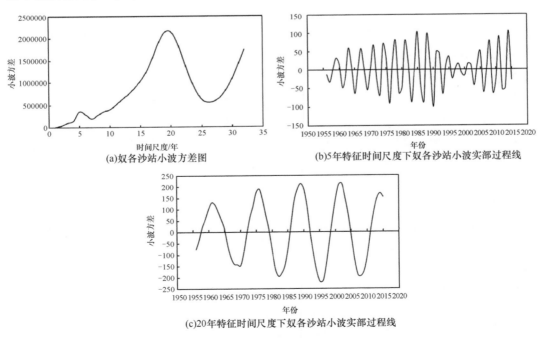

图 3-38　奴各沙小波方差及特征时间实部过程线图

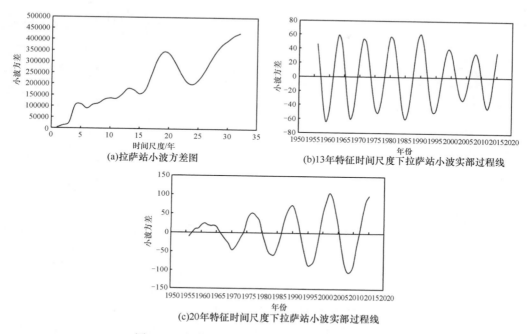

(a)拉萨站小波方差图

(b)13年特征时间尺度下拉萨站小波实部过程线

(c)20年特征时间尺度下拉萨站小波实部过程线

图 3-39　拉萨小波方差及特征时间实部过程线图

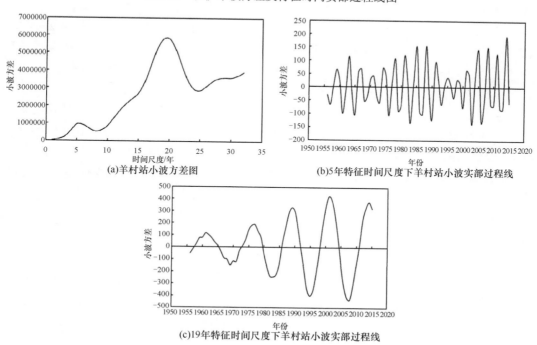

(a)羊村站小波方差图

(b)5年特征时间尺度下羊村站小波实部过程线

(c)19年特征时间尺度下羊村站小波实部过程线

图 3-40　羊村小波方差及特征时间实部过程线图

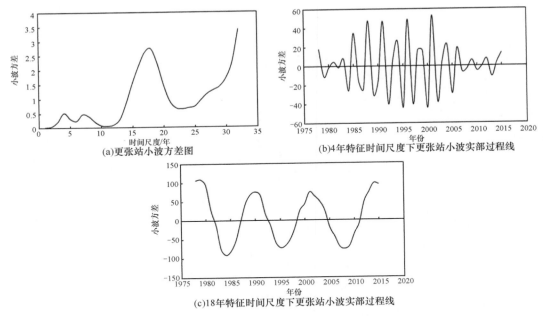

图 3-41 更张小波方差及特征时间实部过程线图

奴各沙站小波方差图中存在 5 年和 20 年两个峰值，其中 20 年峰值最高，是径流变化的第一主周期，5 年是第二周期。小波实部过程线说明了在 5 年尺度上存在 17 个丰-枯周期变化，在 20 年尺度下存在 4.3 个丰-枯周期变化，周期分别是 3.5 和 13.9 年。

拉萨站小波方差图中存在 5 年、13 年和 20 年两个峰值，其中 20 年峰值最高，是径流变化的第一主周期，13 年和 5 年是第二周期和第三周期。小波实部过程线说明了在 13 年尺度上存在 7 个丰-枯周期变化，在 20 年尺度下存在 4.5 个丰-枯周期变化，周期分别是 8.5 年和 13.3 年。

羊村站小波方差图中存在 5 年和 19 年两个峰值，其中 19 年峰值最高，是径流变化的第一主周期，5 年是第二周期。小波实部过程线说明了在 5 年尺度上存在 17 个丰-枯周期变化，在 19 年尺度下存在 4 个丰-枯周期变化，周期分别是 3.5 年和 15 年。

更张站小波方差图中存在 4 年、7 年和 18 年两个峰值，其中 18 年峰值最高，是径流变化的第一主周期，4 年和 7 年是第二周期和第三周期。小波实部过程线说明了在 4 年尺度上存在 14 个丰-枯周期变化，在 18 年尺度下存在 3 个丰-枯周期变化，周期分别是 2.6 年和 12.3 年。

3.5　多源气象水文数据融合

3.5.1　多源气象数据分析

1. 资料与方法

相比降水总量而言，降水强度对作物生长、旱涝预警等方面的意义更大，而且在气候模型中通常很难正确的模拟（Allen and Ingram，2002；Donat et al.，2016）。同时，降水强度和频率都极易受到气候变化的影响，并且其时空分布的不均匀会加剧干旱或洪涝灾害（Held and Soden，2006；Allan et al.，2010）。对降水强度和频率的分析应该在具有高时间分辨率的数据上进行，如小时尺度的降水数据（Barbero et al.，2017）。

本书采用美国气候预测中心的卫星降水（Climate Prediction Center MORPHing technique，CMORPH）资料和地面自动气象站观测的融合降水产品（Shen et al.，2014）。该产品首先对 CMORPH 卫星数据进行偏差校正和概率密度函数（PDF）匹配方案，然后将偏差校正后的 CMORPH 数据视为第一猜测场，将自动气象站的观测数据进行最优插值（OI），订正到猜测场上（Xie and Xiong，2011）。订正后的数据产品时间分辨率是1h，空间分辨率是 0.1°。分析其在年时间尺度、暖季（5～10 月）和冷季（11 月至次年4 月）时期的降水强度和频率的多年均值和长期趋势，并在上游、中游和下游之间进行空间区域对比。

2. 结果分析

结果表明，从多年平均的气候态上来看，雅鲁藏布江流域上的暖季平均小时降水强度约为 0.92mm，大于冷季的 0.69mm；暖季平均降水频率约为 7.79%，同样大于冷季的 4.40%。在暖季期间的下游地区和冷季的上游地区，小时降水强度和频率都是最大的（图 3-42）。

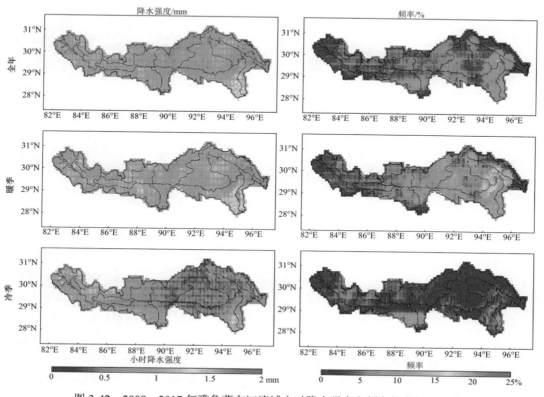

图 3-42　2008～2017 年雅鲁藏布江流域小时降水强度和频率的多年平均值

从小时降水的年际变化趋势来看，小时降水强度在暖季增加，但在冷季减少。小时降水频率都是减少的，并且暖季的趋势大于冷季。在暖季和冬季期间，下游地区的小时降水强度趋势最大，但降水频率趋势最小。这些结果可以增加人们对雅鲁藏布江流域的降水模式、环境演变和气候变化的了解，也可对该流域的相应管理和政策实施提供科学借鉴（图 3-43）。

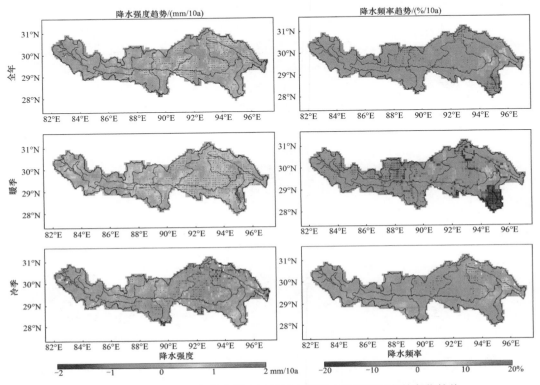

图 3-43　2008～2017 年雅鲁藏布江流域小时降水强度和频率的变化趋势

3.5.2　基于 CoLM 模式的土壤湿度预测

1. 模式与观测

通用陆面模式（CoLM）是 20 世纪 90 年代中期在 Dickinson、戴永久等的领导下，由美国国家大气研究中心（NCAR）等机构共同开发出来的第三代陆面过程模式[①]（Zeng et al.，2002；Dai et al.，2003，2004），它集中了国际上 3 个经过严格验证的陆面模式：LSM（Bonan，1996）、BATS（Dickinson et al.，1986，1993）和 IAP94（Dai and Zeng，1997）的优点，是当今国际上比较流行的陆面模式。美国共用气候系统模式（CCSM）和天气研究与预报模式（WRF）都选它作为陆面过程子模式，目前已被广泛应用于国内外的陆面过程模拟和资料同化相关领域的研究。

CoLM 考虑了大气、陆地、海洋、海冰等因子之间的相互作用，在 LSM、BATS 和

---

① Dai Y, Zeng X, Dickinson R E. 2001. Common Land Model (CoLM). Technical Documentation and User's Guide.

IAP94 等模式的基础上，增加了地表径流、生物物理化学过程、植被动力学、碳循环等陆表过程，涵盖了对植被、土壤、冰雪、冻土、湿地、湖泊等过程的参数化。CoLM 假定植被冠层是一片均匀的大叶，即地表植被为 1 层；土壤垂直不均匀地分 10 层，由于表层土壤受大气影响大，深层土壤水热状况变化小，故靠近地表的土壤分层较细，在水热变化较小的深层土壤分层较粗；雪盖根据实际厚度划分，最多由地表往上累积到 5 层；对土壤以及积雪层中的冰雪含量变化及其相变过程采用的是显示方案，用来描述陆气系统间的水分交换过程。

根据达西（Darcy）定律和连续性原理，非饱和土壤水流问题可归结为如下数学模型：

$$\frac{\partial \theta}{\partial t} = \frac{\partial}{\partial z}\left(D(\theta)\frac{\partial \theta}{\partial z}\right) - \frac{\partial K(\theta)}{\partial z} \tag{3-3}$$

式中，t 为时间；z 为土壤厚度（m）；θ 为土壤体积含水率（cm^3/cm^3）；$D(\theta)$ 为水扩散率（cm^2/s）；$K(\theta)$ 为水分传导系数（cm/s）。由于 CoLM 中的土壤垂直分为 10 层，使用 Crank-Nicholson 进行差分，得到土壤湿度变化的时间离散的预报方程，用于对土壤湿度的向前预报。

CoLM 模式的输入数据主要包括：土壤相关信息（土壤颜色、土壤质地、土壤温度、土壤湿度等）、植被相关信息（叶片温度、植被覆盖度、叶面积指数、最小气孔阻抗、粗糙度等）、雪盖相关信息（雪水当量、雪层厚度等）、辐射相关信息（地表和植被反照率等），以及气象驱动量（近地面 2m 气温、相对湿度、10m 风速、近地面气压、降水、短波辐射和长波辐射）。输出数据主要包括网格上的状态变量和通量，包括径流、雪水当量、地表温度、土壤温度、土壤湿度、感热通量和潜热通量等。

大气驱动数据也是影响模式预报的一个关键因素，其精度对模式模拟的真实性有直接的影响，长期的、高精度的大气驱动数据对于提高陆面模式的模拟是非常必要的（Berg et al.，2003；Robock et al.，2003；Fekete et al.，2004；Nijssen and Lettenmaier，2004）。当陆面模式用于水文、气象和生态的检测和资料同化等方面的研究时，就需要模拟结果在小时尺度上更接近真实值，因此对大气驱动数据在小时时间尺度上的精确性提出了要求（李新等，2007；师春香等，2011）。前期研究中（Li et al.，2014；Huang et al.，2016）应用平滑样条模型和克里金订正的方法，融合台站观测资料、再分析格点资料和遥感资料，建立了中国区域 1958～2010 年的分辨率为 3 小时 5km 的大气驱动场，并给出了驱动场的扰动场集合。

针对雅鲁藏布江流域的土壤湿度同化系统，将 2010 年的大气驱动数据升尺度至 0.25°×0.25° 网格的分辨率，计算了近地面 2m 气温、比湿、近地面 10m 风速、气压、降水、太阳辐射等驱动变量的值。对于年平均近地面 2m 气温，除了东南缘河谷地区的少部分格点之外，大部分地区的年平均气温在 10℃ 以下，西部海拔较高的地区甚至低于 0℃，全年无夏天；比湿也呈现出自东南往西部递减的规律，东南部较湿润；近地面 10m 风速相对全国其他区域较大，但在整个雅鲁藏布江流域上格点间的区域差异不大；因为海拔较高，绝大部分区域的气压低于 700 hPa；东南部属于湿润气候地区，年降水量在 1000 mm 以上，向西逐步递减；整个流域的太阳辐射平均在 150 W/m² 以上，向西部呈现递增的趋势，如图 3-44 所示。

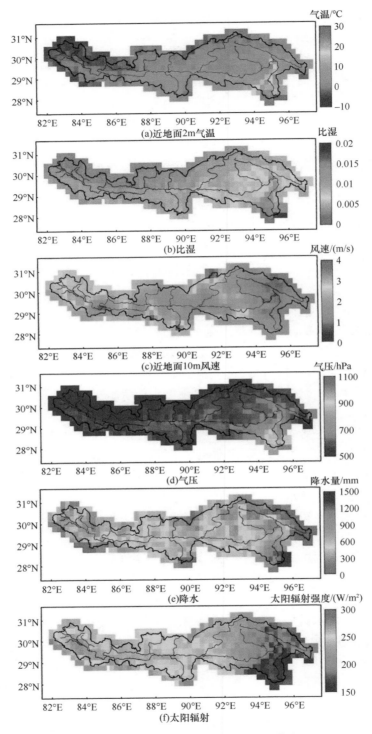

图 3-44　雅鲁藏布江流域的驱动变量信息

　　雅鲁藏布江流域地广人稀，水文气象观测站极为稀疏和不足，长时间序列的观测资料尤为缺乏。为此，作者充分利用遥感资料，开展资料同化研究，以弥补数据源的不足。目前采用的土壤湿度遥感资料是 AMSR-E 土壤湿度产品（Owe et al.，2008），空间覆盖可达全球范围，空间分辨率为 0.25°×0.25°，数据来源于网站（http：//nsidc.org/data/amsre）。AMSR-E 是具有 C 波段（5.6 GHz）的微波辐射计，穿透力较强，可以避免云的影响，用来反演浅层的土壤水分。其在 2002 年 5 月搭载于 Aqua 卫星发射升空，利用 6 通道双极化模式观测被动微波亮温，中心波长频率为 6.9 GHz、10.6 GHz、18.7 GHz、23.8 GHz、36.5 GHz 和 89.0 GHz。这里使用的是阿姆斯特丹自由大学联合美国国家航空航天局开发的陆表参数反演模型算法土壤水分产品（LPRM 产品）。

为避免冻土的影响，分析了 2010 年夏季（6 月 1 日～8 月 31 日）的 AMSR-E 逐日数据，得到了日平均土壤湿度。反演结果表明，在东南部的湿润气候地区，浅层的土壤湿度可达 0.5 m³/m³，自东向西呈现递减趋势，在西部只有大约 0.1 m³/m³。将 2010 年 6～7 月用于同化实验，然后预报一个月，将 8 月的反演产品用于比较验证。

2. 同化方法的改进

陆面数据同化是将模式预报和观测有机结合起来，对土壤湿度等地表变量进行更精确的估计。其估计结果称为分析状态，大致是预报状态和观测的加权平均，并且以各自误差协方差矩阵的逆矩阵为权重。因此，能否精确地估计误差协方差矩阵是导致同化结果好坏的重要因素（Reichle，2008）。在集合滤波的同化方法中，集合预报误差通过扰动的预报状态减去其集合平均来表示。受限于集合数的大小、模型误差等因素，往往需要对集合预报误差做进一步的调整（Constantinescu et al.，2007；Wu et al.，2013；Huang et al.，2017；Wu and Zheng，2017）。

在集合卡尔曼滤波（EnKF）的框架中，集合预报误差是通过扰动的集合预报值减去其集合平均值来估计的，即 $\boldsymbol{X}_t^f=\left\{\boldsymbol{x}_{t,1}^f-\boldsymbol{x}_t^f,\cdots,\boldsymbol{x}_{t,m}^f-\boldsymbol{x}_t^f\right\}$。但受限于模型误差和集合数的大小等条件，这个估计通常是一个较低的估计，需要进行调整以改进同化效果。首先，将预报误差方差矩阵改进为

$$\boldsymbol{P}_i=\frac{\lambda_i}{m-1}\sum_{j=1}^{m}\left(\boldsymbol{x}_{i,j}^f-\boldsymbol{x}_i^f\right)\cdot\left(\boldsymbol{x}_{i,j}^f-\boldsymbol{x}_i^f\right)^{\mathrm{T}} \tag{3-4}$$

并通过极小化下面的信息统计量（观测减预报）的二阶矩这一目标函数来对调整因子 λ_t 进行估计：

$$L_i(\lambda)=\mathrm{Tr}\left[\left(\boldsymbol{d}_i\boldsymbol{d}_i^{\mathrm{T}}-\lambda\boldsymbol{H}_i\boldsymbol{P}_i\boldsymbol{H}_i^{\mathrm{T}}-\boldsymbol{R}_i\right)\left(\boldsymbol{d}_i\boldsymbol{d}_i^{\mathrm{T}}-\lambda\boldsymbol{H}_i\boldsymbol{P}_i\boldsymbol{H}_i^{\mathrm{T}}-\boldsymbol{R}_i\right)^{\mathrm{T}}\right] \tag{3-5}$$

式中，$\boldsymbol{d}_i$ 为信息统计量；$\boldsymbol{H}_i$ 为观测算子；$\boldsymbol{R}_i$ 为观测误差方差矩阵。然后通过带有水分平衡约束的集合卡尔曼滤波来获得土壤湿度的分析值 $\boldsymbol{x}_t^a$；再将 $\boldsymbol{x}_t^a$ 替换 $\boldsymbol{X}_t^f$ 中的 $\boldsymbol{x}_t^f$ 来获得新的集合预报误差，并重新估计调整因子以获得更精确的分析值。通过信息统计量的二阶矩收敛来控制迭代次数。

借助 Lorenz-96 模型对本书提出的方法进行了验证。Lorenz-96 模型（Lorenz，1996）是通过气象主导方程的简化所得到的一个二阶强非线性动力系统，其包含的非线性平流

项、阻尼项和外部强迫项可以被看作是一个纬度圈上的大气分布（如纬向风速）。在模拟同化系统中，系数 F 的真值为 8，这时 Lorenz-96 模型是混沌的（Lorenz and Emanuel，1998）。通过计算相应的 Lyapunov 指数，误差双倍的时间大约是时间步长的 8 倍，而吸引子的分维数大约是 27.1。用 4 阶 Runge-Kutta 时间积分算法求数值解。所用的时间步长为 0.05（无量纲），它在真实情形中大约等同于步长为 6h。所用的积分时间是 2000 步。通过对比传统的 EnKF 同化方法、常数调整的 EnKF 同化方法和改进的同化方法可以发现，本书所提出的方法得到的均方根误差（RMSE）更小，如图 3-45 所示。

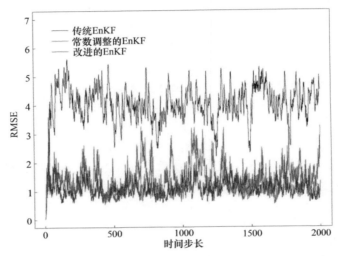

图 3-45　传统的 EnKF 同化方法、常数调整的 EnKF 同化方法和改进的同化方法得到的均方根误差

3. 初步同化结果

利用改进的 EnKF 同化方法，将制备的大气驱动数据来驱动 CoLM 模式，模拟各层上的土壤湿度变化，将卫星遥感资料 AMSR-E 的土壤水分产品同化进 CoLM 模式，以得到优化后的雅鲁藏布江流域的土壤湿度。为避免冻土的影响，同化了 2010 年夏季的 AMSR-E 逐日数据，得到了日平均土壤水分网格数据，然后向后进行预报，将同期的遥感反演产品用于比较验证。图 3-46 显示了雅鲁藏布江流域 0.25°网格点上表层土壤水分的观测结果、只预报不同化的结果及同化后再预报的结果。

图 3-46 的结果表明，模式模拟、数据同化和遥感观测的结果在土壤水分的空间结构上具有较好的一致性，都呈现出自下游到上游的递减规律。同化结果显示，在东南部的湿润气候地区，浅层的土壤湿度可达 0.5 m^3/m^3，自东向西呈现递减趋势，在西部高海拔地区只有大约 0.1 m^3/m^3。同时，同化后的结果比只预报不同化的结果更接近观测信息，误差更小，特别是对于土壤水分含量较大的下游区域，模式模拟与观测的相对误差约为 11%。把遥感资料产品同化进陆面模式，可以较好地改进对土壤水分的模拟效果，将相对误差缩减到约 6%。表明充分利用遥感观测资料和模式模拟的时空连续性优势，开展多源数据融合研究，将遥感观测资料同化进陆面模式，可以弥补雅鲁藏布江流域数据源的不足，并改进对土壤水分的模拟效果。

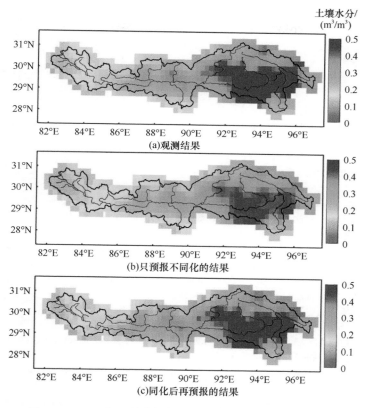

图 3-46　2010 年 8 月雅鲁藏布江流域的土壤水分日平均值

3.6　小　　结

本章介绍了气候变化背景下雅鲁藏布江流域水文气象变量的时空演变特征，包含了气温、降水、径流三个变量。主要基于遥感产品分析了气温、降水、极端降水事件的时空演变特征，基于流域内水文站的径流数据分析了径流的年内及年际特点，分析了径流的趋势、突变及周期的特点。面对流域内观测数据的有限，生成了一套高分辨率的气象驱动数据，开发了基于流域的陆面数据同化系统，其可输出高分辨率的土壤温湿度数据，这样一套完整的高分辨率的流域水文气象数据，可以在雅鲁藏布江流域很好地开展气候变化对径流的影响研究。

参 考 文 献

赖成光, 陈晓宏, 赵仕威, 等. 2015. 基于随机森林的洪灾风险评价模型及其应用[J]. 水利学报, 46(1): 58-66.

李新, 黄春林, 车涛, 等. 2007. 中国陆面数据同化系统研究的进展与前瞻[J]. 自然科学进展, 12: 163-173.

马玥, 姜琦刚, 孟治国, 等. 2016. 基于随机森林算法的农耕区土地利用分类研究[J]. 农业机械学报, 47(1): 297-303.

师春香, 谢正辉, 钱辉, 等. 2011. 基于卫星遥感资料的中国区域土壤湿度 EnKF 数据同化[J]. 中国科学, 41: 375-385.

Allan R P, Soden B J, John V O. 2010. Current changes in tropical precipitation [J]. Environmental Research Letters, 5: 302-307.

Allen M R, Ingram W J. 2002. Constraints on future changes in climate and the hydrologic cycle [J]. Nature, 419: 224-232.

Barbero R, Fowler H J, Lenderink G, et al. 2017. Is the intensification of precipitation extremes with global warming better detected at hourly than daily resolutions[J]? Geophysical Research Letters, 44: 974-983.

Berg A A, Famiglietti J S, Walker J P, et al. 2003. Impact of bias correction to reanalysis products on simulations of North American soil moisture and hydrological fluxes [J]. Journal of Geophysical Research-Atmospheres, 108: 1211-1222.

Bonan G B. 1996. Land surface model (LSM version 1.0) for ecological, hydrological, and atmospheric studies: Technical description and users guide. Technical note[R]. National Center for Atmospheric Research, Boulder, CO (United States). Climate and Global Dynamics Div.

Breiman L. 2001. Random forests[J]. Machine Learning, 45(1): 5-32.

Constantinescu E M, Sandu A, Chai T, et al. 2007. Ensemble-based chemical data assimilation I: General approach [J]. Quarterly Journal of the Royal Meteorological Society, 133: 1229-1243.

Dai Y, Dickinson R E, Wang Y P. 2004. A two-big-leaf model for canopy temperature, photosynthesis and stomatal conductance [J]. Journal of Climate, 17: 2281-2299.

Dai Y, Zeng X, Dickinson R E, et al. 2003. The common land model[J]. Bulletin of the American Meteorological Society, 84: 1013-1023.

Dai Y J, Zeng Q C. 1997. A land surface model (IAP94) for climate studies. Part I: Formulation and validation in off-line experiments [J]. Advances in Atmospheric Sciences, 14: 433-460.

Dickinson E. 1986. Biosphere/atmosphere transfer scheme (BATS) for the NCAR community climate model[R]. Technical report, NCAR.

Dickinson E, Henderson-Sellers A, Kennedy J. 1993. Biosphere-atmosphere transfer scheme (BATS) version 1e as coupled to the NCAR community climate model[J].NCAR/TN-387+STR, National Center for Atmospheric Research, Boulder, Colorado: 72.

Donat M G, Lowry A L, Alexander L V, et al. 2016. More extreme precipitation in the world's dry and wet regions[J]. Nature Climate Change, 6: 508-513.

Fekete B M, Vörösmarty C J, Roads J O, et al. 2004. Uncertainties in precipitation and their impacts on runoff estimates [J]. Journal of Climate, 17: 294-304.

Held I M, Soden B J. 2006. Robust responses of the hydrological cycle to global warming [J]. Journal of Climate, 19: 5686-5699.

Huang C, Chen W, Li Y, et al. 2016. Assimilating multi-source data into land surface model to simultaneously improve estimations of soil moisture, soil temperature, and surface turbulent fluxes in irrigated fields [J]. Agricultural and Forest Meteorology, 230: 142-156.

Huang C, Wu G, Zheng X. 2017. A new estimation method of ensemble forecast error in ETKF assimilation with nonlinear observation operator [J]. SOLA, 13: 63-68.

Li T, Zheng X, Dai Y, et al. 2014. Mapping near-surface air temperature, pressure, relative humidity and wind speed over China with high spatiotemporal resolution [J]. Advances in Atmospheric Sciences, 31: 1127-1135.

Lorenz E N. 1996. Predictability: A problem partly solved[C]. Seminar on Predictability, ECMWF: Reading, UK.

Lorenz E N, Emanuel K A. 1998. Optimal sites for supplementary weather observations simulation with a small model [J]. Journal of the Atmospheric Sciences, 55: 399-414.

Nijssen B, Lettenmaier D P. 2004. Effect of precipitation sampling error on simulated hydrological fluxes and states: Anticipating the Global Precipitation Measurement satellites [J]. Journal of Geophysical Research-Atmospheres, 109: 265-274.

Owe M, de Jeu R, Holmes T. 2008. Multisensor historical climatology of satellite-derived global land surface moisture [J]. Journal of Geophysical Research, 113, F1002, doi: 10.1029/2007JF000769.

Poméon T, Jackisch D, Diekkrüger B. 2017. Evaluating the performance of remotely sensed and reanalysed precipitation data over West Africa using HBV light [J]. Journal of Hydrolgy, 547: 222-235.

Reichle R H. 2008. Data assimilation methods in the Earth sciences [J]. Advances in Water Resources, 31: 1411-1418.

Robock A, Luo L, Wood E F, et al. 2003. Evaluation of the north American land data assimilation system over the southern Great Plains during the warm season [J]. Journal of Geophysical Research-Atmospheres, 108: 239-244.

Shen Y, Zhao P, Pan Y, et al. 2014. A high spatiotemporal gauge-satellite merged precipitation analysis over China [J]. Journal of Geophysical Research-Atmospheres, 119: 3063-3075.

Wu G, Zheng X. 2017. An estimate of the inflation factor and analysis sensitivity in the ensemble Kalman filter [J]. Nonlinear Processes in Geophysics, 24: 329-341.

Wu G, Zheng X, Wang L, et al. 2013. A new structure for error covariance matrices and their adaptive estimation in EnKF assimilation [J]. Quarterly Journal of the Royal Meteorological Society, 139: 795-804.

Wu Z, Huang N E. 2004. A study of the characteristics of white noise using the empirical mode decomposition method [J]. Proceedings of the Royal Society of London, Series A: Mathematical, Physical and Engineering Sciences, 460(2046), 1597-1611.

Xie P, Xiong A Y. 2011. conceptual model for constructing high-resolution gauge-satellite merged precipitation analyses [J]. Journal of Geophysical Research-Atmospheres, 116, D21106, doi: 10.1029/2011JD016118.

Zeng X, Shaikh M, Dai Y, et al. 2002. Coupling the common land model to the NCAR community climate model [J]. Journal of Climate, 15: 1832-1854.

第 4 章　雅鲁藏布江流域下垫面时空演变规律及其驱动机制

雅鲁藏布江流域是西藏自治区经济开发潜力最大的核心地区，也是我国最大的跨境国际河流之一，其水资源蕴藏量丰富，生态安全问题也十分突出。在气候变暖的背景下，由于冰冻圈对气候变化的敏感性，该地区地表环境发生了一系列深刻的变化，冰川退缩、湖泊扩张、冻土活动层加深、草场退化等，这些变化影响到水文循环，威胁到生态系统安全。基于多源遥感数据，从不同角度研究气候变化影响下雅鲁藏布江流域下垫面特征演变规律及其驱动机制十分必要。

结合当前工作基础和目标设定，本书搜集整理了 1980～2015 年的雅鲁藏布江流域多源遥感数据产品（如 NDVI、LAI、地表温度、地表反射率、土壤含水量等下垫面要素），基于 GIS 和数理统计分析方法探究了雅鲁藏布江流域年代际、年际、季节及生长季不同下垫面要素动态变化及空间格局特征，分析了气象要素，如降水、气温、相对湿度、风速、高程、人类活动等因子对下垫面要素的影响，识别了影响下垫面要素变化的关键驱动因子，揭示了下垫面演变机制。

4.1　土地利用演变及其驱动机制分析

4.1.1　土地利用时空格局演变分析

雅鲁藏布江流域 1980～2015 年土地利用类型空间分布如图 4-1 所示，研究区以自然生态系统为主，草地占流域总面积 61%以上，未利用地次之。草地在上中游地区呈大面积片状分布；未利用地和永久性冰川积雪主要分布在下游尼洋河流域、帕隆藏布地区，以零散斑块分布居多；林地集中于降水丰沛气候湿润的下游林芝地区；耕地与城乡用地大多靠近水体，中游日喀则、拉萨是西藏重要的城市集聚区。整体来看，流域在 1980～2015 年整体结构比较稳定，未发生较大变化。

由图 4-2 可知，流域地形复杂，空间异质性明显，坡度与地形起伏度空间分布较为相似。上游海拔较高，均在 4000m 以上；但坡度较小，多在第 1、2 级别区（0°～2°和 2°～6°）；地形起伏度偏小，是流域平坦地带集中区。中游除雅鲁藏布江干流及拉萨河干流海拔在第 4 级别区（3000～4000m）外，其余地区海拔仍在 4000m 以上；坡度较上游有明显增加，大部分区域分布在 6°～15°级别区，局部地区坡度达到 15°～25°，呈零碎斑点状分布；地形起伏度以河道为中心向两侧先增大再减小，大部分地区集中在第 4、5 级别区（200～1000m）。下游地形变化剧烈，尤其由帕隆藏布地区至林芝地区海拔骤降、

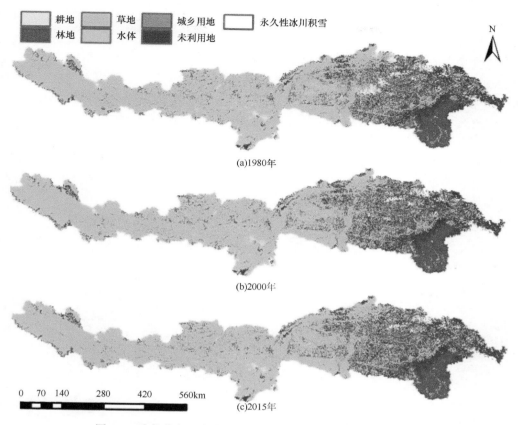

图 4-1　雅鲁藏布江流域 1980～2015 年土地利用类型空间分布

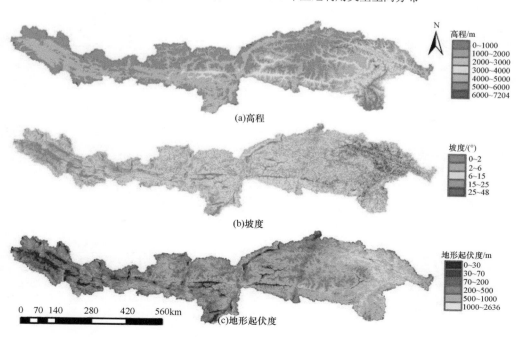

图 4-2　研究区高程、坡度、地形起伏度分级图

横跨七个高程带，坡度大多在 15°以上，高坡度地区呈片状分布，地形起伏度在 500m 以上，以大、中起伏山地为主。

研究期内，由图 4-3 雅鲁藏布江流域土地利用结构图可知，草地、水体、耕地、永久性冰川积雪面积下降，林地、未利用地、城乡用地面积呈现不同程度的增加。其中，永久性冰川积雪降幅最大，相较 1980 年，2015 年面积减少 22.72%，减少的区域主要分布于雅鲁藏布江流域中下游的尼洋河流域；耕地与 1980 年 3337 km² 相比减少 56km²，降幅达 1.68%。未利用地面积增加最多，增加量为 2214 km²，在流域面积占比增加 0.91%；城乡用地面积增加明显，由 1980 年的 94 km² 增长至 2015 年的 194 km²，增幅达到 106.38%，为流域各地类中增幅最高的。草地、水体分别减少 70 km²、22 km²，林地增加 123 km²，增幅为 0.35%（表 4-1）。

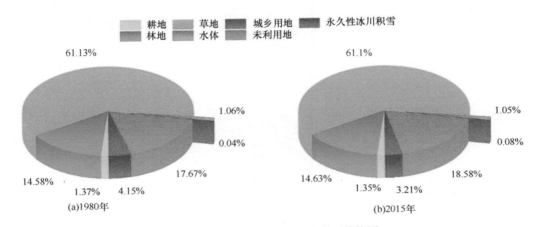

图 4-3　雅鲁藏布江流域土地利用结构图

表 4-1　雅鲁藏布江流域 1980～2015 土地利用转移矩阵　　（单位：km²）

土地利用类型		2015 年							总计
		耕地	林地	草地	水体	城乡用地	未利用地	永久性冰川积雪	
1980 年	耕地	3278	7	1	12	39	0	0	3337
	林地	0	35375	8	3	10	8	0	35404
	草地	3	64	148208	66	50	33	0	148424
	水体	0	55	39	2455	0	14	0	2563
	城乡用地	0	0	0	0	94	0	0	94
	未利用地	0	7	0	4	1	42897	0	42909
	永久性冰川积雪	0	19	98	1	0	2171	7784	10073
	总计	3281	35527	148354	2541	194	45123	7784	242804

土地利用类型		2000 年							总计
		耕地	林地	草地	水体	城乡用地	未利用地	永久性冰川积雪	
1980 年	耕地	3322	0	0	4	11	0	0	3337
	林地	0	35396	0	0	0	8	0	35404
	草地	0	64	148324	24	12	0	0	148424
	水体	0	55	36	2472	0	0	0	2563

续表

土地利用类型		2000 年							总计
		耕地	林地	草地	水体	城乡用地	未利用地	永久性冰川积雪	
1980 年	城乡用地	0	0	0	0	94	0	0	94
	未利用地	0	7	0	0	0	42902	0	42909
	永久性冰川积雪	0	19	98	0	0	2171	7785	10073
	总计	3322	35541	148458	2500	117	45081	7785	242804

土地利用类型		2015 年							总计
		耕地	林地	草地	水体	城乡用地	未利用地	永久性冰川积雪	
2000 年	耕地	3278	7	1	8	28	0	0	3322
	林地	0	35520	8	3	10	0	0	35541
	草地	3	0	148342	43	38	32	0	148458
	水体	0	0	3	2482	0	15	0	2500
	城乡用地	0	0	0	0	117	0	0	117
	未利用地	0	0	0	4	1	45076	0	45081
	永久性冰川积雪	0	0	0	1	0	0	7784	7785
	总计	3281	35527	148354	2541	194	45123	7784	242804

　　研究期间，土地利用转移并不频繁，部分地类间未发生转移，整体来看发生变化的面积占总面积不足 2%。耕地、水体、草地、永久性冰川积雪由于转入量小于转出量，导致总面积减少。

　　其中，永久性冰川积雪向未利用地转移面积最大，高达 2171 km²，占该地类发生转移面积的 94.85%，其次是向草地、林地分别转移 98 km² 和 19 km²。水体主要向林地、草地发生转移。除未利用地外，城乡用地增幅最大，城乡用地增加面积主要来源于草地、耕地和林地，而林地增加面积主要来源于草地和水体。对比 1980~2000 年与 2000~2015 年土地利用转移矩阵可以发现，两个时期地类转移情况明显不同。1980~2000 年未利用地、林地和草地增加面积分别占该时期流域内总增加面积的 86.8%、5.8% 和 5.4%，发生转移的多是受自然气象因素影响较大的地类。而 2000~2015 年增加面积较多的地类是城乡用地、水体和未利用地等受人类活动影响较大的地类，分别增加 77 km²、59 km² 和 47 km²，共占该时期流域内总增加面积的 89.3%。其中，未利用地在 2000 年前增长来源主要是永久性冰川积雪，而 2000 年后增长来源为草地、水体。

　　地类动态活跃度指标可以量化说明各个地类在以 2000 年为界的两个时期的不同变化特点（表 4-2）。由于永久性冰川积雪增加面积与城乡用地转移面积为 0，在计算过程中容易导致单一地类动态度计算出现误差，无法准确表示该地类活跃程度，所以在二者趋势表现相同的情况下，应以综合地类动态度作为判定雅鲁藏布江流域土地利用活跃程度的标准。从表中可知，各地类根据活跃度随时间变化趋势可以分为两组：耕地、城乡用地这些与人类生产活动密切相关的地类活跃度随时间增加；林地、草地、水体、未利用地活跃度随时间降低。第一组地类活跃度变化较为明显，耕地活跃度增加近 3.5 倍，城乡用地活跃度增加 2.5 倍以上。第二组中变化较大的是未利用地与永久性冰川积雪，二者在 1980~2000 年各地类中活跃度较高。

表 4-2　研究区各地类动态活跃度指标

项目	单一地类动态度		综合地类动态度	
	1980~2000 年	2000~2015 年	1980~2000 年	2000~2015 年
耕地	0.022%	0.088%	0.022%	0.094%
林地	0.001%	0.004%	0.022%	0.005%
草地	0.003%	0.005%	0.008%	0.006%
水体	0.178%	0.048%	0.232%	0.205%
城乡用地	0.000%	0.000%	1.223%	4.387%
未利用地	0.001%	0.001%	0.255%	0.008%
永久性冰川积雪	1.136%	0.001%	1.136%	0.001%

4.1.2　地形因子对土地利用时空格局的影响

1. 高程对土地利用时空格局的影响

将土地利用类型与 DEM 叠加，统计高程每增加 100 m 各地类面积，得到图 4-4。林地在海拔 1000~3000 m 分布较为平均，峰值出现在海拔 4500 m 左右，反映出森林明显适合在中低海拔区域生长。城乡用地和耕地线型陡峭，分别集中分布于海拔 3500 m 和 4000 m 处，其中 1980~2015 年城乡用地在 3500 m 处面积增幅达 124%，说明高程对其约束性十分强烈。永久性冰川积雪主要分布于海拔 4000~6000 m 区域，1980~2015 年海拔 5200 m 处冰川积雪面积突降 42.4%，转化为未利用地。水体主要是河流及高原

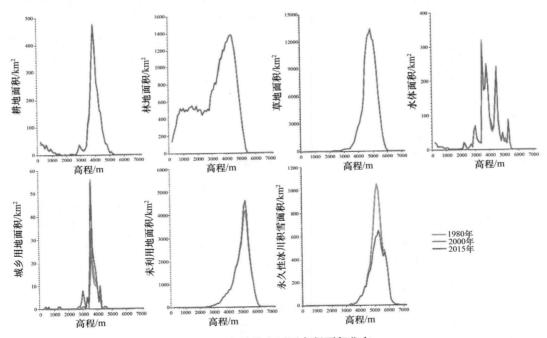

图 4-4　各地类在不同高程面积分布

湖泊，分布不连续且受高程影响有限。草地及未利用地与高程面积曲线类似，峰值出现在海拔 5000 m 处，高程变化对其分布影响较小。

　　由于流域绝大部分地区土地利用年际变化小，选取 2015 年为代表年对各地类占比及优势度进一步分析。由图 4-5 可知，随高程升高，林地占比由 96%下降至 0%，在 3000 m 以下区域占绝对优势，海拔过高，降水减少、气温降低，无法支撑乔木正常生长。与此同时，未利用地和永久性冰川积雪由 0%分别上升至 37%和 55%，高程对这两种地类限制性较为明显。对于这三种地类，降水及温度为主要影响因素。耕地与水体占比趋势变化相同，在下游气候湿润、海拔较低处占比偏高。草地、城乡用地变化趋势为先增加后减少，前者由于其高程适应性较好，随森林占比减小在海拔较高处占比增大；后者虽整体占比较低，但在 3000~4000 m 处占比明显增加，反映该高程带人类活动较为频繁。虽然 3000~4000 m 高程带面积仅占流域总面积 11%，但各地类分布最丰富全面，受人类活动影响最大。其中，林地、草地占比达 38%和 35%，未利用地占比 14%，耕地、水体占比 7%和 5%，城乡用地占比最小。

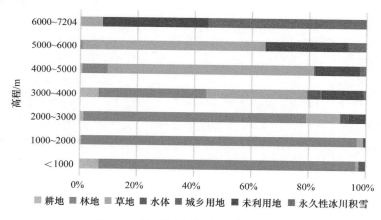

图 4-5　各地类在不同高程带面积占比

　　不同高程带各地类分布指数（图 4-6）显示优势位地类变化较大，城乡用地、耕地和水体分布指数线形类似，都经历急剧增长和降低。随高程增大，林地分布指数持续降

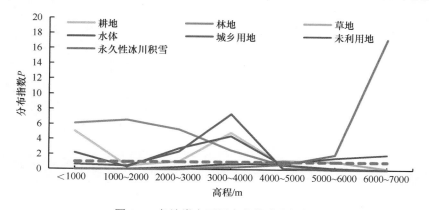

图 4-6　各地类在不同高程带分布指数

低，未利用地与永久性冰川积雪分布指数持续增加，草地分布指数变化相对平缓。在 1000 m 高程带，城乡用地分布指数略低于 1；林地在 1000~2000 m 高程带占绝对优势（P=6.58）；2000~3000 m 高程带林地优势度下降，城乡用地、耕地、水体分布指数逐渐增大，说明该高程带由自然生态系统向人类活动频繁区域过渡。3000~4000 m 高程带城乡用地、耕地、水体分布指数达到峰值，分别为 7.41、4.89 和 4.44，林地降至 2.57，耕地与城乡用地优势度增加明显。4000~5000 m 高程带，仅草地分布指数略大于 1，城乡用地骤降至 0。当高程达到 6000~7000 m，永久性冰川积雪分布指数突增，占绝对优势地位（P=17.24），未利用地次之（P=1.98）。

2. 坡度对土地利用时空格局的影响

土地利用类型与坡度叠加，统计坡度每增加 1° 各地类面积，得到图 4-7。各地类按面积变化趋势可分为两类：持续降低型，如与人类活动密切程度较高的耕地、水体和城乡用地；先增后减型，如林地、草地、未利用地和永久性冰川积雪。耕地面积在坡度 1°~10° 区域变化较平稳，适应性要明显优于水体与城乡用地，水体的坡度限制性尤为明显。2015 年城乡用地在坡度为 0° 处面积较 1980 年增加一倍，3° 与 7° 处增长率分别为 88.9% 与 166.7%。随着基建水平进步，城乡用地有逐渐向高坡度扩张趋势。林地广泛分布于坡度 15°~25° 区域，面积最大值出现在 15°，表明该地类对不同坡度适应能力较强。未利用地线型较为狭长、分布更为集中，2015 年坡度 6° 处面积达到 3437 km²，较 1980 年增加 196 km²。永久性冰川积雪在坡度 5°~9° 处分布较多，该坡度带永久性冰川积雪面积在 1980~2015 年共减少 917 km²，占该地类总减少面积的 40%。草地面积峰值出现在坡度 4° 处，线型与流域坡度面积曲线形状完全相同，说明坡度对草地限制性较小。

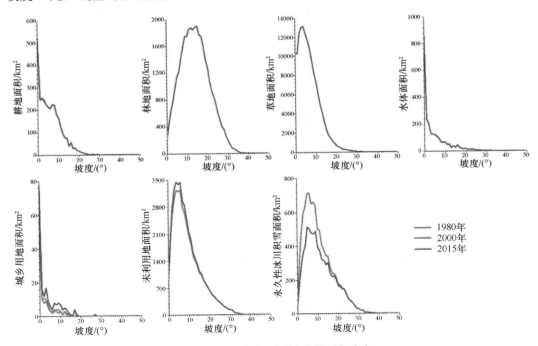

图 4-7　各地类在不同坡度的面积分布

不同坡度下各地类面积占比见图 4-8。随坡度增大，草地、耕地、水体、城乡用地面积占比逐渐减少，林地、未利用地、永久性冰川积雪面积不断增加。草地在坡度较低地区占比下降速度较慢，占比最高达 76%，坡度 15°为分界值，在 15°~25°区间骤降至 32%。耕地、水体与城乡用地恰好相反，坡度较低地区占比下降速度极快，对 0°~2°区间表现出较强依赖性，坡度过高不适宜进行建设和耕作等人类活动。林地随坡度增大占比由 3%提升至 46%，坡度 15°~25°处突增 26%，在坡度较高地区占绝对优势。未利用地与永久性冰川积雪随坡度增大稳定增长，前者由 14%增长至 30%，后者由 1%增长至 7%，成为 25°以上地区重要组成部分。6°~15°级别区面积 95862km²，占流域总面积 39%，是草地-林地-未利用地优势地类组合，其中草地占比 59%，林地占比 17%，未利用地占 19%，土地利用结构开始显著表现为自然生态化。2°~6°级别区占流域总面积 29%，是流域第二大坡度带，0°~2°级别区流域占比 18%。

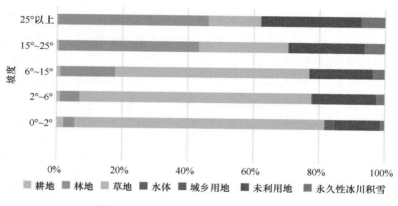

图 4-8　各地类在不同坡度带面积占比

结合分布指数对各地类优势度进行综合分析，由图 4-9 可知，随坡度增加各地类分布指数变化趋势与其面积占比变化类似。在 0°~2°级别区，林地分布指数最低，仅为 0.2，城乡用地和水体占据绝对优势，分布指数在 3 以上，这两种地类受坡度限制较大。耕地与草地分布指数略高于 1，但二者在各级别优势度皆不明显，对坡度敏感性略低。

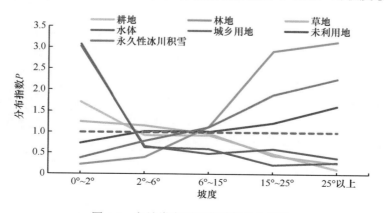

图 4-9　各地类在不同坡度带分布指数

耕地分布指数在 0.12～1.72 内基本呈线性递减，草地分布指数更为稳定，在 0.45～1.24。2°～6°级别区，与人类活动密切相关的城乡用地、耕地、水体优势度下降明显，林地、未利用地、永久性冰川积雪分布指数开始上升。坡度在 6°～15°时各地类分布指数差别不大，说明人类活动频繁区正向自然状态的生态系统逐渐过渡，可作为土地利用类型变异转折点。15°～25°级别区中林地分布指数骤增至 3，成为绝对优势地类，未利用地和永久性冰川积雪优势度稳步递增达 1.22 和 1.89。坡度 25°以上时，分布指数前三位的为林地、永久性冰川积雪、未利用地，其他地类均降至 0.5 左右。

3. 地形起伏度对土地利用时空格局的影响

将土地利用类型与地形起伏度叠加，统计地形起伏度每变化 50 m 各地类面积分布，得到图 4-10。随地形起伏度增加，耕地面积变化与其他地类不同，呈先减少后增加再减少趋势，两个峰值分别出现在地形起伏度为 50 m 和 350 m 处。流域耕地分布不连续，大多是零星状分布，稳定作物种植区集中在中下游两侧，包括拉萨河与年楚河下游部分地区（何万华等，2018）。中游拉萨、日喀则地区地形起伏度较小，下游林芝地区地形起伏度较大，所以耕地在图中显示为双峰曲线。水体与城乡用地变化趋势较为相似，集中分布于地形平缓地区，随地形起伏度增大面积急剧减少，对地形起伏度敏感性较高，但城乡用地有向地形起伏度较大地区逐步扩张趋势。草地、林地、未利用地及永久性冰川积雪随地形起伏度增大面积先增后减，不同地类峰值出现位置不同。草地大部分位于地形起伏度较小地区，分布与流域地形起伏度面积曲线类似，峰值出现在地形起伏度 300 m 处，达 14106 km²。林地对地形适宜性较好，大部分位于地形起伏度较大的下游地区，峰值相对靠后，位于地形起伏度 700 m 处。未利用地及永久性冰川积雪峰值分别出现在

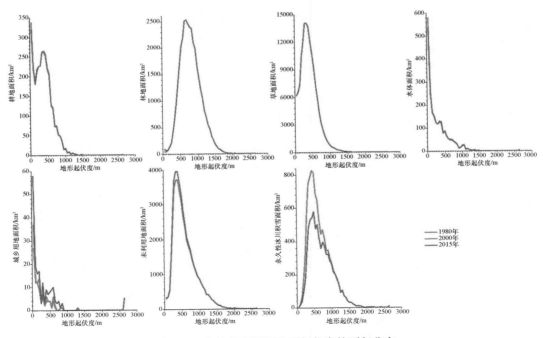

图 4-10　各地类在不同地形起伏度的面积分布

地形起伏度为 400 m 和 500 m 处，其中 450 m 处永久性冰川积雪面积在 1980～2015 年下降最多，达 286 km²，降幅 35%。

各地类在不同地形起伏度级别中面积占比差异较大，随地形起伏变化趋势与坡度变化相似（图 4-11）。在地形起伏度 200 m 以下区域，各地类占比结构较为稳定，平原、台地和丘陵占总面积 15%，在此级别中草地分布最广，占比均在 83% 以上，为绝对优势地类，其中在丘陵占比最高，达 86%，水体、城乡用地大部分集中在此区域，分别占地类总面积的 49% 和 59%。小起伏山地是流域面积最大级别区，占流域总面积 45%，该级别区林地、未利用地占比增长明显，草地占比明显下降但仍达 71%，占主要地位，耕地、城乡用地占比持续下降，呈由人类影响频繁区向自然生态系统过渡。中起伏山地面积次之，占流域总面积 33%，该级别草地、林地、未利用地和永久性冰川积雪占比分别为 46%、28%、21% 和 5%，林地占比突增、草地占比相应下降。在大起伏山地，林地占比 47%，超过草地成为优势地类，未利用地占比 28%。随地形起伏度增大，水土保持能力下降，林地、未利用地适应性愈发凸显。

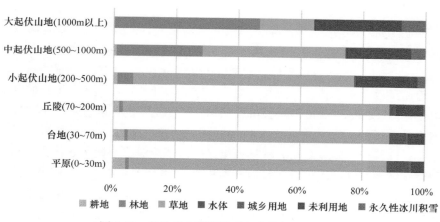

图 4-11　各地类在不同地形起伏等级面积占比

各地类在不同地形起伏等级分布指数如图 4-12 所示。草地分布指数变化幅度最小，

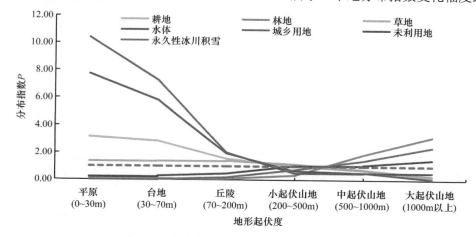

图 4-12　各地类在不同地形起伏等级分布指数

基本稳定在 $P=1$ 左右，说明草地对地形起伏度敏感性较低。平原区分布指数前三位分别为城乡用地、水体和耕地，它们对低地形起伏度区域依赖程度较大。随地形起伏度增加至台地、丘陵区，这三个地类优势度持续下降。丘陵区各地类最大优势度仅为 2 左右，地类间优势度差距明显缩小、竞争关系逐渐增强。小起伏山地区，城乡用地、水体、耕地分布指数进一步降低，未利用地、永久性冰川积雪与林地分布优势逐渐增大，但整体优势不明显（$P<1$），处于自然生态系统过渡区，与面积占比分析得到结论相同，该级别可作为土地利用类型变异转折点。中起伏山地与大起伏山地优势地类相似，林地、永久性冰川积雪、未利用地在该区域优势度直线上升，分布指数达 3.16、2.41、1.48，说明这三种地类对地形起伏度适应性较强。

4.2　景观格局演变及其驱动机制分析

4.2.1　类型水平上的景观特征

基于标准法对 1980 年、2000 年、2015 年雅鲁藏布江流域各地类景观格局特点进行分析，计算其斑块个数 NP、斑块密度 PD、最大斑块指数 LPI、边界密度 ED、平均斑块面积 AREA_MN、周长-面积分形维数 PAFRAC、聚集度 AI 等七个景观指数。将每种指数的计算结果以"最小值法"进行标准化处理，取 1980 年、2015 年数值分别为两图半径，对各指数在 1980～2000 年、2000～2015 年变化率进行填色，制作雅鲁藏布江流域类型水平景观指数变化热力图（图 4-13）。由图可知，最大斑块指数是地类间差异最明显的指标，草地在雅鲁藏布江流域景观组成中占了绝对优势地位，其次是林地与未利用地，同时这些地类的斑块密度与其他地类相差不大，说明它们的景观异质性较低。可以看出在雅鲁藏布江这类高海拔山区，对地形的适应性对景观组成结构有很大影响。水体与城乡用地 2000～2015 年最大斑块指数增长明显，体现了雅鲁藏布江流域经济发展与生态保护并举的可持续发展理念。聚集度在各个地类间数值差异较小，大部分地类景

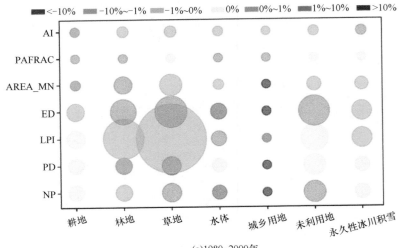

(a)1980~2000年

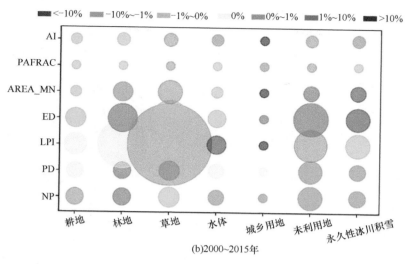

(b)2000~2015年

图 4-13　研究区 1980~2000 年和 2000~2015 年类型水平景观指数变化热力图

观聚集度持续降低，草地和未利用地经历了先减后增的小幅波动，而变化最大的城乡用地在 2000~2015 年增幅达到了 10%以上，斑块团聚程度增高、分布趋于集中化，体现了雅鲁藏布江流域城市发展过程。草地作为占比最大的地类，斑块数量却不是最大，说明流域内存在面积较大的完整草地，这与实际情况相符。林地在研究期间斑块数量增加、密度上升、平均面积减小，说明流域内部分较大的景观斑块被分割为多个较小斑块或小斑块不断增加，可能是基础工程建设及小范围植树造林导致的。未利用地斑块密度较大但斑块平均面积较小，表明该地类破碎化程度较大。

4.2.2　景观水平上的景观特征

移动窗口法是在 Fragstat4.3 程序中窗口从研究区左上角开始移动，每次移 1 个栅格，计算当前窗口内上述的景观格局指数并赋予其中心栅格，最终获得各景观指数的空间分布特征图。为避免非整数个像元导致的数据处理误差，本书采用 1km 的奇数倍作为移动窗口的尺寸，以 15000 m 为上限，利用移动窗口法计算不同尺度下 PD、AI、香农多样性指数 SHDI 三个景观指数的空间变化情况。块基比值低，表示空间变异程度低，空间自相关性明显，即此时景观指标稳定性好；反之，比值高表示空间变异程度高，景观指标稳定性差。由图 4-14 可知，SHDI 指标随窗口半径增大而减小，PD 和 AI 的稳定性呈现出先增大后减小的变化趋势，三者的 $C_0/(C+C_0)$ 皆随窗口半径增大而趋于稳定值。窗口为 3000~5000 m 时，部分指标块基比呈现上升趋势变化，表示不稳定，不能作为特征尺度。在 7000~9000 m 时图中出现明显拐点，9000 m 以上比值开始趋于稳定，表明该尺度可以作为研究区景观格局变化空间变异的特征尺度。尺度过小（3000 m、5000 m、7000 m）指标变化剧烈、稳定性差，不能反映研究区域的景观格局特征，尺度过大（11000 m、13000 m、15000 m）会致使栅格尺度的空间信息规律损失，因此本书选择 9000 m 窗口作为研究区景观格局特征分析尺度。

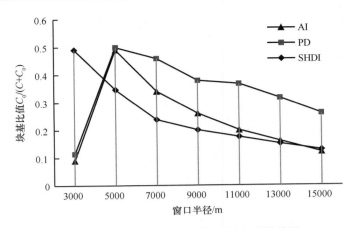

图 4-14　景观格局指数空间变异特征值趋势图

选取 6 个景观指数对 1980～2015 年雅鲁藏布江流域土地利用进行计算,得到景观水平上的景观指数分布,如图 4-15 所示。全流域除平均斑块面积外,景观水平上各指数在研究期间均有不同程度的下降,景观破碎化过程明显。其中,香农多样性指数 SHDI、香农均匀度指数 SHEI 下降最为显著,降幅达到 1.2%。从空间分布上看,最大斑块指数 LPI 与聚集度 AI 空间分布相似,具有较强的正相关性,共同反映流域景观破碎程度;而斑块密度 PD 与二者分布完全相反。斑块密度自上游、中游至下游呈依次增大趋势,流域绝大部分地区处于其低值区,高值多集中于中游拉萨河及下游帕隆藏布地区。流域上游斑块密度较小、最大斑块指数大、平均斑块面积(AREA_MN)大、景观聚集度大,地势相对平坦,有利于草类大面积生存,但海拔较高、人类活动少,景观主要是大面积高原草地与零散高海拔未利用地,所以格局较为完整、破碎化程度低。中游斑块密度普遍增大、最大斑块指数以河道为中心向南北两侧增大、平均斑块面积明显减小、景观聚

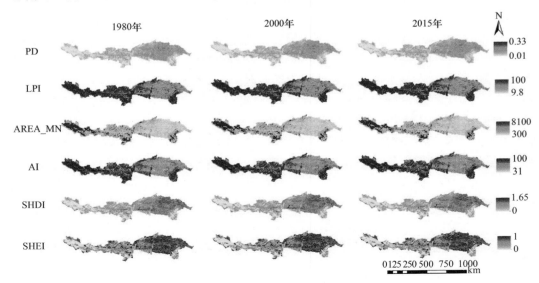

图 4-15　研究区 1980～2015 年景观指数空间分布图

集度的空间异质性明显。中游是雅鲁藏布江流域经济、政治、文化中心，受人类活动影响较大，绝大部分的耕地与城乡用地沿水系分布并集中于此，景观组成复杂、破碎化程度较高。下游大部分区域斑块密度大、最大斑块指数小、平均斑块面积小、景观聚集度小，景观破碎化程度高。林芝南部降水丰沛、气候适宜，林地集中分布使之景观指数与下游其他地区有明显不同，相对而言破碎化程度低。地形是该处主要影响因素，下游地形多变，有冰川积雪也有森林耕地，垂直方向景观变化剧烈、组成十分复杂。

香农多样性指数、香农均匀度指数共同刻画了雅鲁藏布江流域景观多样性情况，二者呈现由上游到下游逐渐增大的变化趋势。香农多样性指数最大值集中于雅鲁藏布江中游受人类活动扰动最大的拉萨、日喀则地区，景观主要是围绕水体存在的耕地与城乡聚落。与研究区大面积未开发的自然生态景观相比，类型较为丰富、景观多样性高。下游帕隆藏布地区的香农多样性指数和香农均匀度指数的数值相对较大，是因为当地海拔变化较大，未利用地、永久性冰川积雪、森林草地交错分布，景观类型多样。相对而言，香农均匀度指数的空间异质性更强，上游草地占据绝对优势地位使斑块分布较不均匀，而下游由于地势因素斑块分布均匀度以水系为中心向两侧明显增加。

4.2.3　景观格局指数与地形因子的关系

本书采用 Canoco 4.5 及相关插件对流域景观格局因子与地形因子相关性进行分析。首先使用网格法以 2015 年地形数据与景观数据为样本，将流域地形景观数据建立联系，提取样点属性构建数据库。采用空间网格法对流域采样，获得共 3212 个样点。将高程、坡度、地形起伏度及景观指数空间分布图与样点图层叠加赋值，建立流域样点数据属性库。为避免数据量纲不同对数据结果造成影响，分别对地形因子和景观因子矩阵进行max-min 标准化处理，使变量取值均在 0～1。对景观格局指数进行降级趋势对应分析（DCA），若各轴中最长梯度值大于 4，则应选择单峰模型（如典范对应分析 CCA）；若小于 3，则适用于线性模型（如冗余分析 RDA）；若在 3～4，则两种模型都适用。通过DCA 分析，得到三个排序轴梯度长度分别为 1.336、0.789 和 0.334，皆小于 3，故研究区选择 RDA 分析更为合适，分析得到流域景观格局指数与地形因子相关性。结果表明，景观格局指数与地形因子对应分析的特征值总和为 0.189，RDA 排序第一排序轴累计景观格局指数与地形解释变量为 99.47%，说明第一排序轴能集中反映景观格局指数与地形因子相关性信息（表 4-3）。

表 4-3　RDA 排序中景观格局指数与地形因子相关系数

项目	TF_1	TF_2	TF_3	高程	坡度	地形起伏度
LP_1	0.4557	0	0	0.0061	0.339	0.4114
LP_2	0	0.1113	0	−0.1097	0.0446	0.042
LP_3	0	0	0.0486	−0.008	−0.026	−0.01

注：LP_1～LP_3 为前 3 轴景观格局指数信息，TF_1～TF_3 为前三轴地形因子信息。

由各排序轴相关性结果（图 4-16）可知，RDA 排序第一排序轴景观格局指数与地形因子相关性达 0.4557（显著相关水平 $P<0.05$）。各景观指数向量与高程向量夹角接近直角，说明相关度较小，与坡度和地形起伏度相关性较为明显。其中，AI、LPI、AREA_MN 与坡度、地形起伏度向量间为钝角，呈较明显负相关关系；PD、SHDI、SHEI 与坡度和地形起伏度向量夹角为小于 30° 的锐角，呈正相关关系。较其他指数，AI 与高程呈较弱负相关关系。可看出流域景观格局指数与地形因子存在典型相关关系。

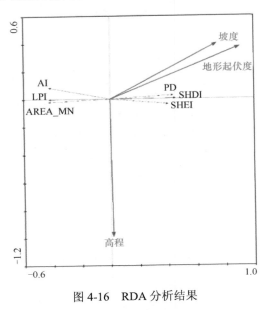

图 4-16　RDA 分析结果

4.2.4　景观格局驱动力分析

影响土地利用与景观格局的因素很多，主要可以概括为自然因素与人为因素两个方面。由于雅鲁藏布江流域独特的地形地貌及脆弱的生态环境，该区域发展规划以生态保护为主，经济开发等人类活动相对较少，发生变化的地类面积不足 2%，所以从小尺度来看自然因素起主导作用。受全球气候变暖等因素的影响，雅鲁藏布江流域近年来气温明显升高，对永久性冰川积雪和高原水体构成威胁。Cuo 等（2014）学者通过研究发现，该流域积雪面积、积雪深度、冰川面积显著减少，这与本书研究结果较为一致。

耕地和城乡用地是雅鲁藏布江流域受人类活动影响较大的地类。针对西藏农业自然条件差、基础设施薄弱的特点，政府应加强农田水利基础建设、推广农田林网化，大幅提高土地利用率。耕地面积虽然减少，但 2000 年地区农业综合生态环境指数较 1990 年提高了 1.5 个百分点，基本实现区域自给自足。根据 2000 年、2010 年人口普查资料可知，2010 年雅鲁藏布江流域总人口较 2000 年增加 21.76 万人，增幅达到 13.5%，非农业人口占比扩大 2.5%。据西藏统计年鉴可知，2015 年人均农业产值是 1980 年的 13 倍，人均工业产值是 1980 年的 42 倍。人口增加、经济发展使土地利用流转模式发生改变。2000～2015 年，耕地、城乡用地活跃度明显增加，反映了该流域人类活动影响日益增大。

生产开发与生态保护同步进行。据统计，在西藏生态建设方面中央政府 1996～2012

年投资达 3.68 亿元，天然林保护、退耕还草、拉萨造林绿化等工程相继开展并取得明显成果，较 1949 年，2012 年植被覆盖率提升近 5%。林地面积增加、绿化成果明显且受人类活动影响较大，这与前人研究结果相符[①]。为针对性改善雅鲁藏布江流域生态环境，国家还投资建设"两河一江"（拉萨河、年楚河、雅鲁藏布江）中部流域农业综合开发工程项目，其中生态环境遥感动态监测为持续关注人类活动对生态环境影响提供了条件。

4.3　植被覆盖演变及其驱动机制分析

4.3.1　植被覆盖时空变化特征

研究中所用的 MODIS 资料为 2000～2016 年 NDVI 月值数据，该资料的空间分辨率为 500m，时间分辨率为 30d。

按照春季（3～5 月）、夏季（6～8 月）、秋季（9～11 月）、冬季（12 月至次年 2 月）对雅鲁藏布江流域各季 NDVI 平均值和年内各月均值进行统计分析，如图 4-17 所示。

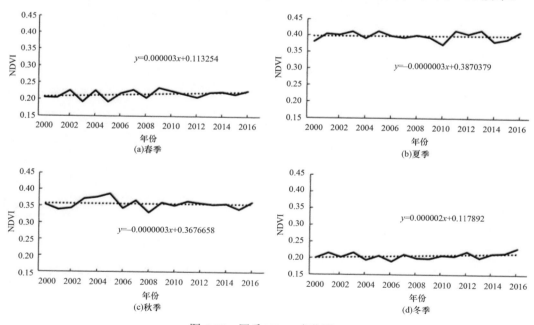

图 4-17　四季 NDVI 变化图

由图 4-17 可知，夏季 NDVI 值最大，均值达到 0.399；其中在 2013 年达到最大值，为 0.416；在 2010 年达到最小值，为 0.372。其次为秋季，NDVI 均值为 0.357；2000～2005 年，NDVI 呈缓慢升高趋势，于 2005 年达到最大值，为 0.387；之后波动下降，在 2008 年达到最小值，为 0.330；在 2009 年之后，NDVI 值维持在 0.350 左右。春季和冬季 NDVI 值相对较小，均值为 0.21 左右。夏季和秋季的 NDVI 值呈多年下降趋势，均为–0.0003%/10a；而春季和冬季的 NDVI 值呈多年上升趋势，分别为 0.003%/10a 和

---

① 中华人民共和国国务院新闻办公室. 2003. 西藏的生态建设与环境保护。

0.002%/10a。

由图 4-18 可以看出，月 NDVI 值随月份变化呈 1～7 月增大、8～12 月减小的趋势；1～3 月 NDVI 值基本维持在 0.215 左右，在 3 月达到最小值，为 0.205；之后稳步上升，在 7 月与 8 月达到最大值，为 0.479；9 月 NDVI 值虽有所下降，但依然保持较大的 NDVI 值，为 0.449；9 月之后，NDVI 值下降较为明显，在 12 月达到 0.248。年 NDVI 均值为 0.320。分上下游来看，上、中、下游年 NDVI 均值分别是 0.173、0.310 和 0.501，反映了从上游到下游植被分布沿程递增的趋势。

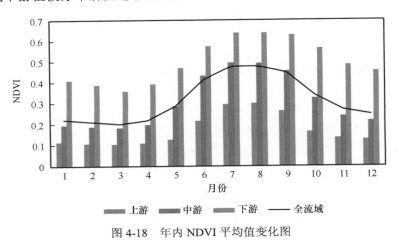

图 4-18　年内 NDVI 平均值变化图

为探究流域 NDVI 变化趋势，分别对流域内各气象站点做 MK 检验，如图 4-19 所

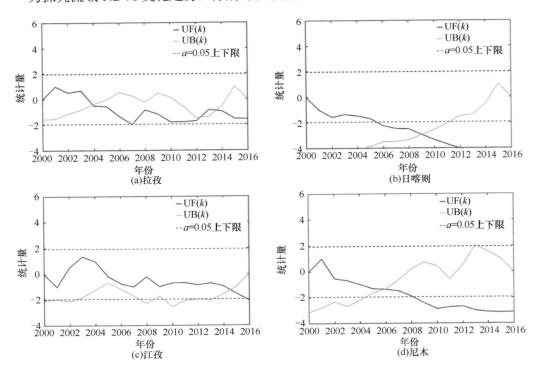

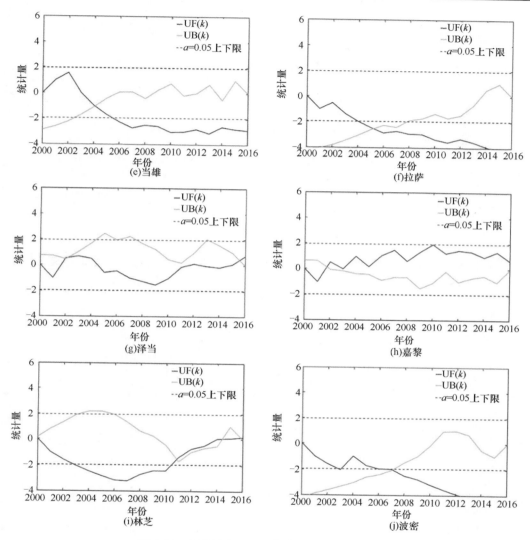

图 4-19　气象站点 NDVI 变化 MK 检验分析图

示。从图中可以发现，除林芝、泽当和嘉黎站外，各站点 UF 线在 2006 年后均小于 0，呈现出 NDVI 变小的趋势。流域站点下游林芝、泽当和嘉黎站三站在 2014 年后 NDVI 呈增大趋势。2000～2005 年，各站点 UF 线在 0 附近。泽当、林芝站在 2014 年后 NDVI 逐渐增加，嘉黎站 2002 年后 NDVI 逐渐增加。

对雅鲁藏布江流域研究时段（2000～2016 年）内 NDVI 值年际变化进行分析，分别统计上中下游 NDVI 均值情况，结果如图 4-20 所示。由图可知，NDVI 值在下游最大，为 0.55；其次是中游，为 0.36；上游最小，为 0.21；全流域 NDVI 均值为 0.41。这与上下游的海拔差异不无关系。通常在上游雪线以上，山谷边缘植被较少生长，因此雅鲁藏布江流域植被分布与地形、海拔分布不均有很大关系。

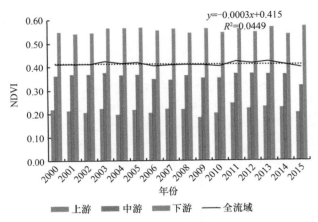

图 4-20　雅鲁藏布江上中下游流域年均 NDVI 年际变化

对雅鲁藏布江流域研究时段（2000～2016 年）内 NDVI 值年际变化进行统计分析，结果如图 4-21 所示。

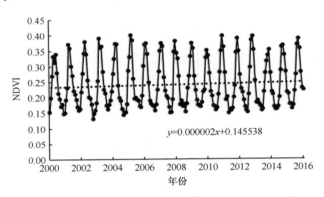

图 4-21　雅鲁藏布江流域月平均 NDVI 年际变化

由图 4-21 可以发现，NDVI 总体呈上升趋势，增长率为 0.002%/10a（$P<0.001$），表明 2000～2016 年雅鲁藏布江流域植被覆盖总体呈缓慢好转趋势。NDVI 年最大值多出现在 7～9 月，其中以 8 月为多。最小值出现在 1～3 月，其中以 2 月为多。

对 2000～2016 年雅鲁藏布江流域生长季 NDVI 空间分布进行分析，选取均值合成如图 4-22 所示。从图 4-22 可以看出，下游的米林、波密等站 NDVI 值较高，在 0.8 以上；拉孜以上流域 8 月 NDVI 值小于 0.4。因此，NDVI 高值区在雅鲁藏布江流域中游和下游部分地区比例较大，尤其是下游地区；而上游地区由于海拔较高，不少地区冰雪终年不化，罕有植被生长，故多为 NDVI 低值区。全流域生长季 NDVI 均值为 0.407，通过和图 4-23 的比对可以发现在高海拔地区 NDVI 值较低，低海拔地区 NDVI 值保持稳定高值。

在 ArcGIS 的辅助下，以 250m 为分度值对雅鲁藏布江流域高程与 NDVI 值进行统计分析，结果如图 4-23 所示。从图中可知，雅鲁藏布江流域呈现出了明显的随海拔升高 NDVI 值下降的特征。中低海拔地区为 NDVI 的高值区，在海拔为 2500m 范围内，

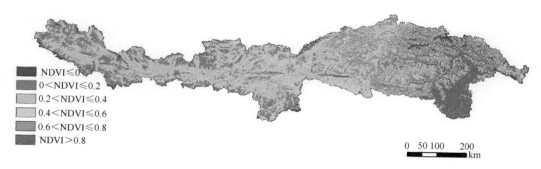

图 4-22　生长季 NDVI 分布图

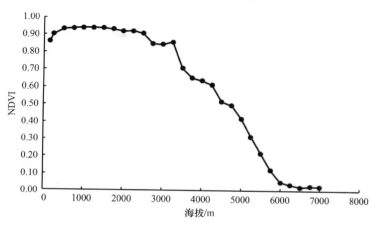

图 4-23　NDVI 沿高程分布图

NDVI 值基本在同一水平，为 0.9 左右；从 2500m 开始，NDVI 值开始下降，但在 3250m 呈现出上升之后缓慢下降的趋势；海拔 6000m 以上，NDVI 值较低，为 0.029，且随海拔增加 NDVI 值基本保持不变。

　　雅鲁藏布江流域 NDVI 均值年际分布如图 4-24 所示。由图中可知，研究区内中下游 NDVI 较大，林芝以下流域 NDVI 年均值可达到 0.91 左右，体现出下游植被生长情况良好。流域中上游 NDVI 逐渐从 0.63 减小到 0 左右，体现出从中游至上游植被生长状况逐渐变差的现象。2000~2016 年，流域 NDVI 空间变化不大，变化主要集中在中游拉萨、日喀则附近。

　　对研究时段（2000~2016 年）各月 NDVI 值进行均值合成，进行雅鲁藏布江流域年内 NDVI 值统计分析，结果如图 4-25 所示。

　　由图 4-25 可以看出，流域年内 NDVI 的空间分布呈现出下游 NDVI 大、上游 NDVI 小的特点。其中，2 月 NDVI 数值小的面积最大，中上游 NDVI 值均小于 0.4，仅有流域下游植被覆盖较高，NDVI 值维持在 0.9 左右；8 月 NDVI 均值最大，中上游 NDVI 值均在 0.4~0.5，流域中游植被覆盖为一年中最好，NDVI 值维持在 0.7 左右。

　　流域狭长空间差异性较大，不同地区 NDVI 年际变化也有所不同，通过对研究时段内 NDVI 进行统计分析，结果如图 4-26 所示。

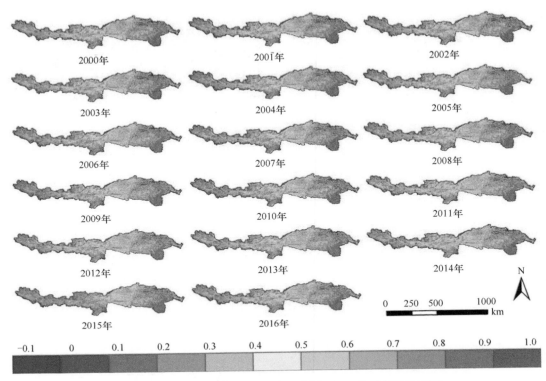

图 4-24　2000～2016 年雅鲁藏布江流域 NDVI 均值年际分布图

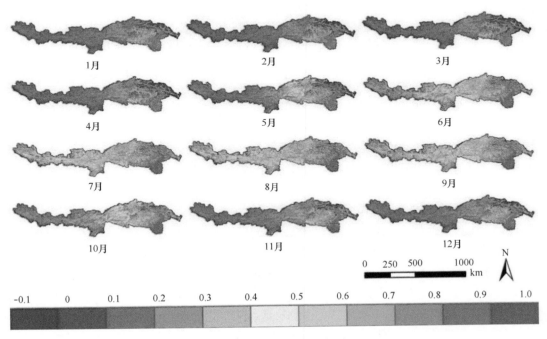

图 4-25　NDVI 年内分布图

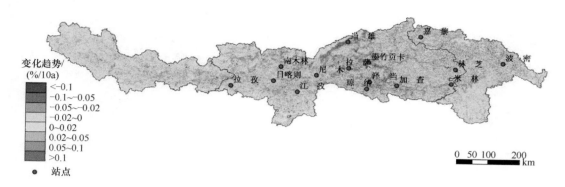

图 4-26　雅鲁藏布江流域 NDVI 变化趋势图

由图 4-26 可知，流域内 NDVI 年际变化呈现出明显的空间异质性，流域上游和下游 NDVI 值增加的比例分别为 56.82%和 58.60%，流域中游 NDVI 值变化趋势为增加的比例仅为 42.07%。流域上游和下游 NDVI 值变化范围在 2%的比例分别为 73.17%和58.70%，流域中游 NDVI 值变化范围在 2%的比例为 51.72%。流域上下游植被覆盖变化类型以改善为主，且绝大部分区域变化轻微，流域中游植被覆盖变化类型以恶化为主，且部分区域恶化程度较重。流域中游气象条件一般，且存在人类活动，这可能是植被覆盖恶化的原因。

由图 4-27 可知，雅鲁藏布江流域上游和下游 NDVI 标准差较小，在中游奴各沙和下游林芝、米林处 NDVI 标准差较大，说明 21 世纪以来，上游和下游 NDVI 变化幅度较小，林芝等地的 NDVI 变化幅度较大。

图 4-27　NDVI 标准差分布图

4.3.2　植被覆盖可持续性趋势分析

对 NDVI 变化的持续性做出研究，对月值逐格点（图 4-28）进行 Hurst 指数分析，结果如图 4-28 所示。

从图 4-28 可以发现，Hurst 指数分布具有一定的空间差异性，在流域中游墨竹工卡附近拉萨河流域及流域上游空间持续性较强。全流域 Hurst 指数均值为 0.51，说明雅鲁藏布江流域 NDVI 呈现出微弱的可持续性。从图 4-29 可以发现，在海拔升高的过程中，

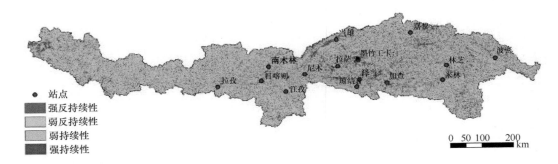

图 4-28 雅鲁藏布江流域逐月 NDVI 的 Hurst 指数空间分布图

Hurst 值逐渐降低，在 2250 m 后随高程逐步上升，在 4000 m 处到达极大值，然后逐步下降，在 5250 m 处达到极小值，最后随海拔逐步上升，在 6500 m 后趋于稳定。就高程分布而言，在流域海拔 1500 m 以下、3000～4000 m 和 6000 m 以上地区 Hurst 均值大于0.5，其余地区小于 0.5，说明流域 1500～3000 m 和 4000～6000 m 地区呈现弱反持续性的区域较多，其余地区弱持续性区域较多。

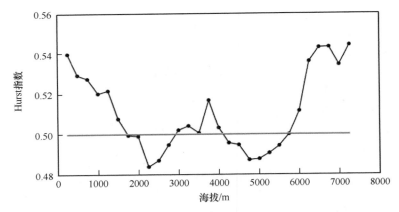

图 4-29 雅鲁藏布江流域逐月 NDVI 的 Hurst 指数高程分布图

由表 4-4 可知，雅鲁藏布江流域呈弱持续性的比例最大，达到了 43.93%，流域面积为105633 m²；其次是弱反持续性，面积为 85826 m²，所占比例为 35.69%；强持续性与强反持续性所占比例小，分别为 12.69% 和 7.69%，所占面积分别为 30526 m² 和 18498 m²；弱反持续性和弱持续性共占比 79.62%，所占流域面积达 191459 m²。

表 4-4 雅鲁藏布江流域逐月 NDVI 持续性统计表

Hurst 指数	持续性等级	所占流域比例/%	所占流域面积/m²
Hurst≤0.4	强反持续性	7.69	18498
0.4<Hurst≤0.5	弱反持续性	35.69	85826
0.5<Hurst≤0.6	弱持续性	43.93	105633
Hurst>0.6	强持续性	12.69	30526

4.3.3　植被类型分布特征

植被类型数据来自国家冰川冻土沙漠科学数据中心的 1∶1000000 中国植被图集，通过处理如图 4-30 所示。流域下游以阔叶林、针叶林为主，夹杂部分高山植被。随着海拔的升高，植被逐渐退化为草甸、草丛、高山植被和栽培植被等类型。

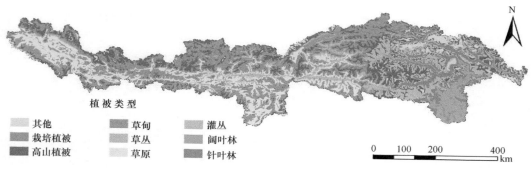

图 4-30　2000～2016 年雅鲁藏布江流域植被类型分布图

对不同植被类型年际及年内 NDVI 进行叠加并作均值进行统计分析，结果如图 4-31 和图 4-32 所示。

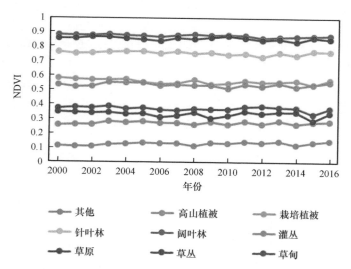

图 4-31　2000～2016 年雅鲁藏布江流域不同植被类型 NDVI 年际分布图

由图 4-31 和图 4-32 可知，不同植被类型年内和年际 NDVI 分布从大到小的排列顺序均为阔叶林、草丛、针叶林、栽培植被、灌丛、草甸、草原、高山植被和其他，其不同年份的均值分别为 0.875、0.855、0.755、0.559、0.534、0.371、0.333、0.272 和 0.129。其中，2009 年栽培植被和草原 NDVI 值较其他年份较小，灌丛和高山植被 NDVI 值较其他年份大，体现出当年灌丛和高山植被覆盖同比较大，栽培植被和草原植被覆盖同比较

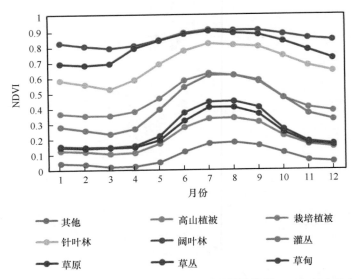

图 4-32　2000～2016 年雅鲁藏布江流域不同植被类型 NDVI 年内分布图

小的现象。在植被的非生长期内，栽培植被和草原 NDVI 值趋同，生长期开始后，4～7
月草丛和阔叶林 NDVI 值趋同，7～10 月，栽培植被和灌丛 NDVI 值趋同。体现出生长
期内草原和阔叶林、栽培植被和灌木分布差异较小的特点。

4.3.4　植被覆盖驱动因子分析

对 2000～2016 年雅鲁藏布江流域 NDVI 月值与气温的关系变化做统计分析，其中
气温数据为西藏 10 个气象站数据克里金插值结果，结果如图 4-33 所示。由图 4-33 可知，
温度和 NDVI 线性拟合斜率为 0.01，R^2 为 0.6008。夏季温度在 13～16℃，NDVI 均值为
0.331；冬季温度在–5～3℃，NDVI 均值为 0.179。相同温度下，秋季 NDVI 比春季大，
均值分别为 0.176 和 0.275，秋季 NDVI 离散程度较大。

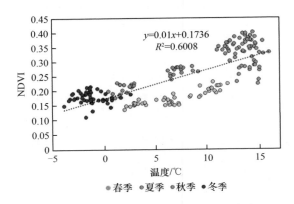

图 4-33　四季 NDVI 与平均温度关系图

选择平均气温、降水、最高气温和最低气温作为气象要素对 NDVI 相关性进行探讨，

奴各沙、拉萨、羊村和更张 NDVI 与气象要素相关关系和显著性水平如表 4-5 所示。从表中可以看出，从时间角度看，NDVI 和气象要素在全年和春、夏、秋三季都大致呈现出显著的相关性。说明植被覆盖同气象要素有着显著的相关性，这与前人的研究相符。从站点角度看，羊村和拉萨地理位置相对较近，NDVI 同气象要素均呈现出了春、夏季显著的相关性。奴各沙站夏季相关性显著。究其原因是尽管植被生长受到气象因素的影响，但是在高海拔地区径流以融雪径流为主，植被生长的节律导致其生长旺季同气温降水峰值相比存在一定滞后性。流域下游，由于夏季温度较高，植被生长繁茂，NDVI 与最低气温的相关性不显著。

表 4-5　雅鲁藏布江流域 NDVI 同气象因素 Pearson 相关系数统计表

时间	站点	平均气温	降水	最低气温	最高气温
全年	奴各沙	−0.269**	−0.212**	−0.242**	−0.328**
	拉萨	−0.364**	−0.305**	−0.342**	−0.422
	羊村	−0.294**	−0.210**	−0.271**	−0.343**
	更张	−0.685**	−0.054	−0.663**	−0.706**
春季	奴各沙	−0.282*	0.162	−0.195	−0.297*
	拉萨	−0.539**	−0.167	−0.482**	−0.542**
	羊村	−0.673**	0.287*	−0.635**	−0.438**
	更张	−0.776**	−0.508**	−0.820**	−0.685**
夏季	奴各沙	−0.395**	0.329**	−0.200	−0.379**
	拉萨	−0.302*	0.283*	−0.330*	−0.252
	羊村	−0.517*	0.237	−0.454	−0.482*
	更张	−0.055	0.038	0.205	−0.361**
秋季	奴各沙	−0.243	−0.46	−0.49	−0.317
	拉萨	−0.268	−0.017	−0.199	−0.361**
	羊村	−0.225	0.051	−0.176	−0.291*
	更张	−0.265	−0.083	−0.235	−0.306*
冬季	奴各沙	−0.113	0.473**	−0.316*	−0.668**
	拉萨	−0.231	0.600**	−0.438**	−0.649**
	羊村	−0.164	0.613**	−0.032	−0.364*
	更张	−0.043	0.085	0.070	−0.174

*代表通过置信度为95%的显著性检验；**代表通过了置信度为99%的显著性检验；下文同上。

为了进一步探讨雅鲁藏布江流域下垫面要素与气象要素之间的因果性，分别在四个代表站点探讨 NDVI 对平均气温、降水、最高气温和最低气温的敏感性，如图 4-34 所示。从图 4-34 可以看出，NDVI 对气温的敏感系数多为正值，更张站 NDVI 仅与降水敏感性为负值，拉萨站 NDVI 与气象因素敏感性恰好与之相反；奴各沙与羊村站 NDVI 均与降水和最低气温敏感性为正、平均气温和最高气温敏感性为负。这是因为最低气温夏季逐步降低，而植被除了受到气温影响外还受到自身生长节律限制，相对气温变化具有滞后性。NDVI 对降水敏感系数为正值，且夏季绝对值最高，冬季几乎为零，这是由于四个站点地处温带季风气候地区，植被以灌木及落叶林为主，夏季茁壮生长，而冬季植被生长不旺盛,降水稀少。分站点看,羊村和拉萨 NDVI 对气象要素敏感系数较高,这是由于两者均位于流域中游,四季气温均在植被生长所需温度阈值之间。

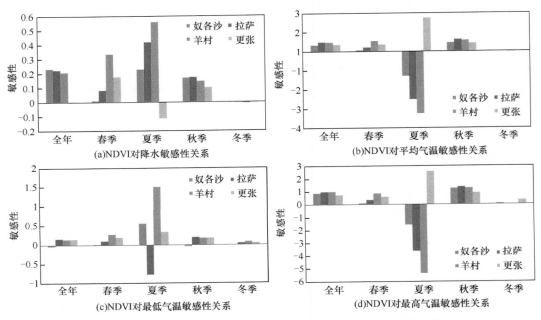

图 4-34　奴各沙、拉萨、羊村和更张 NDVI 对气象要素敏感性关系图

4.4　积雪覆盖演变及其驱动机制分析

研究中所用资料为 2000～2016 年 MODIS 数据集,该资料的空间分辨率为 500m,时间分辨率为 8d。

4.4.1　积雪覆盖时空变化特征

对 2000～2016 年雅鲁藏布江流域积雪覆盖率年内变化做统计分析,其中全月均有积雪覆盖的流域面积为该月份积雪覆盖最小面积,全月存在积雪覆盖的流域面积为该月份积雪覆盖最大面积,全月累加做均值合成面积为该月份积雪覆盖平均面积,如图 4-35 所示。由图可知,5～9 月流域积雪覆盖率较小,1～3 月流域积雪覆盖率较大。2000～2016 年流域年内变化呈现出夏季小、冬春大的特点。最大积雪覆盖率、平均积雪覆盖率和最小积雪覆盖率年内分布均值分别为 49.12%、28.70%和 12.41%。最小积雪覆盖率最小值出现在 7 月,为 3.12%;最大积雪覆盖率最大值出现在 3 月,为 65.29%。

为探究流域积雪覆盖变化趋势,分别对流域内各气象站点做 MK 检验,如图 4-36 所示,从图中可以发现,流域上中游拉孜、尼木和当雄站 UF 线在 0 附近波动,其上升下降趋势交替变化。流域中游拉萨站 2008 年后 UF 线大于 0,积雪覆盖率呈上升趋势。下游北部嘉黎站 2004 年以后 UF 线小于 0,积雪覆盖呈下降趋势。流域下游林芝 UF 线在 2008 年之前大部分年份位于正值区,而在 2008 年之后大部分年份位于负值区。

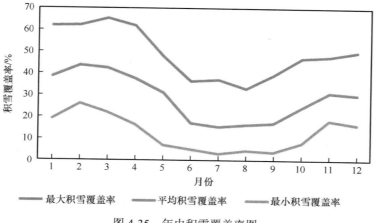

图 4-35　年内积雪覆盖率图

按照春季（3～5 月）、夏季（6～8 月）、秋季（9～11 月）、冬季（12 月至次年 2 月），全季节均有积雪覆盖为该季节积雪覆盖最小值、全季节存在积雪覆盖为该季节积雪覆盖最大值，对雅鲁藏布江流域各季积雪覆盖比例进行统计分析，如图 4-37 所示。雅鲁藏布江夏季和秋季积雪覆盖比例较小，其中夏季积雪覆盖最小值最小，即流域内积雪覆盖比例最小值约为 14.05%；春季和冬季积雪覆盖比例较大，其中春季积雪覆盖最小值较大，流域内积雪覆盖比例最大值约为 78.41%。

对时间分辨率为 8d 的 MODIS 雪盖数据做转化处理得到月数据，并对 2000～2016 年雅鲁藏布江流域积雪覆盖做均值统计，如图 4-38 所示。由图可知，下游北部嘉黎附近较大，积雪覆盖率均值达到 70% 左右；下游河谷至流域中游北部山区积雪覆盖率均值逐步减小，均值在 10%～20%；中游雅鲁藏布江干流沿线积雪覆盖率最小，在 3% 以内。

对时间分辨率为 8d 的 MODIS 雪盖数据做转化处理得到月数据，并对 2000～2016 年雅鲁藏布江流域积雪覆盖日数做均值统计，如图 4-39 所示。其中，流域下游北部部分地区积雪覆盖日数均值较大，部分可达到 100d 以上；流域上游和下游大部分地区积雪覆盖日数均值较小，在 20d 以下；最小积雪覆盖日数出现在流域中游干流地区，平均积雪覆盖日数在 2d 以内。

积雪深度数据预处理后对 2000～2016 年雅鲁藏布江流域积雪覆盖率做均值统计，结果如图 4-40 所示。全流域积雪深度均值为 1.83 m，其中最大值出现在流域下游北部嘉黎附近，为 8.28 m。流域中游下段和流域上游雪深较大，多在 5 m 以上，流域中游雪深较小，多小于 0.5 m。

对 2000～2016 年雅鲁藏布江流域积雪覆盖率变化率和标准差做统计分析，结果如图 4-41 和图 4-42 所示。从图中可以发现，研究区上游积雪覆盖率变化较为剧烈，且以增加为主，上游西部部分地区超过 3%/10a；流域下游积雪覆盖率变化较小，且变化率以不变为主；流域中游积雪覆盖率变化较小，且以变化率减少为主。流域内积雪覆盖率变化以山区较为剧烈，标准差最大可达 38.91。雅鲁藏布江大峡谷附近变化程度较小，标准差最小为 0。

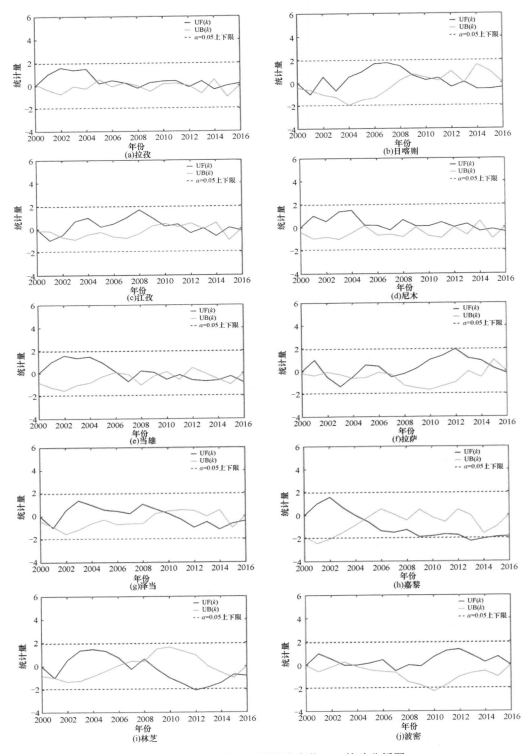

图 4-36　气象站点积雪覆盖率变化 MK 检验分析图

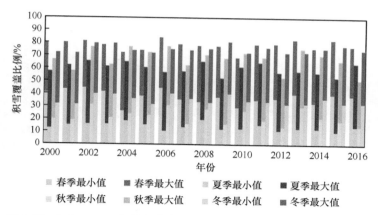

图 4-37　2000~2016 年雅鲁藏布江流域四季积雪覆盖比例最值统计图

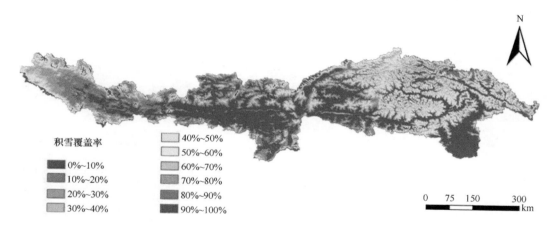

图 4-38　积雪覆盖率分布图

图 4-39　积雪覆盖日数分布图

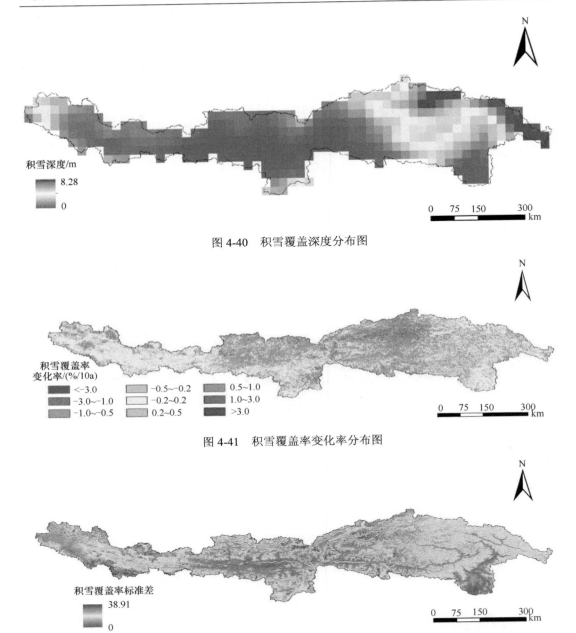

图 4-40　积雪覆盖深度分布图

图 4-41　积雪覆盖率变化率分布图

图 4-42　积雪覆盖率标准差分布图

　　对 2000～2016 年雅鲁藏布江流域积雪覆盖日数变化率和标准差做统计分析，结果如图 4-43 和图 4-44 所示。从图中可以发现，研究区上游积雪覆盖日数变化较为剧烈且以增加为主，流域上游积雪日数变化率在 3～66.8d/10a；流域中下游雅鲁藏布江大峡谷附近积雪覆盖日数变化较小且变化率以不变为主；流域下游北部嘉黎附近区域积雪覆盖率变化较大且以积雪覆盖日数增多为主。流域内积雪覆盖日数变化以山区较为剧烈，标准差最大可达 43.3。雅鲁藏布江大峡谷附近变化程度较小，标准差最小为 0。

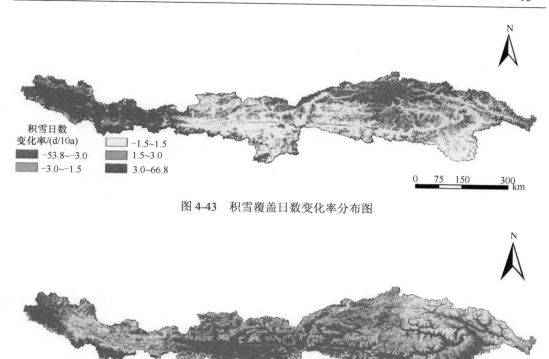

图 4-43　积雪覆盖日数变化率分布图

图 4-44　积雪覆盖日数标准差分布图

对 2000～2016 年雅鲁藏布江流域积雪覆盖深度变化率和标准差做统计分析，如图 4-45 和图 4-46 所示。从图中可以发现，研究区上游积雪覆盖深度变化较为剧烈，且以增加为主，其中流域上游西北部地区超过 2m/10a；流域中下游积雪覆盖深度变化较小，变化率多在-0.5～0.5m/10a，且变化率以不变为主；流域下游北部积雪覆盖深度变化较大，且以变化率减小为主，变化率最小可达-2.3m/10a。流域内积雪覆盖深度变化以山区较为剧烈，标准差最大可达 2.8。雅鲁藏布江大峡谷附近变化程度较小，标准差最小为 0。

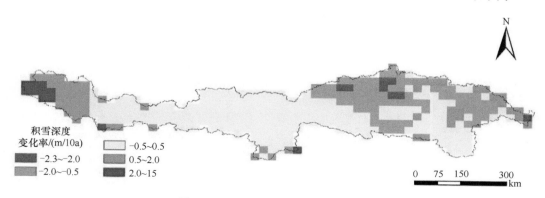

图 4-45　积雪覆盖深度变化率分布图

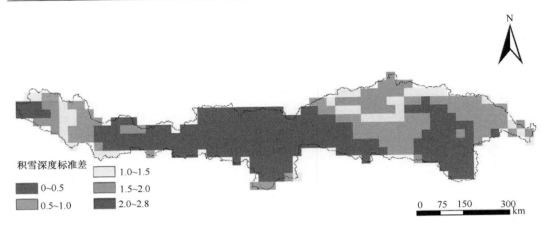

图 4-46　积雪覆盖深度标准差分布图

对 2000～2016 年雅鲁藏布江流域积雪日数、NDVI 和积雪覆盖比例与海拔的关系做统计分析，其中海拔的分度值为 250 m，结果如图 4-47 所示。积雪覆盖比例和积雪日数随海拔升高而增加，其中在 150～3250 m 间缓慢增加，在 3250～6500 m 迅速增加，并在 6500 m 后基本保持不变；NDVI 随海拔变化先保持不变，至 3500 m 后逐步减少，最后在 6000 m 以后降至 0 左右并保持不变。由于温度梯度的存在，6000 m 以上气温多在 0℃以下，植被难以存活，NDVI 值较小。积雪覆盖范围随着海拔的升高、气温的减小而增加。

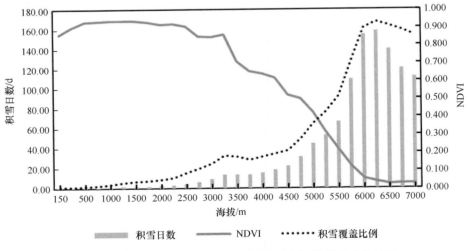

图 4-47　积雪日数、NDVI 及积雪覆盖比例随海拔变化统计图

对 2000～2016 年雅鲁藏布江流域积雪覆盖深度和高程做统计分析，海拔分布以 1000 m 为单位，如表 4-6 所示。平均雪深随海拔升高而增加，最大值在 4000～5000 m 出现，后稳定在 2.03 m 左右的高值；最大雪深随海拔升高而增加，最后稳定在 8.00 m 左右；各海拔高程段最小雪深均为 0 m。

表 4-6　2000～2016 年雅鲁藏布江流域雪深与高程关系表　　　（单位：m）

海拔	平均雪深	最大雪深	最小雪深
2000	0.37	2.26	0
3000	1.86	5.35	0
4000	2.20	7.47	0
5000	1.95	8.00	0
6000	2.03	8.00	0

　　为了更清晰直观地了解研究区积雪覆盖的变化情况，计算积雪覆盖率、积雪日数和积雪深度的变异系数，如图 4-48～图 4-50 所示。从图中可以发现，2000～2016 年研究区积雪覆盖率、积雪日数和积雪深度的变异系数范围分别是 0.009～1.85、0.016～1.58 和 0.012～2.47，说明研究区空间异质性非常显著。从空间上分析，尽管三个积雪覆盖要素变异系数不同，但是空间演变规律是相似的，流域上游及下游北部嘉黎附近部分地区是变异系数的低值区，因为这些地区海拔起伏较大，人口密度较小，人类活动对积雪造成影响不大。而中游从拉孜到奴各沙和拉萨段，林芝和米林下游地区变异系数较大，这些地区均位于雅鲁藏布江干流和支流附近，存在较多城市，人类活动影响较大可能是积雪剧烈变化的重要因素。

图 4-48　积雪覆盖率变异系数分布图

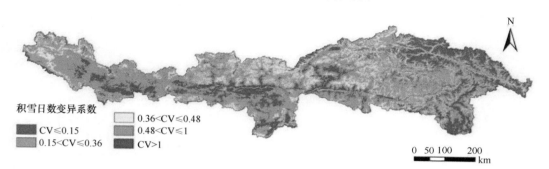

图 4-49　积雪日数变异系数分布图

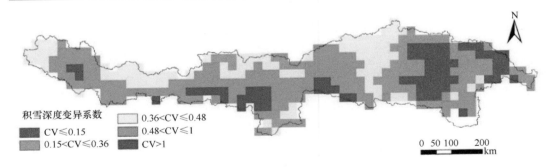

图 4-50　积雪深度变异系数分布图

4.4.2　积雪覆盖趋势分析

对积雪覆盖范围、积雪日数和积雪深度变化的持续性做出研究，通过对月值逐格点进行 Hurst 指数进行分析，结果如图 4-51 和图 4-52 所示。

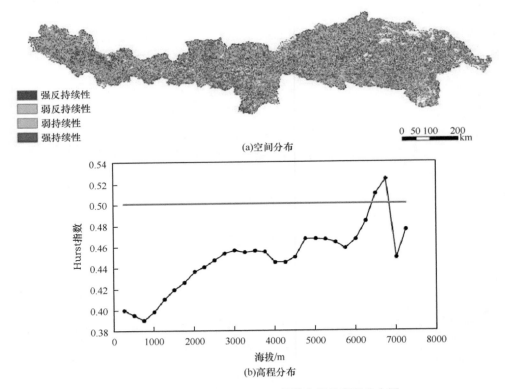

图 4-51　积雪覆盖率逐月 Hurst 指数空间及高程分布图

从图 4-51 和图 4-52 可以发现，Hurst 指数分布具有一定的空间差异性，全流域积雪覆盖率和积雪日数的 Hurst 指数均值分别为 0.45 和 0.48，说明积雪覆盖率和积雪日数呈现出弱反持续性。流域上游靠近阿里一侧海拔较高，呈现出较强的变化持续性，其中积雪日数在中游拉萨河流域也呈现出了较强的持续性。可以发现，积雪覆盖率和积雪日数

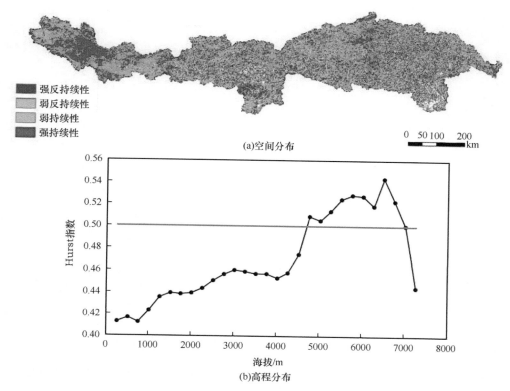

图 4-52　积雪日数逐月 Hurst 指数空间及高程分布图

Hurst 指数在 1000 m 以下小幅波动，随着海拔升高 Hurst 指数逐步提高，在 4000 m 附近积雪覆盖率小幅波动，而积雪日数迅速升高，Hurst 指数在 6500 m 左右达到顶峰后迅速降低。

由表 4-7 可知，雅鲁藏布江流域积雪覆盖率和积雪日数呈弱持续性和弱反持续性的比例最大，其中积雪覆盖率呈弱反持续性的比例最高，为 45.18%，面积达到 108650 m²，积雪日数呈弱持续性的比例较高，达到 32.77%，面积为 78806 m²。

表 4-7　积雪覆盖率和积雪日数持续性统计表

Hurst 指数	持续性等级	所占流域比例/%		所占流域面积/m²	
		积雪覆盖率	积雪日数	积雪覆盖率	积雪日数
Hurst≤0.4	强反持续性	17.46	18.35	41988	44129
0.4<Hurst≤0.5	弱反持续性	45.18	27.66	108650	66518
0.5<Hurst≤0.6	弱持续性	28.73	32.77	69091	78806
Hurst>0.6	强持续性	8.63	21.22	20754	51030

4.4.3　积雪覆盖驱动因子分析

对 2000～2016 年雅鲁藏布江流域积雪覆盖率月值与气温的关系变化做统计分析，

其中气温数据为西藏 10 个气象站数据克里金插值结果，结果如图 4-53 所示。由图可知，温度和积雪覆盖率线性拟合斜率为−0.0138，R^2 为 0.5209。夏季温度在 13～15℃，积雪覆盖率离散程度较小，均值为 16.37%；冬季温度在−5～3℃，积雪覆盖率离散程度较大，均值为 36.85%。相同温度下，春季积雪覆盖率比秋季大，均值分别为 36.84% 和 24.39%。

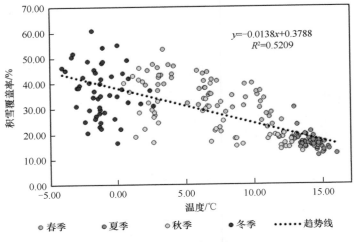

图 4-53　四季积雪覆盖率与平均温度关系图

统计计算奴各沙、拉萨、羊村和更张积雪覆盖率与气象要素相关关系和显著性水平，结果如表 4-8 所示。

表 4-8　雅鲁藏布江流域积雪覆盖率同气象要素 Pearson 相关系数统计表

时间	站点	平均气温	降水	最低气温	最高气温
全年	奴各沙	−0.269**	−0.212**	−0.242**	−0.328**
	拉萨	−0.364**	−0.305**	−0.342**	−0.422
	羊村	−0.294**	−0.210**	−0.271**	−0.343**
	更张	−0.685**	−0.054	−0.663**	−0.706**
春季	奴各沙	−0.282*	0.162	−0.195	−0.297*
	拉萨	−0.539**	−0.167	−0.482**	−0.542**
	羊村	−0.673**	0.287*	−0.635**	−0.438**
	更张	−0.776**	−0.508**	−0.820**	−0.685**
夏季	奴各沙	−0.395**	0.329**	−0.200	−0.379**
	拉萨	−0.302*	0.283*	−0.330*	−0.252
	羊村	−0.517*	0.237	−0.454	−0.482*
	更张	−0.055	0.038	0.205	−0.361**
秋季	奴各沙	−0.243	−0.46	−0.49	−0.317
	拉萨	−0.268	−0.017	−0.199	−0.361**
	羊村	−0.225	0.051	−0.176	−0.291*
	更张	−0.265	−0.083	−0.235	−0.306*

续表

时间	站点	平均气温	降水	最低气温	最高气温
冬季	奴各沙	−0.113	0.473**	−0.316*	−0.668**
	拉萨	−0.231	0.600**	−0.438**	−0.649**
	羊村	−0.164	0.613**	−0.032	−0.364*
	更张	−0.043	0.085	0.070	−0.174

从表 4-8 可以看出，从时间的角度大体而言，积雪覆盖率和平均气温、降水、最低气温和最高气温在春季和全年的尺度上呈现出显著的相关性，夏季奴各沙站降水、平均气温最高气温和冬季奴各沙站及拉萨站积雪覆盖率与降水、最低气温、最高气温也呈现出显著的相关性。究其原因是奴各沙站和拉萨站位于流域中上游，海拔更高，气温更低，在冬季和夏季还存在不同比例的积雪，而处在流域更下游的羊村和更张夏季平均气温在 0℃以上，积雪覆盖率极小，同气象要素相关性不显著。从不同气象要素的角度看，积雪覆盖率同降水在全年的尺度上呈现出显著的负相关，除更张站外在冬季均与降水呈现显著的正相关。这与冬季温度较低，降水多以雪的形式达到下垫面有关。积雪覆盖率同最低气温、最高气温和平均气温在全年和春季均呈现出显著的负相关，奴各沙站和拉萨站积雪覆盖率与最低气温和最高气温在冬季也呈现出显著的负相关，其中，积雪覆盖率与最高气温的相关性高于其与最低气温的相关性。

为进一步探讨雅鲁藏布江流域下垫面要素与气象要素之间的因果关系，分别在四个代表站点探讨积雪比例对平均气温、降水、最高气温和最低气温的敏感性，如图 4-54 所示。从图 4-54 可以看出，积雪比例对气温的敏感系数多为负值，且绝对值以夏季为最大值，说明夏季气温每增加 1%，积雪比例减小百分比最大。积雪比例对最高气温的敏感

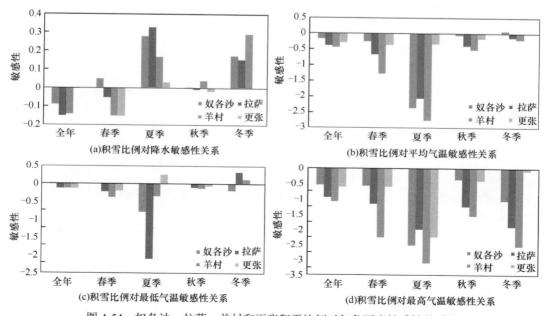

图 4-54　奴各沙、拉萨、羊村和更张积雪比例对气象要素敏感性关系图

雅鲁藏布江流域径流演变与生态水文过程模拟

系数相对最低气温更高，说明最高气温对积雪比例的影响更大。羊村站和拉萨站积雪比例同最低气温的敏感系数呈现出冬夏两季绝对值较高，春秋两季绝对值较低的现象。说明流域中游两站在冬夏两季积雪比例对温度更为敏感，春秋两季是拉萨河流域和流域中游干流积雪比例变化的频发期。积雪比例对降水的敏感系数呈现出全年和春季为负值，冬夏两季为正值且数值绝对值在 0.3 以上的现象。这是由于夏季积雪比例逐渐减小，降水年均峰值发生在 6 月中下旬，在夏季也逐渐减小，而冬季积雪比例在 1 月达到最高值，冬季降水也呈现出 12 月至次年 1 月增加，2 月几乎没有有效降水的趋势，导致了两者在冬夏两季同向变化，敏感系数为正值。同时，降水对积雪比例的敏感系数绝对值较小说明积雪比例对降水敏感性远小于气温。

4.5 小　结

（1）对土地利用演变及其驱动机制分析的研究发现：①雅鲁藏布江流域在 1980～2015 年整体结构比较稳定，未发生较大变化。流域地形复杂，空间异质性明显，坡度与地形起伏度空间分布较为相似。②1980～2015 年雅鲁藏布江流域，草地、水体、耕地、永久性冰川积雪面积下降，林地、未利用地、城乡用地面积呈现不同程度的增加。其中，永久性冰川积雪降幅最大。③森林适合在中低海拔区域生长，高程对城乡用地和耕地约束性十分强烈。永久性冰川积雪主要分布于高海拔区域，河流及高原湖泊分布不连续且受高程影响有限。草地及未利用地与高程面积曲线类似，高程变化对其分布影响较小。④耕地适应性要明显优于水体与城乡用地，水体的坡度限制性尤为明显。林地对不同坡度适应能力较强，未利用地线型较为狭长、分布更为集中，永久性冰川积雪在坡度 5°～9°处分布较多，草地面积峰值出现在坡度 4°处，坡度对草地限制性较小。⑤随地形起伏度增加，耕地面积呈先减少后增加再减少趋势。水体与城乡用地变化趋势较为相似，对地形起伏度敏感性较高，但城乡用地有向地形起伏较大地区逐步扩张趋势。草地、林地、未利用地及永久性冰川积雪随地形起伏度增大面积先增后减，不同地类峰值出现位置不同。

（2）对景观格局演变及其驱动机制分析的研究发现：①草地在雅鲁藏布江流域景观组成中占了绝对优势地位，其次是林地与未利用地，且对应的景观异质性较低。流域内存在面积较大的完整草地，林地在研究期间斑块数量增加、密度上升、平均面积减小，未利用地破碎化程度较大。②雅鲁藏布江流域景观水平各指数在 1980～2015 年均有不同程度的下降，景观破碎化过程明显。其中香农多样性指数、香农均匀度指数下降最为显著，降幅达到 1.2%。③RDA 排序结果表明，各景观指数向量与高程向量夹角接近直角，说明相关度较小，与坡度和地形起伏度相关性较为明显。其中，AI、LPI、AREA_MN 与坡度、地形起伏度呈较明显负相关关系；PD、SHDI、SHEI 与坡度和地形起伏度呈正相关关系。④受全球气候变暖等因素的影响，雅鲁藏布江流域近年来气温明显升高，对永久性冰川积雪和高原水体构成威胁。耕地和城乡用地是雅鲁藏布江流域受人类活动影响较大的地类。

（3）对植被覆盖演变及其驱动机制分析的研究发现：①夏季 NDVI 值最大，其次为秋季。2000~2005 年，NDVI 呈缓慢升高趋势，之后波动下降，在 2008 年达到最小值。从上游到下游植被分布沿程递增，雅鲁藏布江流域植被分布与地形、海拔分布不均有很大关系。②雅鲁藏布江流域上下游植被覆盖变化类型以改善为主，且绝大部分区域变化轻微，流域中游植被覆盖变化类型以恶化为主，且部分区域恶化程度较重，流域内 NDVI 空间异质性非常显著。③雅鲁藏布江流域内不同植被类型年内分布和年际分布从大到小的排列顺序均为阔叶林、草丛、针叶林、栽培植被、灌丛、草甸、草原、高山植被和其他。雅鲁藏布江流域呈弱持续性的比例最大，其次是弱反持续性；强持续性与强反持续性所占比例小。④从时间的角度看，NDVI 和气象要素在全年和春、夏、秋三季上都大致呈现出显著的相关性，说明植被覆盖的变化同气象要素的变化有着显著的相关性。流域下游，由于夏季温度较高，植被生长繁茂，NDVI 与最低气温的相关性不显著。

（4）对积雪覆盖演变及其驱动机制分析的研究发现：①5~9 月流域积雪覆盖率较小，1~3 月流域积雪覆盖率较大。2000~2016 年流域年内变化呈现出夏季小、冬春大的特点，最小积雪覆盖率最小值出现在 7 月，最大积雪覆盖率最大值出现在 3 月。②2000~2016 年，研究区积雪覆盖率、积雪日数和积雪深度空间异质性非常显著，但是空间演变规律是相似的，流域上游及下游北部海拔起伏较大的区域，人类活动对积雪造成影响不大。而位于雅鲁藏布江干流和支流附近的中游地区，人类活动影响可能是造成积雪剧烈变化的重要因素。③雅鲁藏布江流域积雪覆盖率和积雪日数呈弱持续性和弱反持续性的比例最大，其中积雪覆盖率呈弱反持续性的比例最高。雅鲁藏布江流域夏季积雪覆盖率离散程度较小，冬季积雪覆盖率离散程度较大，相同温度下，春季积雪覆盖率比秋季大。

参 考 文 献

何万华, 周文佐, 田罗, 等. 2018. 西藏 "一江两河" 流域土地利用时空分布与地形因子关系研究[J]. 西南大学学报(自然科学版), 40(9): 113-123.

Cuo L, Zhang Y, Zhu F, et al. 2014. Characteristics and changes of streamflow on the Tibetan Plateau: A review[J]. Journal of Hydrology: Regional Studies, 2(C): 49-68.

第 5 章　基于陆地生态系统模型的植被动态演变机理分析

雅鲁藏布江流域气候条件复杂，生态环境极为脆弱。在全球气候变化背景下，雅鲁藏布江流域陆地生态系统的演变直接关系区域生态安全屏障功能，对保障流域内水资源安全、生态环境平衡及促进区域可持续发展也具有至关重要的意义。

结合当前工作基础和目标设定，本书将在对雅鲁藏布江流域陆地生态系统演变规律分析的基础上，建立 LPJ 植被动态模型分析研究区近 50 年来气候变化对陆地生态系统演变规律的响应。针对上述研究目标，本书可利用的分辨率较为精细的地面观测数据十分有限，因此主要利用多源遥感数据开展相关分析。首先收集和整理雅鲁藏布江流域范围内下垫面要素（NDVI、ET、土壤质地、地形高程等）和气象要素（降水、气温、云量等），建立研究区多源遥感数据库，一方面用于研究区陆地生态系统演变分析，另一方面用于 LPJ 植被动态模型的构建和模拟。

（1）基于生长季 NDVI 的植被生长状态时空演变分析。基于 GIMMS AVHRR NDVI 3g 的 1982～2010 年的 NDVI 遥感数据（空间分辨率为 8km，时间分辨率为 16d）、SRTM DEM 数据（空间分辨率为 90m）及降水和气温数据（空间分辨率为 5km，时间分辨率为 3h），并把长时间序列数据的每年 4～10 月作为生长季数据，利用线性回归分析方法分析生长季 NDVI 变化趋势与气象因子的关系，得出近 30 年雅鲁藏布江流域植被生长状态的时空演变规律；同时利用偏相关分析法从空间上分析研究区生长季 NDVI 变化趋势与气象因子的关系，可为提前了解雅鲁藏布江流域的植被生长和植被覆盖情况提供一种途径，也可为后期建模的输出提供对比和参照。本章的主要目的是从统计角度查看研究区陆地生态系统下垫面植被变化特征，并分析历史气候变化是否对流域植被生长产生了显著的影响。

（2）基于植被动态模型的陆地生态系统演变分析：①基于 MODIS 数据的 LPJ 植被动态模型模拟结果的验证。基于雅鲁藏布江流域 1961～2010 年降水和气温（中山大学气候变化团队的气象驱动场数据，空间分辨率为 5km，时间分辨率为 3h）、云量（CRU 3.0 全球数据集）、土壤质地（CRU 全球数据集）和 CO_2 浓度（Hawaii Mauna Loa Observatory 数据集）等高分辨率数据，在研究区构建 LPJ 植被动态模型模拟植被生长状态。基于 2001～2010 年 MODIS 遥感数据产品 ET 与 LPJ 模型模拟的同时期出的 ET 进行对比分析，综合评估 LPJ 植被动态模型在雅鲁藏布江流域模拟结果的适用性。②研究区陆地生态系统演变分析。通过对 LPJ 植被动态模型模拟结果的综合评价，验证该植被模型对雅鲁藏布江流域的适用性及其模拟精确度，进而基于以上 1961～2010 年降水、气温、云量、土壤质地和 CO_2 浓度等数据驱动模型的输出结果，定量分析研究区陆地生态系统 1961～2010 年水循环表征指标 ET 和碳循环表征指标 NEP 的空间分布格局及变化趋势，揭示雅鲁藏布江流域 1961～2010 年植被动态演变情况。

本章研究技术路线如图 5-1 所示。

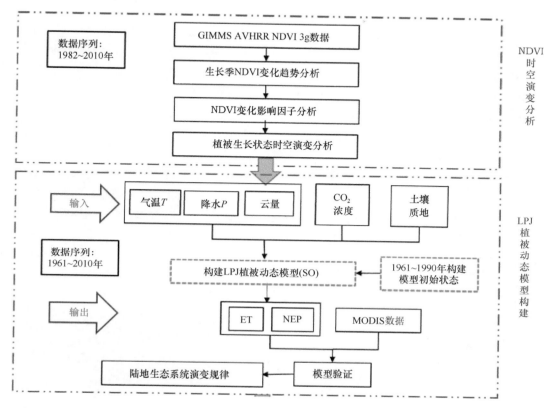

图 5-1　本章研究技术路线图

5.1　基于生长季 NDVI 的植被生长状态时空演变分析

本节基于雅鲁藏布江流域 1982～2010 年的 GIMMS NDVI 数据（空间分辨率为 8km，时间分辨率为 15d）、SRTM DEM 数据（空间分辨率为 90m）及降水和气温数据（空间分辨率为 5km，时间分辨率为 3h），首先分析研究区生长季 NDVI 基于高程和气象因子（降水和气温）的分布规律；其次利用一元线性回归对研究区生长季 NDVI 进行长时间序列变化趋势分析，得出近 30 年雅鲁藏布江流域植被生长状态的时空演变规律；最后，利用偏相关分析法分析研究区生长季 NDVI 变化趋势与气象因子的关系，了解植被生长变化对全球气候变化的响应。本章为提前了解雅鲁藏布江流域的植被生长和植被覆盖情况提供了一种途径，也可为后期建模的输出提供对比和参照。

5.1.1　基于高程和气象因子的生长季 NDVI 分布规律分析

参照以往的研究成果，本书将 4～10 月作为雅鲁藏布江流域的植被生长季，利用

1982～2010 年的 NDVI 数据、降水和气温数据逐网格计算研究区生长季多年平均
NDVI、多年平均降水和多年平均气温，其空间分布分别如图 5-2～图 5-4 所示。生长
季多年平均 NDVI 值大于 0.1 的网格区域为植被生长区。雅鲁藏布江流域植被覆盖、
降水和气温自上游至下游呈现明显的差异。生长季多年平均 NDVI 值自上游到下游逐
渐增大，NDVI 高值区主要分布在中游地区及下游地区的河谷地带，而中上游及源头
区域 NDVI 值相对较小。生长季多年平均 NDVI 一般小于 0.3，该部分占整个流域的
50.70%。具体来讲，上游地区分布着草甸、灌丛以及高寒植被，年降水量较少，气温
较低，生长季多年平均 NDVI 一般小于 0.3；中游河谷地带因受到米拉山的阻碍，来自
孟加拉湾的湿润空气难以为流域中上游带去降水，多呈现干旱和半干旱气候，中游地
区发育着灌丛草原、亚高山灌丛草甸和亚高山草甸，植被生长状况稍好，拉萨河流域
和尼洋河流域植被生长状况良好，生长季多年平均 NDVI 一般为 0.3～0.6；下游地区
NDVI 存在南北差异，南部（雅鲁藏布江大拐弯以下）气候湿热，生长季多年平均 NDVI
一般大于 0.6，主要分布着亚热带常绿阔叶林、山地热带雨林等植被类型，而北部地区
海拔较高，气温略低，NDVI 一般为 0.3～0.6。整体而言，植被覆盖状况受控于地形、
降水和气温条件，高海拔、低温地区植被生长状况较差，低海拔、降水量大及气温较
高的河谷地带植被覆盖状况较好。

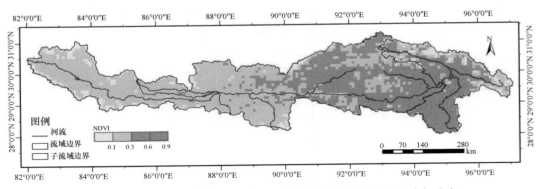

图 5-2　雅鲁藏布江流域 1982～2010 年生长季多年平均 NDVI 空间分布

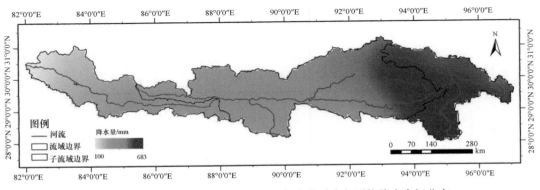

图 5-3　雅鲁藏布江流域 1982～2010 年生长季多年平均降水空间分布

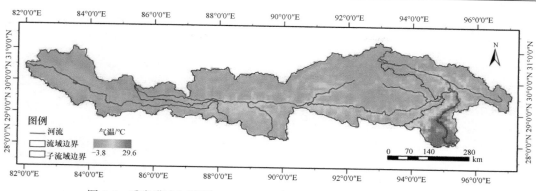

图 5-4　雅鲁藏布江流域 1982～2010 年生长季多年平均气温空间分布

　　在初步了解了雅鲁藏布江流域生长季多年平均 NDVI、降水和气温的分布规律之后，为了更加直观展示生长季多年平均 NDVI 基于高程、降水和气温的空间分布关系，基于雅鲁藏布江流域内每个网格的 1982～2010 年生长季多年平均 NDVI、降水和气温以及研究区高程值绘制箱形图。箱形图是一种样本数据统计图，箱子的上限和下限分别代表 75% 和 25%分位数下的值，虚线的上限和下限分别代表该组数据的最大值和最小值。以基于不同高程范围的生长季多年平均 NDVI 的箱形图为例，一个高程箱表示基于低于和高于中心坐标有 250 m 范围内的所有生长季多年平均 NDVI 值，即中心坐标为 500 m 的高程箱表示 250～750 m 的高程范围。由图 5-5 可知，雅鲁藏布江流域生长季多年平均 NDVI 值随着海拔的升高而显著降低，李海东等（2013）的研究也与本结果相似。其中，生长季多年平均 NDVI 最高值出现在小于 750 m 的高程范围内，最低值出现在大于 5750 m 的高程范围内。当高程处于 250～2750 m 范围时，NDVI 值在 0.7～0.9，并随着高程的变化较为平缓；当高程大于 6000 m 时，基本无植被生长；大部分地区的高程主要集中在 2750～5750 m，并且在此范围内不同高程箱生长季多年平均 NDVI 变化幅度较大，表明该范围内植被生长因素复杂，一定程度上揭示了雅鲁藏布江流域内植被覆盖的脆弱性。

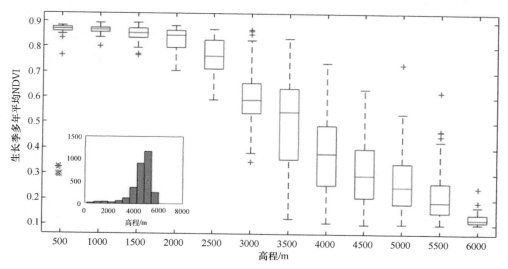

图 5-5　雅鲁藏布江流域基于不同高程范围的生长季多年平均 NDVI 的箱形图

　　同样，绘制不同降水量和气温范围的生长季多年平均 NDVI 的箱形图。由图 5-6 可知，雅鲁藏布江流域生长季多年平均 NDVI 最高值出现在 600～700mm 的降水箱内，最低值出现在 100～200mm 的降水箱内，当生长季多年平均降水量小于 100mm 时，几乎无植被生长。生长季多年平均 NDVI 值随着降水的增加而显著增大。在降水量小于 300mm 范围内，降水是植被生长的主导因素。先前的研究表明植被生长随着降水的增加而显著增加，当年降水量超过大约 700mm 时，植被生长受到水分的限制，与本研究结果相似，雅鲁藏布江流域在生长季多年平均降水最大不超过 700mm 的范围内，植被生长与水分呈现正相关关系。

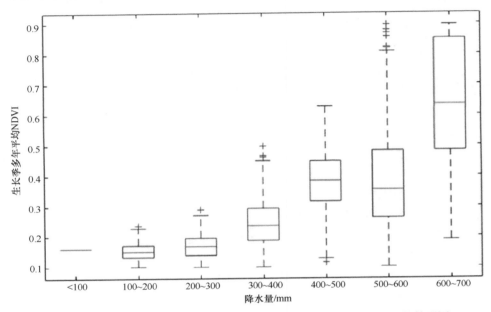

图 5-6　雅鲁藏布江流域基于不同降水范围的生长季多年平均 NDVI 的箱形图

　　由图 5-7 可知，雅鲁藏布江流域生长季多年平均 NDVI 最高值出现在 25～30℃的气温箱内，最低值出现在 0℃以下，当生长季多年平均气温小于 15℃时，雅鲁藏布江流域内生长季多年平均 NDVI 值随着气温的增加而显著增大，当生长季多年平均气温大于 15℃后，植被生长将会受到温度限制，NDVI 值基本不变，植被生长趋于稳定状态。

5.1.2　生长季 NDVI 多年变化趋势分析

　　利用一元线性回归法，检验了雅鲁藏布江全流域 1982～2010 年生长季 NDVI、降水及气温的年际变化情况。图 5-8 较为直观地展示了雅鲁藏布江流域过去 30 年来植被的基本生长状况。基于 0.05 的显著性水平，1982～2010 年流域平均生长季 NDVI 和降水均呈现非显著增加趋势（$P>0.05$），平均生长季气温呈现显著增加趋势（$P<0.01$），1982～2010 年平均生长季气温增加了大约 2℃。生长季 NDVI 与降水的相关系数仅为 0.19，与气温的相关系数仅为 0.29，虽然整体上生长季 NDVI、降水和气温波动趋势较为一致，但是平均生长季 NDVI 年际变化未呈现与降水和气温较为明显的一致性。生长季 NDVI 多年变化趋势受到降水和气温的作用不明显。

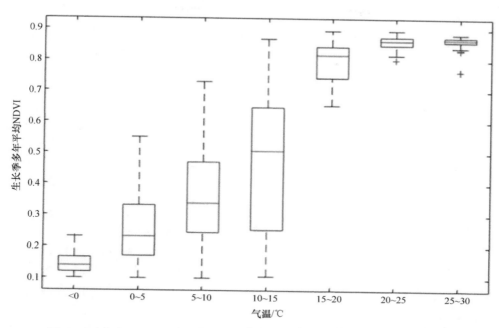

图 5-7　雅鲁藏布江流域基于不同气温范围的生长季多年平均 NDVI 的箱形图

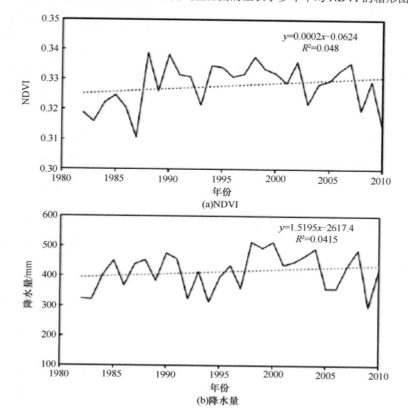

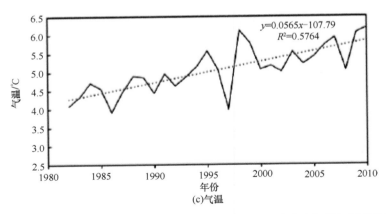

图5-8　雅鲁藏布江流域1982～2010年生长季NDVI、降水和气温年际变化图

　　为了从空间上调查生长季NDVI长期变化趋势，在雅鲁藏布江流域每个8 km的网格上应用一元线性回归分析法，分析1982～2010年生长季NDVI基于0.05显著性水平的变化趋势，研究区内的空白区域为无植被覆盖区和一元线性回归关系未通过显著性检验的区域，结果见图5-9。具有显著性变化的区域零星分布在全流域的各个地区，生长季NDVI呈现显著变化的区域分布面积占全流域总面积的26.62%，其中，呈现增加和降低趋势的区域分别占全流域总面积的22.64%和3.98%，流域内约有一半以上（66.08%）的区域生长季NDVI基本无显著变化趋势。从图中可以看出，羊村水文站以上的流域只有小部分区域生长季NDVI呈现明显增加趋势，但增长幅度较小，处于0～0.002/a。米拉山东侧的大片区域呈现明显的显著增加趋势，并且增幅在流域内最大，处于0.004～0.009/a。其中，1982～2010年雅鲁藏布大峡谷地区生长季NDVI基本无明显变化趋势。

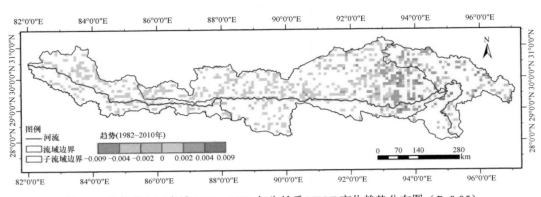

图5-9　雅鲁藏布江流域1982～2010年生长季NDVI变化趋势分布图（$P<0.05$）

5.1.3　生长季NDVI多年变化与气象因子的相关性分析

1. 偏相关分析法

　　为了从空间上调查植被生长变化与气象因子的关系，在雅鲁藏布江流域每个8km的网格上应用偏相关分析评估1982～2010年生长季NDVI变化与气温和降水基于0.05显

著性水平的偏相关关系。简单的相关分析在评估生长季 NDVI 变化与气象因子中单个因子的相关关系时，往往受到另一个影响因子的作用，使其相关性难以表达真实情况。而偏相关分析是研究两个变量之间相关性的有效方法，它可以控制第三个变量 z 的影响，偏相关系数公式如下：

$$r_{xy,z} = \frac{r_{xy} - r_{xz}r_{yz}}{\sqrt{\left(1 - r_{xz}^2\right) - \left(1 - r_{yz}^2\right)}} \tag{5-1}$$

式中，$r_{xy,z}$ 为控制了变量 z 的条件下，变量 x 和 y 之间的偏相关系数；r_{xy}、r_{xz} 和 r_{yz} 为三个变量 x、y 和 z 两两之间的皮尔逊相关系数。在本书中，基于 0.05 的显著性水平，通过显著性检验的网格的偏相关分析结果呈现在对应网格。为了探究生长季降水和气温分别对生长季 NDVI 变化的贡献，分析生长季 NDVI 变化与降水的偏相关关系时，需要控制气温对两个要素的影响；分析生长季 NDVI 变化与气温的偏相关关系时，需要控制降水对两个要素的影响。

2. 生长季 NDVI 变化与降水的相关关系

图 5-10 为雅鲁藏布江流域 1982～2010 年生长季 NDVI 与降水的基于 0.05 显著性水平的偏相关关系图。由图可知，雅鲁藏布江流域有 22.98%和 5.23%的区域内生长季 NDVI 与降水分别呈现显著正相关和显著负相关，其中，显著正相关和显著负相关偏相关系数的最大量级分别为 0.79 和–0.71，研究区内的空白区域为无植被覆盖区和偏相关关系未通过显著性检验的区域。雅鲁藏布江流域生长季 NDVI 与降水呈现显著正相关的区域主要分布在米拉山西侧的拉孜和羊村水文站之间的河谷地带，由于来自米拉山东侧的潮湿空气受到米拉山的阻隔，米拉山西侧的区域呈现较强的大陆性气候，主要是半干旱和干旱气候，植被生长对水分十分敏感，因此生长季 NDVI 与降水呈现较为显著正相关关系。而在拉孜水文站以上流域的干旱区域的河谷地带也呈现显著正相关关系，但是植被生长受到全年降水极少以及低温的限制，因此生长季 NDVI 与降水的偏相关系数相比拉孜和羊村水文站之间区域的偏相关系数较低。羊村水文站以下的流域，即米拉山的东侧，零星分布着一些区域生长季 NDVI 与降水呈现显著负相关关系，而图 5-10 中米拉山附近的 NDVI 呈现显著增加趋势，也因此说明在半湿润和湿润地带水分可能不是植被生长的主导因素。

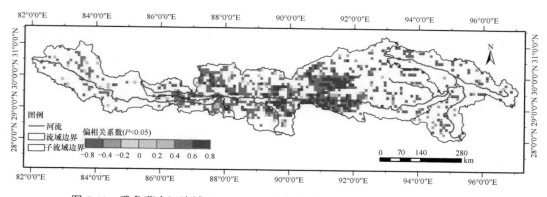

图 5-10　雅鲁藏布江流域 1982～2010 年生长季 NDVI 与降水的偏相关关系图

3. 生长季 NDVI 变化与气温的相关关系

图 5-11 为雅鲁藏布江流域 1982～2010 年生长季 NDVI 与气温的基于 0.05 显著性水平的偏相关关系图。与图 5-10 对比可知，生长季 NDVI 与气温之间偏相关关系和生长季 NDVI 与降水之间偏相关关系在部分区域上正好呈现相反的分布情况。雅鲁藏布江流域有 20.40% 和 5.50% 的区域内生长季 NDVI 与气温分别呈现显著正相关和显著负相关，其中，显著正相关和显著负相关的偏相关系数的最大值分别为 0.80 和 –0.71，研究区内的空白区域为无植被覆盖区和偏相关系数未通过显著性检验的区域。雅鲁藏布江流域生长季 NDVI 与气温呈现显著正相关的区域主要分布在米拉山区域以及上游的部分区域，气温对植被生长的变化影响较大，即在高海拔地带，气温是影响植被生长的因素。由于气候变暖会促使高原地表温度升高，冰川融雪得到加强，高寒植被生长条件变好。同时温度上升融雪加快，雪线退缩，高寒植被面积会减小，这使得灌丛或灌草等过渡型植被的面积有所增加，而灌丛或灌草等过渡型植被的 NDVI 值及增长速度均高于高寒植被，这样整体 NDVI 的增长比灌丛或灌草等过渡型植被在未来代替高寒植被时更好。相反，在流域中游的尼洋河和拉萨河的河谷地带，生长季 NDVI 与气温呈现显著负相关，可能是气温升高导致河谷地带水分蒸发强烈，加速了土壤中碳的分解，大气中 CO_2 的浓度增加，因此限制了植被的生长活动。

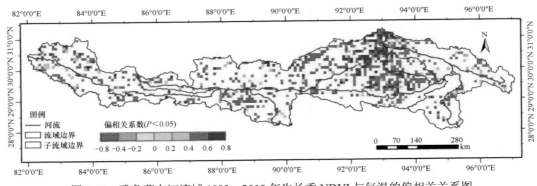

图 5-11　雅鲁藏布江流域 1982～2010 年生长季 NDVI 与气温的偏相关关系图

4. 生长季 NDVI 变化的主导因子分析

基于以上高分辨率气象数据和 NDVI 数据的分析，可以发现在雅鲁藏布江流域除了拉孜水文站以上流域和奴下水文站以下流域，生长季 NDVI 与降水和气温的偏相关关系正好相反，也因此说明不同区域受到水热条件的制约因素不同。在拉孜和羊村水文站之间的半干旱流域，部分地区生长季 NDVI 与降水呈现显著正相关关系，而与气温正好呈现显著负相关关系。在以草地为主导植被类型的区域，气温升高会降低植被对水分的利用效率，导致气温升高促进植被生长的机制不够明显。此外，在羊村和奴下水文站之间的流域，即米拉山附近，部分地区生长季 NDVI 与降水呈现显著负相关关系，但与气温呈现显著正相关关系，这可能是由于降水量增加会导致高山地区积雪覆盖范围扩大，气温升高促进高山融雪。

一般来讲，高海拔地区降水和气温对植被生长的影响不同于低海拔地区。先前的研究表明蒸发诱导干燥效应以及实际蒸发主要受到水分的影响而不是能量的影响。这与本研究的结果相似，拉萨河流域、尼洋河流域以及雅鲁藏布江大峡谷河谷地带，由于该地区水量较为充足，区域干燥效应不太明显，从而有利于植被的生长，因此生长季 NDVI 与降水呈现显著的正相关关系。另外，在雅鲁藏布江流域上游高寒干旱区，部分地区生长季 NDVI 与降水和气温均呈现显著正相关关系，表明植被生长受到水分和能量的双重影响，但由于高寒地区常年积雪覆盖、气温低、降水量少，植被生长变化较为稳定。总体来说，水分和能量在调节植被生产力分布方面发挥着不同的作用。

5.2　基于植被动态模型的陆地生态系统演变分析

本节的研究内容主要有两个方面：一方面是基于高分辨率驱动数据集在雅鲁藏布江流域构建 LPJ 植被动态模型，将其模拟结果与 MODIS 遥感产品进行对比分析，验证该模型在研究区的适用性；另一方面是基于验证后的 LPJ 植被动态模型，对雅鲁藏布江流域陆地生态系统进行模拟分析，揭示雅鲁藏布江流域 1961～2010 年植被动态演变情况，并分析植被动态演变的原因及关键水循环与碳循环要素空间分布格局。

5.2.1　LPJ 植被动态模型的原理与过程

受实地观测数据的限制，基于机理过程模型模拟分析陆地生态系统与气候变化耦合关系的研究已成为一种发展趋势，其也是研究全球气候变化与生态系统联系的重要手段。现阶段 LPJ 植被动态模型应用十分广泛，国内外研究者基于此模型进行了一系列的研究。研究者可根据研究区域的实际情况对模型相关参数进行修改，此模型适用性较广。它能将陆地生态系统与大气系统有效结合起来，模拟分析各尺度以及各时段下的水循环和碳循环变化过程，LPJ 模型是一个复杂度处于中等水平的植被动态模型，在 BIOME 系列模型基础上构建，该模型的时间分辨率为天，模拟的空间分辨率的精度可由驱动数据决定。LPJ 植被动态模型在初期受研究水平的限制，只嵌入了气象驱动数据对植被生长的影响。随着对 LPJ 模型的深入研究，经过对植被模块及参数的改进等，逐渐被用到流域或区域尺度的植被动态分析中。

LPJ 模型以 BIOME 模型为基础，并且包括了光合作用和植物水分之间的连接和反馈、快过程和慢过程之间的耦合以及土壤和凋落物之间碳的周转和火灾的模块，是基于过程的能够描述大尺度陆地生态动力和陆地大气间水分、碳交换的生物化学模型。此模型能够研究光合作用以及 10 种植被功能类型之间的竞争。其中，LPJ 模型根据植物枝叶物候（常绿、雨绿和夏绿）、枝叶形态（针叶和阔叶）以及地理纬度（热带、温带和寒带），将木本植被划分为 8 种植被功能类型，根据 C3 和 C4 两种光合作用途径将草本植被划分为两种植被功能型。LPJ 模型在模拟过程中，每个网格都会获得 10 种植被类型的分布面积比例，选取分布面积比例最大的植被类型作为该网格的植被类型。LPJ 模型的基础模拟框架见图 5-12。气象数据、土壤质地数据、CO_2 浓度数据以及区域在全球范围内的位置均要输入 LPJ 植被动态模型，气象数据为时间序列内的月数据，CO_2 浓度数据为时间序列内年数据值,基于选定大小的网格,在每一个网格上基于相同位置和相同时期的输入数据进入 LPJ 模块进行计算,模拟植被生长过程,逐网格按照以上形式完成全区域植被生长过程的模拟,最终输出全区域每个网格的年植被指标,表征植被的生长状况。

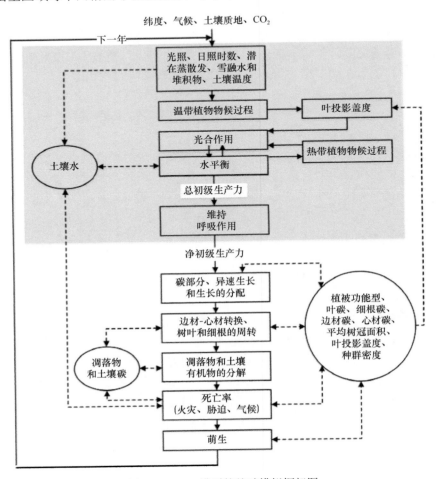

图 5-12　LPJ 模型的基础模拟框架图

　　LPJ 植被动态模型需要预热 1000 年直到植被覆盖和土壤碳池达到平衡态,这需要多年气象资料驱动模型。本书循环使用 1961~1990 年中山大学气候变化团队的气象驱动场的降水和气温数据、云量、土壤类型以及 CO_2 浓度等高分辨率数据驱动 LPJ 植被动态模型,计算得到的结果作为生态系统和土壤结构平衡态的初始值。在陆地生态系统达到平衡状态之后,利用 1961~2010 年共 50 年的时间序列数据驱动 LPJ 植被动态模型,输出雅鲁藏布江流域 1961~2010 年的 ET 和 NEP,定量分析研究区 50 年的植被生长状态。

5.2.2　基于 MODIS 数据的 LPJ 植被动态模型模拟结果的验证

　　为了验证 LPJ 植被动态模型在雅鲁藏布江流域模拟结果的适用性,将模型输出结果与 MODIS 遥感数据进行对比分析。选择 LPJ 植被动态模型和 MODIS 遥感数据产品全都覆盖的 ET 指标进行对比分析。其中，由于 MODIS 遥感数据产品的时间序列多是从 2001 年开始的，选用 2001~2010 年作为对比分析的时间序列跨度，将 LPJ 输出的 2001~2010 年的 ET（LPJ ET）和 MODIS 遥感数据产品 ET（MODIS ET）进行对比分析，两种数据均处理为空间分辨率为 0.05°。

ET 既包括地表蒸发，又包含植物蒸腾。作为流域水文循环和地表能量平衡的重要组成部分，蒸散发与植被覆盖的结构、组成和空间分布具有密切联系，也是表征生态系统状况的重要指标。MODIS ET 将土壤表面蒸发、冠层截流水分蒸发和植物蒸腾均考虑在内。LPJ 植被动态模型在计算蒸散发时只考虑了植物蒸腾，在植被覆盖度较高的区域，土壤蒸发可忽略不计，实际蒸散发则全部来源于植物蒸腾，但是模型在植被稀疏区域和全生长季不适用。

由 LPJ 植被动态模型输出结果获得雅鲁藏布江流域 2001~2010 年共 10 年基于空间分辨率为 0.05°的 LPJ ET，并由 MOD16A3 产品处理获得空间分辨率为 0.05°的 MODIS ET。首先计算雅鲁藏布江流域内 2001~2010 年所有网格的年平均 LPJ ET 和 MODIS ET 值，将两者进行比较，从图 5-13 可以看出 LPJ ET 和 MODIS ET 之间的线性关系显著（$R^2=0.52$，$P<0.05$），说明 LPJ 植被动态模型模拟结果和 MODIS ET 产品在变化趋势上具有较好的相关性。

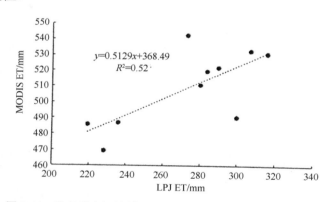

图 5-13　雅鲁藏布江流域 LPJ ET 和 MODIS ET 值的验证比较

整体来看，LPJ ET 在流域内从上游至下游呈现逐渐增大的趋势，如图 5-14 所示，MODIS ET 在流域内从上游至下游也呈现逐渐增大的趋势，但是 MODIS ET 在上游和中游的空间分布相对均匀，未呈现明显的变化。除下游雅鲁藏布江大峡谷地区及中游的年楚河和拉萨河地区外，其他地区的 MODIS ET 均高于 LPJ ET 值。

LPJ ET 和 MODIS ET 在空间和时间上的差异主要是由于 LPJ 植被动态模型在计算 ET 时只考虑了植物蒸腾量，而 MODIS ET 不仅考虑了植物蒸腾量，还考虑了土壤表面蒸发和冠层截留水分蒸发。通过与雅鲁藏布江流域 1982~2010 年多年平均 NDVI 空间分布图（图 5-2）进行对比分析，可知在研究区内的裸土地带和植被稀疏区，LPJ ET 值显然要比实际 ET 值小，因此在雅鲁藏布江大峡谷地区及中游的年楚河和拉萨河地区等植被茂盛区，LPJ ET 和 MODIS ET 值的差异较小，而在裸土地带和植被稀疏区，LPJ ET

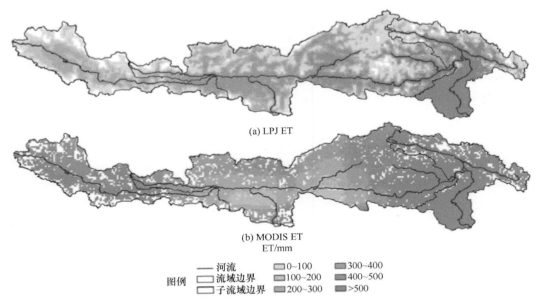

(a) LPJ ET

(b) MODIS ET
ET/mm

图例　—— 河流　□ 0~100　■ 300~400
　　　 □ 流域边界　■ 100~200　■ 400~500
　　　 □ 子流域边界　■ 200~300　■ >500

图 5-14　雅鲁藏布江流域 LPJ ET 和 MODIS ET 2001~2010 年平均值空间分布对比图

和 MODIS ET 值的差异较大。LPJ 植被动态模型计算的 ET 值在空间分布上呈现与研究区实际生态环境相似的状况，但由于模型仅考虑了植物蒸腾量，使得裸土地带和植被稀疏区的 LPJ ET 值偏小。在一定程度上 LPJ 植被动态模型模拟出的 ET 值和 MODIS ET 较为接近。因此，LPJ 植被动态模型能够满足对雅鲁藏布江流域生态系统进行模拟研究的精度要求。

5.2.3　研究区陆地生态系统演变分析

　　雅鲁藏布江流域位于对全球气候变化反应十分敏感的区域，近年来其研究区内气候变化和水资源的不合理利用等已经导致严重的生态环境问题，进而影响研究区陆地生态系统与大气之间的碳循环和水循环，使其呈现变化的碳水空间分布格局。了解雅鲁藏布江流域 1961~2010 年历史气候情景下陆地生态系统植被生产力及其碳水空间分布格局，对于改善研究区植被生长状况及其生态环境质量具有重要意义。ET 和 NEP 两个指标不仅能够分别反映区域水循环和碳循环的特征，同时也是评价生态环境质量的重要指标，能够反映生态环境的质量状况。

　　ET 在 5.2.2 节中已有详细介绍。NEP 是判定陆地生态系统中碳源/汇的主要生态因素。其中，NEP>0 时，表示碳汇；NEP<0 时，表示碳源。在不考虑人类活动影响和自然环境变化的条件下，陆地生态系统和大气系统之间的净碳交换量即可作为 NEP。近年来，NEP 被广泛应用在陆地生态系统碳循环的研究中。

　　本节基于上述 LPJ 植被动态模型模拟结果的平衡状态值，利用 1961~2010 年共 50 年的降水和气温数据及云量、土壤类型和 CO_2 浓度等遥感数据驱动模型，输出雅鲁藏布江流域每个 0.05°网格的 1961~2010 年的 ET 和 NEP 值，对其 ET 和 NEP 的时空分布格局及其变化趋势进行分析，并分析影响研究区 ET 和 NEP 变化的关键因子。

1. 1961～2010 年 LPJ ET 时空变化特征

1）LPJ ET 的年际变化分析

利用一元线性回归分析法检验了雅鲁藏布江流域 1961～2010 年 ET 年际变化情况，结果见图 5-15。近 50 年来，流域年平均 ET 值的变化范围为 201～346 mm，1983 年流域平均 ET 值最低，1998 年流域平均 ET 值最高，多年平均 ET 值为 234 mm。研究时段内年 ET 值整体上呈现上升趋势，但是其线性变化极不显著（R^2=0.0089，P>0.1），并且年 ET 值波动幅度较大。

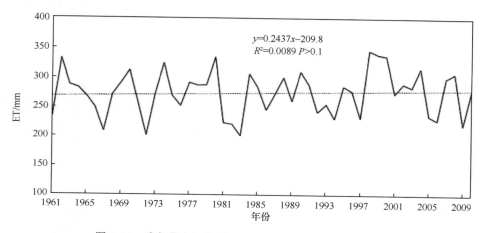

图 5-15　雅鲁藏布江流域 1961～2010 年 ET 年际变化图

通过计算得到雅鲁藏布江流域 1961～2010 年的年降水量和年平均气温年际变化图，见图 5-16。在研究时段内，流域年降水量的变化范围为 301～547mm，趋势倾向率约为 12.3mm/10a；流域年平均气温的变化范围为–1.2～2.2℃，趋势倾向率约为 0.5℃/10a，过去 50 年来，雅鲁藏布江流域多年平均气温增加幅度达 2.1℃，基于 0.05 的显著性水平，流域年降水和年平均气温均呈现显著增加趋势。虽然流域年 ET 的年际变化极不显著，但是其与降水量变化呈现极显著正相关关系（R=0.87，P<0.01），与年平均气温相关性不显著（R=0.22，P>0.05），由此可见，雅鲁藏布江流域 ET 和年降水量的变化规律基本一致，即同期上升或下降至最高值和最低值。因此，可以认为降水和气温共同作用导致雅鲁藏布江流域年平均 ET 值发生变化，而年降水量变化对 ET 的年际变化起主导作用。

2）LPJ ET 的空间分布及其变化趋势分析

雅鲁藏布江流域 1961～2010 年及各年代年均 ET 空间分布如图 5-17 所示。为了更直观表示流域各年代平均 ET 的空间分布情况，分别计算了 1961～1970 年、1971～1980 年、1981～1990 年及 1991～2000 年流域内每个网格的年均 ET 值。

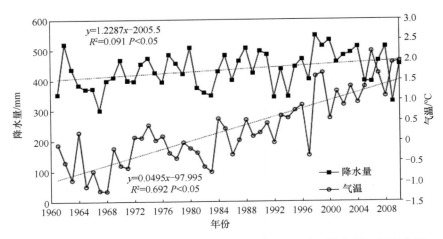

图 5-16　雅鲁藏布江流域 1961～2010 年的年降水量和年平均气温年际变化图

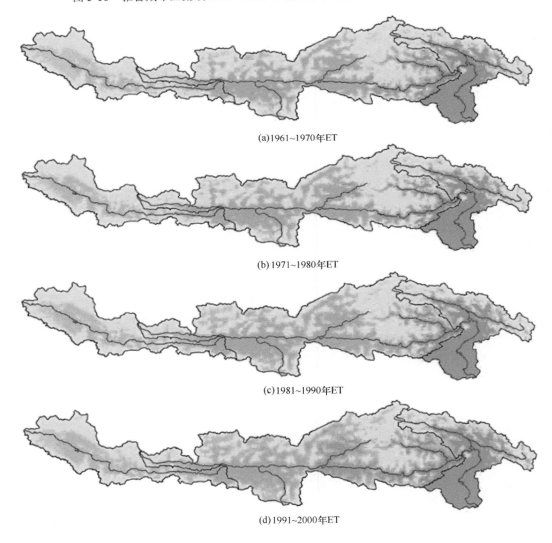

(a)1961~1970年ET

(b)1971~1980年ET

(c)1981~1990年ET

(d)1991~2000年ET

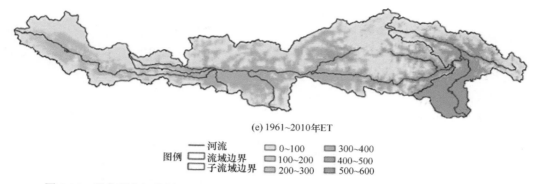

(e) 1961~2010年ET

图例　——河流　□ 0~100　▦ 300~400
　　　□ 流域边界　□ 100~200　▦ 400~500
　　　□ 子流域边界　▦ 200~300　▦ 500~600

图 5-17　雅鲁藏布江流域 1961～2010 年及各年代年均 ET 空间分布图（单位：mm）

雅鲁藏布江流域 1961～2010 年年均 ET 为 234 mm，流域范围内年均 ET 差异较大，多年均值变化范围为 0～710 mm，1961～1970 年、1971～1980 年、1981～1990 年、1991～2000 年及 2001～2010 年年均 ET 分别为 246 mm、248 mm、250 mm、272 mm 及 257 mm。流域范围内各年代年均 ET 分布均呈现从上游至下游逐渐增大的趋势，具有明显分界线。年均 ET 较大的区域主要分布在下游的雅鲁藏布江大峡谷地区、中游的年楚河流域和拉萨河流域的河谷地带，该区域内水资源量较为丰富，年降水量较多，同时受到气温较高的影响，区域内蒸发量较大，符合一般规律。

为了从空间上调查年 ET 长期变化趋势，在雅鲁藏布江流域空间分辨率为 0.05°的网格上应用一元线性回归分析法，检验 1961～2010 年 ET 基于 0.05 显著性水平的变化趋势，结果见图 5-18。年 ET 显著增加地区的面积占流域总面积的 70.8%，且全部表现为增大趋势，除帕隆藏布地区的河谷地带、中游日喀则河谷地带以及上游的非河谷地带外，大部分区域年 ET 呈现显著增加趋势。雅鲁藏布江大峡谷大片区域呈现明显增加趋势，且增幅在流域内最大，处于 3～6 mm/a。

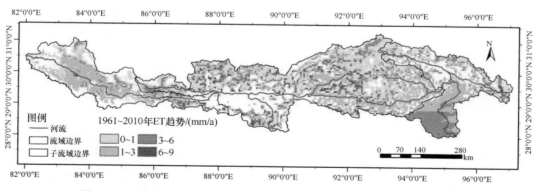

图 5-18　雅鲁藏布江流域 1961～2010 年 ET 变化趋势分布图（$P<0.05$）

2. 1961～2010 年 NEP 时空变化特征

1）LPJ NEP 的年际变化分析

雅鲁藏布江流域 1961～2010 年 NEP 年际变化见图 5-19。近 50 年来，流域年平均

NEP 值的变化范围为–90～173 g C/m², 1976 年流域平均 NEP 值最低, 1998 年流域平均 NEP 值最高, 多年平均 NEP 值为 40 g C/m²。整体来看, 研究时段内雅鲁藏布江流域是大气 CO_2 的汇, 但是碳汇年际变化差异很大。1961～2010 年流域年均 NEP 具有上升趋势, 并且其线性变化极显著 ($P<0.01$)。研究时段内, 有 70%的年份表现为碳汇, 且碳汇强度较强。尤其是 20 世纪 90 年代, 该时段内碳汇总强度最大, 且 80 年代和 2001～2010 年碳吸收总量均处于较高水平; 仅有 30%的年份处于碳源状态, 且释放 CO_2 量均处于较低水平, 主要集中在 60 年代和 70 年代。整体来讲, 雅鲁藏布江流域陆地生态系统在 1961～2010 年主要表现为碳汇, 尤其是在 90 年代。

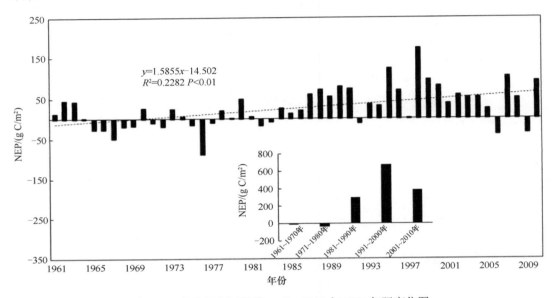

图 5-19　雅鲁藏布江流域 1961～2010 年 NEP 年际变化图

研究时段内, NEP 的年际变化与降水和气温均呈现极显著正相关关系 ($P<0.01$), 相关系数分别为 0.72 和 0.46。雅鲁藏布江流域 NEP 同降水和气温的变化规律基本一致, 即同期上升或下降至最高值或最低值。虽然降水对 NEP 年际变化的贡献较大, 但是气温升高对 NEP 的影响同样不容忽略。

2) LPJ NEP 的空间分布及其变化趋势分析

雅鲁藏布江流域 1961～2010 年及各年代年均 NEP 变化如图 5-19 所示。为了更直观表示流域各年代平均 ET 的空间分布情况, 分别计算了 1961～1970 年、1971～1980 年、1981～1990 年、1991～2000 年及 2001～2010 年流域内每个网格的年均 NEP 值 (图 5-20)。

雅鲁藏布江流域 1961～2010 年年均 NEP 为 42.5 g C/m², 多年均值变化范围为–132～180 g C/m², 其中有 73%的网格年均 NEP>0, 即处于碳汇状态, 其余 27%的网格则处于碳源状态, 主要分布在中游的"一江两河"地区和上游区域的非河谷地带。其中, "一江两河"地区人口密集, 经济发达, 释放 CO_2 强度较大。1961～1970 年、

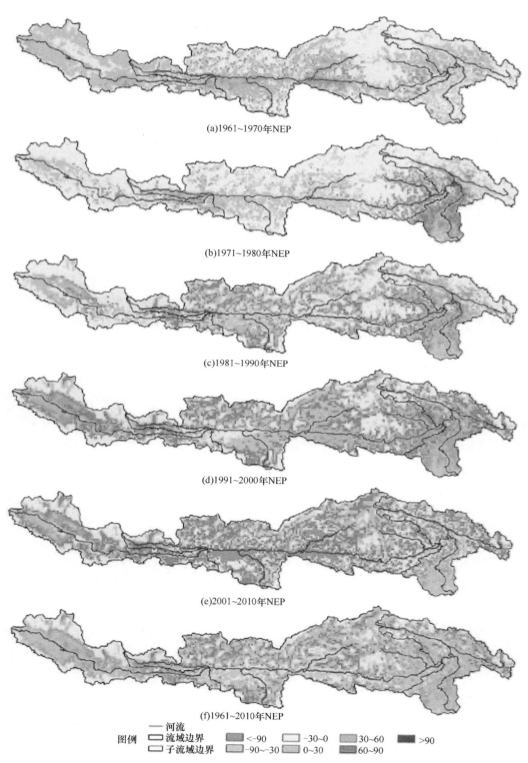

(a)1961~1970年NEP

(b)1971~1980年NEP

(c)1981~1990年NEP

(d)1991~2000年NEP

(e)2001~2010年NEP

(f)1961~2010年NEP

图例
— 河流
▢ 流域边界
▢ 子流域边界

<-90　　　-30~0　　　30~60　　　>90
-90~-30　　　0~30　　　60~90

图 5-20　雅鲁藏布江流域 1961~2010 年及各年代年均 NEP 变化趋势分布图（$P<0.05$）（单位：g C/m^2）

1971～1980 年、1981～1990 年、1991～2000 年及 2001～2010 年年均 NEP 分别为 26 g C/m²、42 g C/m²、62 g C/m²、90 g C/m² 及 104 g C/m²，碳汇强度逐渐增大，且处于碳汇状态的网格占研究区总面积的比例整体呈显著增加趋势。1961～2010 年，雅鲁藏布江流域碳源区和碳汇区发生了明显的位置变化。1961～1970 年和 1971～1980 年，中游的河谷地带处于碳汇区，但吸收 CO_2 的能力不强，随后的 30 年中，该区域逐渐向碳源区转变，在 2001～2010 年 CO_2 释放量处于较高水平。1961～1970 年，雅鲁藏布江大峡谷区域处于碳源区域，随后的 40 年中，该区域逐渐向碳汇区转变，而且 CO_2 吸收量在雅鲁藏布江流域处于较高水平。羊村水文站和奴下水文站之间的高山地带在过去 50 年中一直处于碳源状态，且 CO_2 释放量处于较低水平，但碳源面积逐渐减小。总体上看，过去 50 年中，雅鲁藏布江流域碳源和碳汇格局自 20 世纪 80 年代发生了显著变化。

为了从空间上调查年 NEP 长期变化趋势，在雅鲁藏布江流域每个空间分辨率为 0.05° 的网格上同样应用一元线性回归分析法，检验 1961～2010 年 NEP 基于 0.05 显著性水平的变化趋势，结果见图 5-21。流域范围内空白区域为年 NEP 未发生显著变化的区域（$P > 0.05$），约占流域总面积的 42.4%，主要分布在雅鲁藏布江大峡谷地区、帕隆藏布和拉萨河的河谷地带以及中游日喀则附近的部分区域。NEP 具有显著变化区域的面积占流域总面积的 57.6%，而显著增加的面积占流域总面积的 43.8%，主要分布在流域中游的非河谷地带，碳汇强度为 0～15g C/（m²·a）。NEP 显著减小的面积仅占流域总面积的 13.8%，零星分布在上游的非河谷地带、羊村和奴下水文站之间的高山区域以及中游拉孜和日喀则水文站之间的部分区域，且拉孜和日喀则水文站之间的河谷地带 NEP 减小幅度最大，为 –6～–3g C/（m²·a）。除雅鲁藏布江大峡谷地区外，雅鲁藏布江流域范围内碳汇区域 NEP 值增大趋势显著，主要集中在中游和下游的非河谷地带与上游的非河谷地带，而碳源区 NEP 值基本无显著变化或减小趋势显著，主要分布在中游"一江两河"地区，该区域人口密集，经济较为发达。

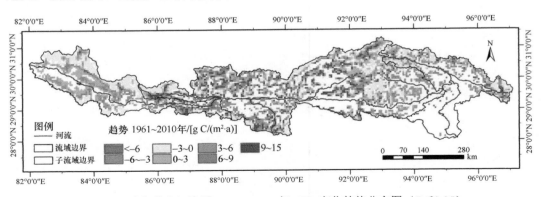

图 5-21 雅鲁藏布江流域 1961～2010 年 NEP 变化趋势分布图（$P \leqslant 0.05$）

总体来看，雅鲁藏布江流域 1961～2010 年 NEP 变化趋势与其空间分布呈现良好的一致性，碳源区向大气释放的 CO_2 量在逐渐增加，而碳汇区从大气中吸收 CO_2 的量也在逐渐增加，流域范围内碳平衡状态受到显著影响。

5.3　陆地生态系统对气候变化响应预测

全球气候变化对陆地生态系统中植物气体交换、植物水分关系及土壤呼吸等方面具有显著作用，进而影响整个自然生态系统的碳循环。2008～2014 年，IPCC 第五次评估报告根据以往的研究成果，全面评估了基于全球变暖 2℃的温控目标的排放空间、成本、政策及技术应用等，并指出了 2℃温控目标的可行性，可见气温升高对自然环境、能源资源及社会经济的各个方面将会产生显著影响，而为应对全球气候变暖而采取的措施必然会消耗大量成本和人力。如果不采取一些措施控制气候变暖的趋势，如减少温室气体排放，全球陆地生态系统的稳定性将遭到破坏。雅鲁藏布江流域处于对气候变暖较为敏感的青藏高原腹地，2℃左右的气温扰动势必导致其陆地生态系统分布、格局与功能发生显著变化。因此，评估气候变化对其生态系统的影响，可为雅鲁藏布江流域生态环境的改善及应对气候变化对策的制定提供研究支撑。

为定量分析气候变化对雅鲁藏布江流域陆地生态系统的影响，本节基于 LPJ 植被动态模型，构建了三种气候变化情景数据驱动模型，分析气温升高 1℃、2℃和 3℃对雅鲁藏布江流域陆地生态系统 ET 和 NEP 变化的影响，并揭示气候变化背景下陆地生态系统基于时、空两个角度的演变。

5.3.1　气候变化情景的构建

气温升高是当前气候变化表现最为明显的特征，正在受到各领域研究者的普遍关注。为了评估气温不同程度的升高对 ET 和 NEP 变化的相对贡献，利用 1961～2010 年历史气温数据，生成 3 个不同的气候变化情景（S1、S2 和 S3）。

在构建 LPJ 植被动态模型时，循环使用 1961～1990 年历史序列数据驱动模型，需要预热 1000 年使陆地生态系统植被覆盖和土壤碳池达到平衡状态，因此在构建气候变化情景时，1961～1990 年共 30 年的历史气温序列值均保持相同，作为基准时段，气温在 1991～2010 年共 20 年的时段内构建气候变化情景。在模拟 S1 中，1961～2010 年降水和 CO$_2$ 浓度为历史时间序列，1961～1990 年气温为历史时间序列，1991～2010 年雅鲁藏布江流域范围内每个网格的每月气温均增加 1℃；在模拟 S2 中，1961～2010 年降水和 CO$_2$ 浓度仍为历史时间序列，1961～1990 年气温为历史时间序列，1991～2010 年雅鲁藏布江流域范围内每个网格的每月气温均增加 2℃；在模拟 S3 中，1961～2010 年降水和 CO$_2$ 浓度仍为历史时间序列，1961～1990 年气温为历史时间序列，1991～2010 年雅鲁藏布江流域范围内每个网格的每月气温均增加 3℃。在雅鲁藏布江流域，基于三种气候变化情景的 1961～2010 年年均气温年际变化见图 5-22，S1、S2 和 S3 相对于 S0 的气温变化十分明显。基于以上三种情景数据驱动 LPJ 植被动态模型，输出雅鲁藏布江流域每个 0.05°网格的 1991～2010 年 ET 和 NEP 值，评估气候变化对陆地生态系统碳水空间格局变化的影响。

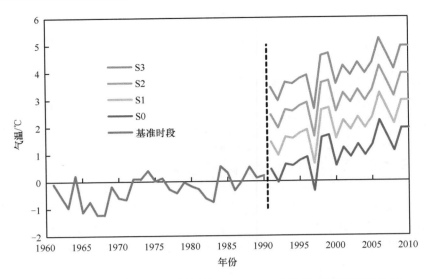

图 5-22　基于三种气候变化情景的 1961～2010 年年均气温年际变化图

5.3.2　气候变化情景下陆地生态系统时空演变特征分析

1. 气候变化情景下 LPJ ET 时空演变特征分析

ET 是陆地生态系统水文过程的重要组成部分，能够有效联结水循环与能量平衡，研究气候变化情景下气温不同幅度的升高对陆地生态系统水循环影响的贡献，有助于深入了解 ET 对气候变化的敏感性。

1）LPJ ET 年际变化及其空间分布

基于全要素模拟情景 S0 及三种气候变化情景 S1、S2 和 S3 的 LPJ 植被动态模型的模拟结果，分别计算了雅鲁藏布江流域全区 1961～1990 年和 1991～2010 年多年平均 ET，结果见图 5-23。在 S0、S1、S2 及 S3 情景下，气候变化时段内（1991～2010 年）

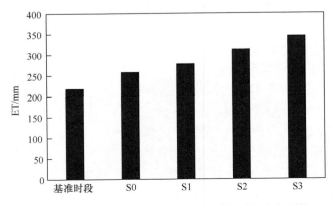

图 5-23　气候变化情景下雅鲁藏布江流域各时段多年平均 ET

雅鲁藏布江流域全区年 ET 均值分别为 258 mm、277 mm、312 mm 及 345 mm，各时段比基本时段内（1961~2010 年）ET 均值（218 mm）分别增加 40 mm、59 mm、94 mm 及 127 mm，随着气温升幅的增加，模拟出的 ET 均值呈现显著增加趋势，气温升高有效地促进了流域水文循环。

　　雅鲁藏布江流域全区平均 ET 相对于基准时段发生了显著变化，不同范围的 ET 值的空间分布也发生了变化。将流域平均 ET 值分成 7 个区间：0 mm、0~100 mm、100~200 mm、200~300 mm、300~400 mm、400~500 mm 及>500 mm，计算了各区间 ET 分布面积占流域总面积的比例（表 5-1）及其空间分布（图 5-24）。

表 5-1　雅鲁藏布江流域各模拟情景下各区间 ET 分布面积占流域总面积的比例（单位：%）

ET	基准时段	S0	S1	S2	S3
	1961~1990 年	1991~2010 年	1991~2010 年	1991~2010 年	1991~2010 年
0 mm	13.5	9.5	1.9	0.4	0.0
0~100 mm	33.3	25.9	20.6	10.6	4.7
100~200 mm	10.1	9.6	15.0	15.4	11.6
200~300 mm	11.7	20.5	20.7	24.0	25.2
300~400 mm	18.7	17.0	20.8	24.3	28.1
400~500 mm	0.7	5.1	8.7	12.7	14.9
>500 mm	12.0	12.4	12.3	12.6	15.5

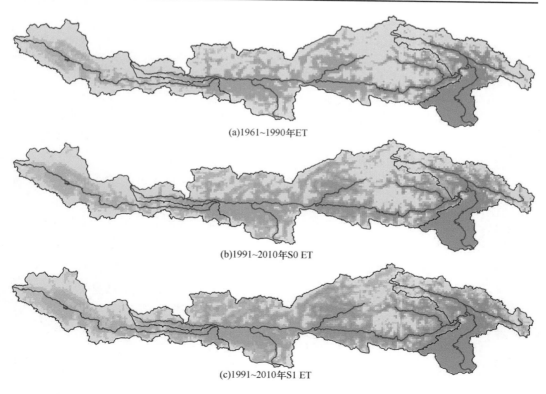

(a)1961~1990年ET

(b)1991~2010年S0 ET

(c)1991~2010年S1 ET

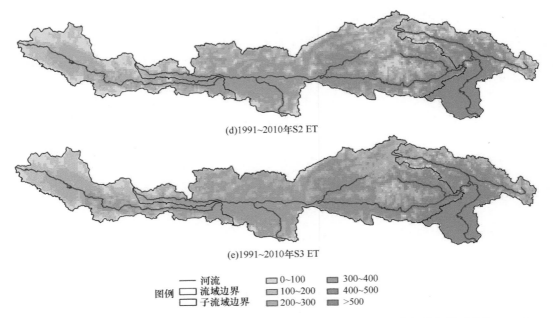

(d)1991~2010年S2 ET

(e)1991~2010年S3 ET

图例
— 河流
▢ 流域边界
▢ 子流域边界

▢ 0~100　▢ 300~400
▢ 100~200　▢ 400~500
▢ 200~300　▢ >500

图 5-24　气候变化情景下雅鲁藏布江流域 1961~2010 年各模拟情景 ET 空间分布图（单位：mm）

　　基准时段（1961~1990 年）内 ET 大于 300 mm 的区域约占流域总面积的 31.4%，主要集中在雅鲁藏布江大峡谷及中游干支流的河谷地带。其中，雅鲁藏布江大峡谷地区的大部分网格的 ET 值均在 500 mm 以上，明显高于流域其他地区的 ET 值；中游干支流河谷地带的 ET 值在 300~400 mm。

　　全要素模拟情景 S0 下 1991~2010 年 ET 大于 300 mm 的区域约占流域总面积的 34.5%，仍然集中在雅鲁藏布江大峡谷及中游干支流的河谷地带。其中，中游拉萨河河谷地带少部分网格的 ET 值由原来的 300~400 mm 增加至 400~500 mm。

　　气候变化情景 S1 下 1991~2010 年 ET 大于 300 mm 的区域约占流域总面积的 41.9%，仍然集中在雅鲁藏布江大峡谷，并开始从中游干支流的河谷地带向外扩张。其中，中游拉萨河的河谷地带由原来的 300~400 mm 增加至 400~500 mm，中游拉孜至日喀则水文站之间的河谷地带和年楚河流域 ET 维持在 300~400 mm。

　　气候变化情景 S2 下 1991~2010 年 ET 大于 300 mm 的区域约占流域总面积的 49.7%，与 S1 情景 ET 空间分布基本一致，各区间 ET 值的分布面积均有少量的增加。

　　气候变化情景 S3 下 1991~2010 年 ET 大于 300 mm 的区域约占流域总面积的 58.6%，分布在中下游地区，且 300~400 mm 内 ET 分布向南北两个方向扩张，分布面积显著增加。同时，在基准时段（1961~2010 年）、全要素模拟情景 S0 及气候变化情景 S1、S2、S3 下 1991~2010 年，流域 0~300 mm 范围内的 ET 分布随着气温的升高逐渐向西萎缩。

　　整体来看，气温升高对雅鲁藏布江流域 ET 空间分布具有显著影响。在基准时段（1961~2010 年）、全要素模拟情景 S0 及气候变化情景 S1、S2、S3 下 1991~2010 年，ET 大于 300 mm 的分布面积随着气温升高逐渐增加，且在流域内表现为逐渐向西扩张以及沿着干支流的河谷地带向外扩张，而 ET 小于 300 mm 的分布面积呈现相反的变化趋势，且在流域内的分布位置表现为随着气温的升高逐渐向西萎缩。

2）LPJ ET 变幅的年际变化及空间分布

由于雅鲁藏布江流域各地区在地形地貌、气候条件和植被分布等方面的差异，ET 对不同的气候变化情景下的响应也各具差异。各个模拟情景在基准时段（1961～1990 年）的气温驱动数据均相同，LPJ 植被动态模型输出的 1961～1990 年的 ET 也相同，因此本节只考虑气温变化时段（1991～2010 年）的 ET 相对于同时期全要素模拟情景 S0 的 ET 的变化（S1–S0、S2–S0、S3–S0）。图 5-25 表示雅鲁藏布江流域 1991～2010 年各模拟情景的 ET 变幅的年际变化。全要素模拟情景 S0 的距平序列具有不显著增大趋势（$R^2=0.00$，$P>0.05$），斜率为 0.16 mm/a。模拟 S1 与 S0 差值的时间序列表示 1℃的气温升高对 ET 变化的贡献，其具有显著增大趋势（$R^2=0.84$，$P<0.01$），斜率为 2.45 mm/a。模拟 S2 与 S0 差值的时间序列表示 2℃的气温升高对 ET 变化的贡献，也具有显著增大趋势（$R^2=0.76$，$P<0.01$），斜率为 4.39 mm/a。模拟 S3 与 S0 差值的时间序列表示 3℃的气温升高对 ET 变化的贡献，同样具有显著增大趋势（$R^2=0.71$，$P<0.01$），斜率增大至 5.76 mm/a。由此可说明气温对雅鲁藏布江流域 ET 的增大具有重要作用，且气温升幅越大，ET 变幅增大的趋势越明显，可见气温对陆地生态系统水循环的影响之强烈。

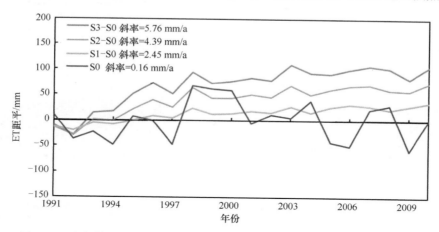

图 5-25　雅鲁藏布江流域 1991～2010 年各模拟情景的 ET 变幅的年际变化图

为了从空间上调查三种气候变化情景下 1991～2001 年均 ET 变幅的分布情况，在雅鲁藏布江流域每一个 0.05℃的网格上分别分析各模拟情景 ET 变幅，结果见图 5-26～图 5-28。在模拟 S1、S2 及 S3 情景中，气候变化时段内（1991～2010 年）雅鲁藏布江流域全区年 ET 变幅均值分别为 12 mm、35 mm 及 51 mm，随着气温升幅的增加，1991～2010 年 ET 变幅均值整体上呈现显著增加趋势。

雅鲁藏布江流域全区 1991～2010 年平均 ET 相对于模拟 S0 发生了显著变化，不同范围内的 ET 变幅的空间分布也发生改变。将流域内平均 ET 变幅分成 7 个区间：–100～0 mm、0～50 mm、50～100 mm、100～150 mm、150～200 mm、200～250 mm 及 250～300 mm。各区间内 ET 变幅分布面积占流域总面积的比例见表 5-2。

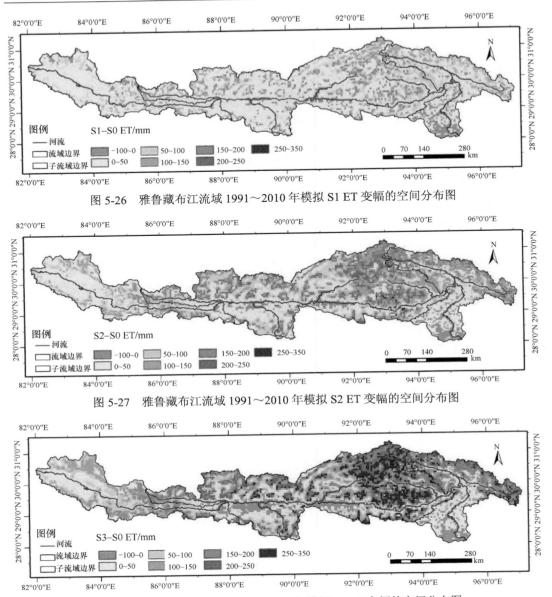

图 5-26　雅鲁藏布江流域 1991～2010 年模拟 S1 ET 变幅的空间分布图

图 5-27　雅鲁藏布江流域 1991～2010 年模拟 S2 ET 变幅的空间分布图

图 5-28　雅鲁藏布江流域 1991～2010 年模拟 S3 ET 变幅的空间分布图

表 5-2　雅鲁藏布江流域各模拟情景下各区间 ET 变幅分布面积占流域总面积的比例（单位：%）

ET	S1–S0	S2–S0	S3–S0
	1991～2010 年	1991～2010 年	1991～2010 年
–100～0mm	7.6	6.8	9.3
0～50 mm	61.9	35.7	24.3
50～100 mm	18.3	22.4	15.5
100～150 mm	8.4	16.7	15.1
150～200 mm	3.8	10.1	13.9
200～250 mm	0.0	8.2	14.0
250～350 mm	0.0	0.1	7.9

当 ET 变幅大于 0 时,气候变化情景 S1 下 1991～2010 年 ET 变幅值主要集中在 0～50 mm 区间,占流域总面积的 61.9%,而 ET 变幅大于 100 mm 的区域约占流域总面积的 12.2%,零星分布在中游的非河谷地带和下游的非雅鲁藏布江大峡谷地区。气候变化情景 S2 下 1991～2010 年 ET 变幅值主要集中在 0～100 mm 范围内,占流域总面积的 58.1%,而 ET 变幅大于 100 mm 的区域约占流域总面积的 35.1%,仍然集中分布在中游的非河谷地带和下游的非雅鲁藏布江大峡谷地区,且相同区域位置上的 ET 变幅值均要比模拟 S1 的结果大,由原来的 50～100 mm 增加至 100～200 mm。而且,在羊村和奴下水文站之间的高山(米拉山)区域,模拟 S2 的高 ET 变幅值要比模拟 S1 的高 ET 变幅值向各个方向扩张很多,分布面积显著增加,在海拔较高的米拉山附近,气温升高促进植被生长,气温升高会使得地表温度升高,冰川融雪增加及冻土退化,高寒植被逐渐向灌丛和灌草等 NDVI 值较高的植被过渡,区域内植被的蒸腾作用必然加强,ET 值也增大,则相对于模拟 S0 的增幅也较大。气候变化情景 S3 下 1991～2010 年 ET 变幅大于 100 mm 的区域占流域总面积的 50.9%,相较模拟 S2,增加部分的面积主要是由于 ET 变幅在高值区间 200～350 mm 的分布面积增加。除雅鲁藏布江大峡谷地区和中游干支流的河谷地带外,相同区域位置上的 ET 变幅值均要比模拟 S2 的结果更大。

当 ET 变幅小于 0 时,气候变化情景 S1、S2 及 S3 下,1991～2010 年内 ET 变幅在 –100～0 mm 区间内的分布面积分别占流域总面积的 7.6%、6.8%及 9.3%。从图 5-26～图 5-28 可明显看出在雅鲁藏布江大峡谷地区和中游河谷地带,模拟 S3 的 ET 变幅的绝对值最大,气温升高 3℃抑制该地区 ET 的增加。这主要是由于该地区水资源量丰富,气温升高显著促进土壤蒸发,但是抑制植物蒸腾作用,LPJ 植被动态模型在计算 ET 时只考虑了植物蒸腾作用,因此气温升高到一定程度有可能抑制植被生长。

整体来看,气温升高对雅鲁藏布江流域 ET 变幅的空间分布具有显著影响。在气候变化情景 S1、S2、S3 下 1991～2010 年,随着气温升幅的增加,ET 变幅大于 100 mm 的分布面积增加,且相同区域位置上的 ET 变幅值向高 ET 变幅值扩张,尤其表现在中游羊村和奴下水文站之间的米拉山区域;ET 变幅小于 0 的分布面积随着气温的升高大体上增加,主要集中在水资源较为丰富的雅鲁藏布江大峡谷和中游的河谷地带,气温升高至一定程度会抑制植被生长,植物蒸腾作用减弱,ET 呈现减小趋势。

2. 气候变化情景下 LPJ NEP 时空演变特征分析

陆地生态系统与大气之间的碳循环与植物生长和土壤呼吸等密切相关,碳循环过程也容易受到降水、气温、大气中 CO_2 浓度和土壤类型等环境因子的影响,加之人类活动的影响,陆地生态系统与大气之间的碳平衡状态极易受到影响。气温作为影响陆地生态系统碳通量变化的主要影响因素,并且随着全球气候变暖趋势的加重,有关气温环境因子对陆地生态系统碳源/汇格局变化的研究越来越受到关注(Luo et al.,2013)。雅鲁藏布江流域生态环境脆弱,对气候变化的敏感性较强,评估不同幅度的气温升高对研究区陆地生态系统的碳源/汇格局的影响,对科学认识雅鲁藏布江流域等高海拔地区碳循环具有重要意义,也可为及时遏制碳汇向碳源转变带来的不利影响提供研究支撑。

1）LPJ NEP 年际变化及其空间分布

　　基于全要素模拟情景 S0 及三种气候变化情景 S1、S2 和 S3 的 LPJ 植被动态模型的模拟结果，分别计算了雅鲁藏布江流域全区 1961～1990 年和 1991～2010 年多年平均 NEP，结果见图 5-29。在 S0、S1、S2 及 S3 情景下，气候变化时段内（1991～2010 年）雅鲁藏布江流域全区年 NEP 均值分别为 53 g C/m^2、93 g C/m^2、121 g C/m^2 及 123 g C/m^2，各时段比基准时段内（1961～1990 年）年 NEP 均值（12 g C/m^2）分别增加了 41 g C/m^2、81 g C/m^2、109 g C/m^2 及 111 g C/m^2。基准时段和气候变化时段内的 NEP 均值全为正，流域整体上表现为碳汇，基准时段的碳汇强度最低。1991～2010 年各模拟情景 NEP 均值显著大于基准时段的 NEP 均值，在时间序列上 1991～2010 年的流域全区平均碳汇量要远远大于 1961～1990 年的平均碳汇量。

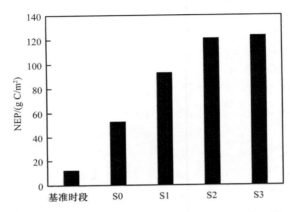

图 5-29　气候变化情景下雅鲁藏布江流域各时段多年平均 NEP

　　雅鲁藏布江流域全区平均 NEP 相对于基准时段发生了显著变化，不同范围的 NEP 值空间分布也发生了变化。将流域平均 NEP 值分成 8 个区间：–700～–500 g C/m^2、–500～–300 g C/m^2、–300～–100 g C/m^2、–100～0 g C/m^2、0～100 g C/m^2、100～300 g C/m^2、300～500 g C/m^2 及 500～700 g C/m^2，计算了各区间 NEP 分布面积占流域总面积的比例（表 5-3）及其空间分布。

表 5-3　雅鲁藏布江流域各模拟情景下各区间 NEP 分布面积占流域总面积的比例（单位：%）

NEP	基准时段	S0	S1	S2	S3
	1961～1990 年	1991～2010 年	1991～2010 年	1991～2010 年	1991～2010 年
–700～–500 g C/m^2	0.0	0.0	0.0	0.3	8.9
–500～–300 g C/m^2	0.0	0.0	1.0	9.7	4.8
–300～–100 g C/m^2	0.0	2.6	11.4	5.4	7.5
–100～0 g C/m^2	41.0	27.1	15.4	17.5	14.8
0～100 g C/m^2	58.6	46.5	31.9	17.3	10.7
100～300 g C/m^2	0.4	20.4	22.6	18.3	13.4
300～500 g C/m^2	0.0	3.4	17.6	26.8	28.3
500～700 g C/m^2	0.0	0.0	0.1	4.7	11.6

基准时段（1961～1990 年）内 NEP 大于 0 的区域约占流域总面积的 59.0%，且 NEP 基本都处于 0～100 g C/m^2 区间，主要分布在中游和下游地区，碳汇区 CO_2 吸收量较小；NEP 小于 0 的区域约占流域总面积的 41.0%，且 NEP 基本处于 –100～0 g C/m^2 区间，主要分布在流域上游地区，碳源区 CO_2 释放量也处于较低水平；基准时段内雅鲁藏布江流域碳平衡处于较为稳定的状态。全要素模拟情景 S0 下 1991～2010 年 NEP 大于 0 的区域约占流域总面积的 70.3%，且有 46.5% 的分布面积的 NEP 处于 0～100 g C/m^2 区间内，NEP 处于 100～300 g C/m^2 区间内的分布面积增加至 20.4%，中游的非河谷地带的部分区域和上游的河谷地带的部分区域 CO_2 吸收量均有所增加；NEP 小于 0 的区域约占流域总面积的 29.7%，且 NEP 基本处于 –100～0 g C/m^2 区间，主要集中在中游干支流的河谷地带，且日喀则水文站附近的部分区域的 NEP 减小至 –300～–100 g C/m^2，释放 CO_2 的强度增强。

全要素模拟情景 S1 下 1991～2010 年 NEP 大于 0 的区域约占流域总面积的 72.2%，且有 31.9% 的分布面积的 NEP 处于 0～100 g C/m^2 区间内，有 22.6% 的分布面积的 NEP 处于 100～300 g C/m^2 区间内，NEP 处于 300～500 g C/m^2 区间内的分布面积增加至 17.6%，且碳源区相同区域位置上的 NEP 值比模拟 S0 输出的 NEP 值有所增加，CO_2 吸收量也相应增加；NEP 小于 0 的区域约占流域总面积的 27.8%，和模拟 S1 相比基本不变，但是 NEP 处于 –300～–100 g C/m^2 区间内的分布面积增加至 11.4%，主要集中在中游干流的河谷地带，且该碳源区释放 CO_2 的强度增强；流域内碳源区和碳汇区表现出明显的分界线。

全要素模拟情景 S2 下 1991～2010 年 NEP 大于 0 的区域约占流域总面积的 67.2%，碳汇区面积相较 S1 下降，且有 17.3% 的分布面积的 NEP 处于 0～100 g C/m^2 区间内，有 18.3% 的分布面积的 NEP 处于 100～300 g C/m^2 区间内，NEP 处于 300～500 g C/m^2 区间内的分布面积增加至 26.8%，且全流域碳源区相同区域位置上的 NEP 值比模拟 S1 输出的 NEP 值有所增加，CO_2 吸收量也相应增加；NEP 小于 0 的区域约占流域总面积的 32.9%，和模拟 S1 相比分布面积增加，面积增加主要是由于雅鲁藏布江大峡谷由碳汇区转变为碳源区，但 NEP 处于 –300～–100 g C/m^2 区间内的分布面积减小至 5.4%，而 NEP 处于 –500～–300 g C/m^2 区间内的分布面积增加至 9.7%，仍然集中在中游干流和支流的河谷地带，该碳源区释放 CO_2 的强度显著增强；除增加雅鲁藏布江大峡谷这一碳源区外，流域内碳源区和碳汇区分布格局基本未发生改变。

全要素模拟情景 S3 下 1991～2010 年 NEP 大于 0 的区域约占流域总面积的 64%，碳汇区面积相较 S2 下降，NEP 处于低值区间 0～100 g C/m^2 和 100～300 g C/m^2 的分布面积降低，处于高值区间 300～500 g C/m^2 和 500～700 g C/m^2 的分布面积分别增加至 28.3% 和 11.6%，碳汇区吸收 CO_2 的强度显著增强，分布区域和模拟 S2 相似；NEP 小于 0 的区域约占流域总面积的 36%，和模拟 S2 碳源区分布相似，但 NEP 处于 –700～–500 g C/m^2 区间内的分布面积增加至 8.9%，仍然集中在中游干流和支流的河谷地带，该碳源区 CO_2 释放量相较 S2 显著增加；流域内碳源区和碳汇区分布格局相较 S2 基本未发生改变。

　　整体来看，气温升高对雅鲁藏布江流域 NEP 空间分布具有显著影响，如图 5-30 所示。基准时段和气候变化时段内的多年平均 NEP 全为正，流域整体上表现为碳汇，三种模拟情景下流域碳汇面积均大于基础时段内流域的碳汇面积。相较模拟 S0，气候变化情景 S1、S2、S3 下 1991~2010 年，NEP 处于高值 300~500 g C/m² 区间内的分布面积随着气温升幅的增加而增加，流域内碳汇区吸收 CO_2 的强度逐渐增强；NEP 处于低值 –700~–300 g C/m² 区间内的分布面积也随着气温升幅的增加而增加，流域内碳源区释放 CO_2 的强度也逐渐增强。从分布上来看，雅鲁藏布江流域碳源区和碳汇区具有明显的分界线。雅鲁藏布江大峡谷地区在气温升幅超过 1℃后有由碳汇区转变成碳源区的可能性。流域中游干支流的河谷地带的碳源强度随着气温升幅的增加而显著增加，其余碳汇区 CO_2 吸收量随着气温升幅的增加而显著增加。

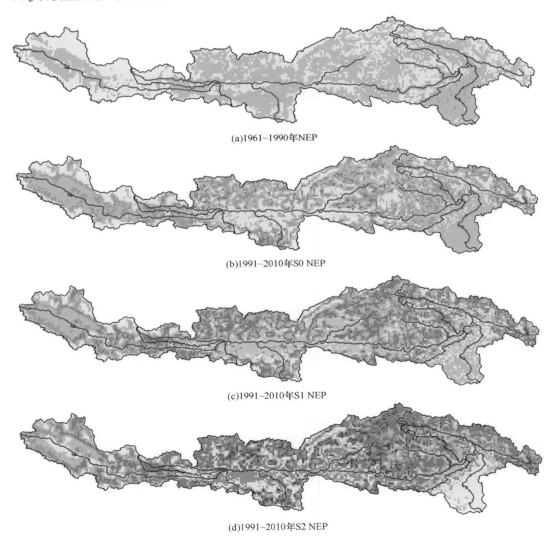

(a)1961~1990年NEP

(b)1991~2010年S0 NEP

(c)1991~2010年S1 NEP

(d)1991~2010年S2 NEP

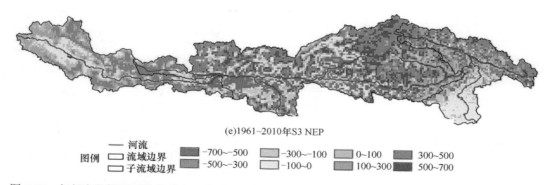

(e)1961~2010年S3 NEP

图例　—— 河流　　■ -700~-500　　■ -300~-100　　■ 0~100　　■ 300~500
　　　□ 流域边界　　■ -500~-300　　□ -100~0　　■ 100~300　　■ 500~700
　　　□ 子流域边界

图 5-30　气候变化情景下雅鲁藏布江流域 1961~2010 年各模拟情景 NEP 空间分布图（单位：g C/m²）

2）LPJ NEP 变幅的年际变化及空间分布

本节只考虑气温变化时段（1991~2010 年）的 NEP 相对于同时期全要素模拟情景 S0 的 NEP 的变化（S1–S0、S2–S0、S3–S0），图 5-31 表示雅鲁藏布江流域 1991~2010 年各模拟情景的 NEP 变幅的年际变化。全要素模拟情景 S0 的距平序列具有极不显著减小趋势（R^2=0.02，P>0.05），斜率为–1.15 g C/（m²·a）。模拟 S1 与 S0 差值的时间序列表示 1℃的气温升高对 NEP 变化的贡献，具有极不显著增大趋势（R^2=0.03，P>0.05），斜率为 0.93 g C/（m²·a）。模拟 S2 与 S0 差值的时间序列表示 2℃的气温升高对 NEP 变化的贡献，也具有极不显著增大趋势（R^2=0.03，P>0.05），斜率为 2.04 g C/（m²·a）。模拟 S3 与 S0 差值的时间序列表示 3℃的气温升高对 NEP 变化的贡献，同样具有显著增大趋势（R^2=0.02，P>0.05），斜率增大至 2.88 g C/（m²·a）。基于三种气候变化情景，雅鲁藏布江流域 1991~2010 年 NEP 变幅整体上呈现不显著增加趋势。

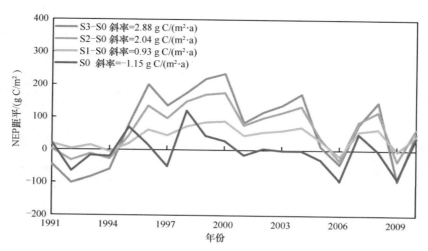

图 5-31　雅鲁藏布江流域 1991~2010 年各模拟情景的 NEP 变幅的年际变化图

为了从空间上调查三种气候变化情景下 1991~2010 年平均 NEP 变幅的分布情况，在雅鲁藏布江流域每一个 0.05°的网格上分别分析各模拟情景下 NEP 变幅，结果见图

5-32～图 5-34。在模拟 S1、S2 及 S3 情景中，气候变化时段内（1991～2010 年）雅鲁藏布江流域全区年 NEP 变幅均值分别为 40 g C/m²、68 g C/m² 及 71 g C/m²，随着气温升幅的增加，1991～2010 年 NEP 变幅均值整体上呈现增加趋势。

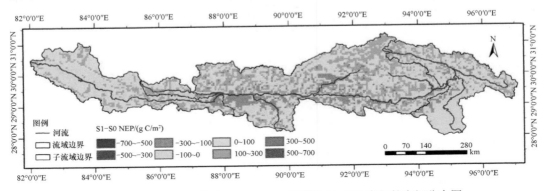

图 5-32　雅鲁藏布江流域 1991～2010 年模拟 S1 NEP 变幅的空间分布图

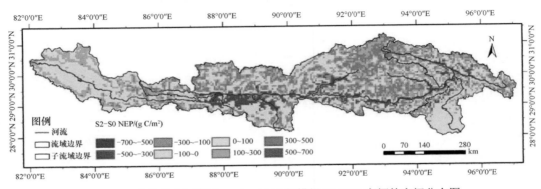

图 5-33　雅鲁藏布江流域 1991～2010 年模拟 S2 NEP 变幅的空间分布图

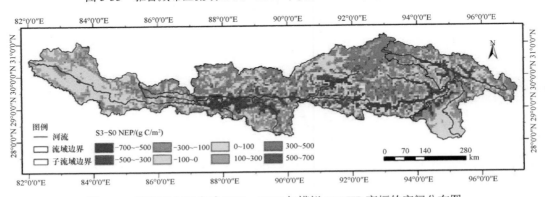

图 5-34　雅鲁藏布江流域 1991～2010 年模拟 S3 NEP 变幅的空间分布图

　　雅鲁藏布江流域全区 1991～2010 年平均 NEP 相对于模拟 S0 发生了显著变化，不同范围内的 NEP 变幅的空间分布也有所差异。流域内平均 NEP 变幅区间划分和 5.3.1 节 NEP 划分的区间一致，共 8 个变幅区间，计算了各区间 NEP 变幅分布面积占流域总面积的比例，结果见表 5-4。

表 5-4　雅鲁藏布江流域各模拟情景下各区间 NEP 变幅分布面积占流域总面积的比例（单位：%）

NEP	S1–S0	S2–S0	S3–S0
	1991～2010 年	1991～2010 年	1991～2010 年
$-700 \sim -500 \text{ g C/m}^2$	0.0	0.0	3.5
$-500 \sim -300 \text{ g C/m}^2$	0.0	7.5	9.4
$-300 \sim -100 \text{ g C/m}^2$	11.2	8.3	11.6
$-100 \sim 0 \text{ g C/m}^2$	24.7	23.7	17.9
$0 \sim 100 \text{ g C/m}^2$	38.4	19.8	11.8
$100 \sim 300 \text{ g C/m}^2$	24.4	23.2	17.3
$300 \sim 500 \text{ g C/m}^2$	1.3	17.5	26.3
$500 \sim 700 \text{ g C/m}^2$	0.0	0.0	2.2

　　当 NEP 变幅大于 0 时，气候变化情景 S1 下 1991～2010 年 NEP 变幅值大于 0 的分布面积占流域总面积的 64.1%，其中 62.8% 的分布面积集中在 $0 \sim 300 \text{ g C/m}^2$ 区间内，主要分布在中游的非河谷地带，基于 1℃ 的气温升幅，该碳汇区的碳汇强度显著增强。气候变化情景 S2 下 1991～2010 年 NEP 变幅大于 0 的分布面积占流域总面积的比例为 60.5%，主要集中在 $0 \sim 500 \text{ g C/m}^2$ 区间内，且 NEP 变幅处于高值区间 $300 \sim 500 \text{ g C/m}^2$ 内的分布面积增加至 17.5%，处于低值区间 $0 \sim 100 \text{ g C/m}^2$ 内的分布面积降低至 19.8%，分布区域和模拟 S1 一致，该碳汇区在 2℃ 的气温升幅下的碳汇强度比 1℃ 的气温升幅要强。气候变化情景 S3 下 1991～2010 年 NEP 变幅大于 0 的分布面积占流域总面积的 57.4%，仍然主要集中在 $0 \sim 500 \text{ g C/m}^2$ 区间内，且 NEP 变幅处于高值区间 $300 \sim 500 \text{ g C/m}^2$ 内的分布面积增加至 26.3%，处于低值区间 $0 \sim 300 \text{ g C/m}^2$ 内的分布面积有所降低，分布区域和模拟 S2 一致，该碳汇区在 3℃ 的气温升幅下的碳汇强度比 2℃ 的气温升幅也要强。其中，气温升高显著影响高海拔地带碳汇能力，随着气温升幅的增加，高海拔地带冰川融雪增强及冻土退化，促进植被生长，因此该区域内植被固定 CO_2 的能力增强。

　　当 NEP 变幅小于 0 时，气候变化情景 S1 下 1991～2010 年 NEP 变幅值小于 0 的分布面积占流域总面积的 35.9%，其中 24.7% 的分布面积处于 $-100 \sim 0 \text{ g C/m}^2$ 区间内，主要分布在碳汇强度较低的雅鲁藏布江大峡谷地区；11.2% 的分布面积处于 $-300 \sim -100 \text{ g C/m}^2$ 区间内，主要分布在流域中游的河谷地带这一碳源区。气候变化情景 S2 下 1991～2010 年 NEP 变幅小于 0 的分布面积占流域总面积的比例为 39.5%，主要集中在 $-500 \sim 0 \text{ g C/m}^2$ 区间内，且 NEP 变幅处于低值区间 $-500 \sim -300 \text{ g C/m}^2$ 内的分布面积增加至 7.5%，这主要是由于流域中游碳源强度在 2℃ 的气温升幅下碳源强度增强。雅鲁藏布江大峡谷地区碳源强度和模拟 S1 的 NEP 变幅基本保持一致。气候变化情景 S3 下 1991～2010 年 NEP 变幅小于 0 的分布面积占流域总面积的 42.4%，仍然主要集中在 $-500 \sim 0 \text{ g C/m}^2$ 区间内，但 NEP 变幅位于低值区间 $-700 \sim -500 \text{ g C/m}^2$ 的分布面积有少量的增加，这主要是由于流域中游河谷地带的碳源分布向四周扩张，以及少部分地区的碳源强度增强,整个流域 NEP 变幅的空间分布和模拟 S2 的 NEP 变幅的空间分布基本一致。其中,雅鲁藏布江大峡谷地区随着气温升幅的增加,由原来的碳汇区转变成碳源区,该地区主要分布常绿阔叶林,植被覆盖度高,多年平均气温较高,并且水资源丰富,因此当气温升幅增加时,植物光合作用相关酶的活性受到影响,植物固定 CO_2 的能力受到显著影响。对于流域中游的河谷地带,属于典型的碳源区,气温升高削弱了植被固定 CO_2 的能力,同时土壤中碳的释放量也逐渐加强,因此,碳源区释放 CO_2 的能力也显著增强。

整体来看,气温升高对雅鲁藏布江流域碳平衡的变化具有显著作用。在气候变化情景 S1、S2、S3 下 1991~2010 年,随着气温升幅的增加,NEP 变幅处于高值区间 300~700 g C/m^2 内的分布面积逐渐增加,主要分布在流域中游非河谷地带,气温升高使得冰川融雪加强,促进植被生长,因此碳汇区固定 CO_2 的能力逐渐增强;NEP 变幅处于低值区间–700~–300 g C/m^2 内的分布面积也逐渐增加,主要分布在流域中游的河谷地带,气温升高削弱植被固定 CO_2 的能力,土壤中的碳的释放量增加,碳源区域强释放 CO_2 的能力也显著增强。植被覆盖度高的雅鲁藏布江大峡谷地区,该地区多年平均气温较高,气温升高使得植物进行光合作用所需的酶的活性受到影响,植物固定 CO_2 的能力显著降低。

5.4　小　　结

（1）对 1982~2010 年生长季 NDVI 时空演变的研究发现：①雅鲁藏布江流域生长季 NDVI 自上游至下游逐渐增大。生长季 NDVI 整体上随着海拔的升高而显著降低;在生长季降水不超过 700mm 的范围内,生长季 NDVI 值随着降水的增加而显著增大;生长季 NDVI 值随着气温的增加而显著增大,当生长季平均气温大于 15℃后,植被生长将会受到温度限制。②雅鲁藏布江流域生长季 NDVI 呈现显著增加和降低的区域分别占全流域总面积的 22.64% 和 3.98%,米拉山东侧的大片区域呈现显著增加趋势。③雅鲁藏布江流域 NDVI 与降水呈现显著正相关的区域主要分布在米拉山西侧的拉孜和羊村水文站之间的河谷地带;NDVI 与气温呈现显著正相关的区域主要分布在米拉山区域以及上游的部分区域,该区域内气温对植被生长的变化影响较大。

（2）对植被动态模型构建及 1961~2010 年陆地生态系统演变的研究发现：①经与 MODIS 遥感数据 ET 的对比分析,LPJ 植被动态模型模拟结果的合理性得到了检验。②模拟结果显示,1961~2010 年雅鲁藏布江流域平均 ET 呈现极不显著增大趋势（R^2= 0.009,P>0.1）,但有 70.8% 的网格 1961~2010 年 ET 时间序列变化趋势显著,且全部表现为增大趋势。

（3）对陆地生态系统对气候变化响应的研究发现：①随着气温升幅的增加,模拟出的 ET 表现出显著增加趋势。气温升高对雅鲁藏布江流域 ET 空间分布具有显著影响。此外,气温对雅鲁藏布江流域 ET 的增大具有重要作用,且气温升幅越大,ET 变幅增大的趋势越明显。②气温升高对雅鲁藏布江流域碳平衡的变化具有显著作用。随着气温升幅的增加,流域整体碳汇强度也增加。此外,气温升高对雅鲁藏布江流域 NEP 空间分布具有显著影响。随着气温升幅的增加，NEP 变幅处于高值区间和低值区间的分布面积均逐渐增加。

参 考 文 献

李海东, 沈渭寿, 蔡博峰, 等. 2013. 雅鲁藏布江流域 NDVI 变化与风沙化土地演变的耦合关系[J]. 生态学报, 33(24): 7729-7738.

Luo Y, Ficklin D L, Liu X, et al. 2013. Assessment of climate change impacts on hydrology and water quality with a watershed modeling approach[J]. Science of the Total Environment, 450: 72-82.

第 6 章 雅鲁藏布江流域径流
对下垫面及气象要素的响应

基于已有水文站 1949 年后的径流数据，通过 Pearson 相关系数、敏感性分析和贡献率分析等方法，选取分别代表年楚河流域、拉萨河流域、雅鲁藏布江干流和尼洋河流域的奴各沙、拉萨、羊村和更张四个站点，从年与季节均值的角度，探讨了作为雅鲁藏布江流域下垫面要素的 NDVI 和积雪比例对降水、平均气温、最高气温和最低气温的响应关系，并对下垫面变化对流域径流量影响进行了定量分析。

6.1 径流演变与下垫面及气象要素相关性分析

6.1.1 径流演变与下垫面变量的相关性分析

分别计算四个代表站点径流量同积雪比例和 NDVI 的相关性和显著性水平，如表 6-1 所示。

表 6-1 径流同下垫面变量的 Pearson 相关系数统计表

时间	站点	积雪比例	NDVI
全年	奴各沙	0.105[*]	0.637[**]
	拉萨	−0.295[**]	0.763[**]
	羊村	−0.193[*]	0.733[**]
	更张	−0.654[**]	0.725[**]
春季	奴各沙	0.776[**]	0.945[**]
	拉萨	−0.281	0.457[**]
	羊村	−0.223	0.113
	更张	−0.336[*]	0.399[**]
夏季	奴各沙	0.098	0.554[**]
	拉萨	0.414[**]	0.472[**]
	羊村	0.243	0.669[**]
	更张	−0.105	0.116
秋季	奴各沙	0.817[**]	0.469[**]
	拉萨	−0.089	0.741[**]
	羊村	−0.165	0.839[**]
	更张	−0.200	0.711[**]

续表

时间	站点	积雪比例	NDVI
冬季	奴各沙	0.573**	−0.066
	拉萨	−0.138	0.341*
	羊村	−0.251	0.530**
	更张	−0.331**	0.713**

**表示 $P<0.01$；*表示 $P<0.05$。下同。

从表 6-1 中可以看出，四个代表站点在年尺度上径流量同积雪比例和 NDVI 均呈现出了显著的相关性。春季奴各沙站和更张站径流量同下垫面均呈现出了显著的相关性，夏季奴各沙和拉萨径流量同下垫面均呈现出了显著的相关性，羊村站只有 NDVI 同径流量显著相关。秋季拉萨、羊村、更张三站均为 NDVI 同径流量显著相关，径流量同积雪比例没有显著的相关性，而奴各沙站积雪比例和 NDVI 均与径流量显著相关。冬季只有奴各沙站积雪比例同径流量、羊村站 NDVI 同径流量、更张站积雪比例和 NDVI 同径流量显著相关。就不同下垫面要素同径流量关系而言，NDVI 同径流量相关较为显著，仅有春季羊村站、夏季更张站、冬季奴各沙站未呈现出显著的相关性。这是冬季奴各沙温度不适宜植被生长，夏季更张植被已经充分生长，春季羊村植被迅速生长而径流变化不大导致的。奴各沙站积雪比例在四季和全年同径流量均呈现出显著的相关性，这与其所处流域上中游、气温较低、积雪覆盖较多有关。

6.1.2　径流演变与气象要素的相关性分析

分别计算四个代表站点径流量同降水、平均气温、最低气温和最高气温的相关性和显著性水平，如表 6-2 所示。从表中可以看出，除了更张站径流同降水外，四个代表站点在全年尺度上径流量同下垫面及气象要素均呈现出了显著的相关性。春季奴各沙站和更张站径流量同气象要素均呈现出了显著的相关性，夏季奴各沙和拉萨径流量同气象要素呈现出了显著的相关性，更张站只有气温和径流量显著相关，羊村站只有最高气温同径流量显著相关。秋季拉萨、羊村、更张三站均为气温和降水同径流量显著相关，而奴各沙站则是气温同径流量显著相关。冬季只有奴各沙站最低气温和最高气温同径流量显著相关。四个代表站点全年及夏秋两季气温同径流均呈现出了显著的相关性，这是当季的上游融雪径流和降水产汇流共同导致的。奴各沙站最高气温在各时间尺度上对径流的相关性均好于最低气温对径流的相关性，拉萨、羊村和更张站反之。说明流域中上游径流量受最高气温影响较大，流域中下游径流量受最低气温影响较大。

表 6-2　径流同气象要素 Pearson 相关系数统计表

时间	站点	降水	平均气温	最低气温	最高气温
全年	奴各沙	0.463**	0.449**	0.314**	0.484**
	拉萨	0.568**	0.495**	0.535**	0.474**
	羊村	0.456**	0.473**	0.513**	0.450**
	更张	0.089	0.784**	0.781**	0.770**

续表

时间	站点	降水	平均气温	最低气温	最高气温
春季	奴各沙	0.327**	0.693**	−0.115	0.869**
	拉萨	0.363**	0.271	0.303*	0.263
	羊村	−0.109	0.031	0.013	0.030
	更张	0.548**	0.500**	0.427**	0.502**
夏季	奴各沙	0.336*	−0.523**	−0.106	−0.469**
	拉萨	0.545**	−0.627**	−0.452**	−0.669**
	羊村	0.152	−0.298	0.032	−0.432**
	更张	0.063	0.407**	0.399**	0.297*
秋季	奴各沙	−0.067	0.307**	0.886**	0.617**
	拉萨	0.660**	0.675**	0.700**	0.602**
	羊村	0.721**	0.798**	0.831**	0.749**
	更张	0.699**	0.863**	0.867**	0.818**
冬季	奴各沙	0.014	−0.067	−0.580**	0.750**
	拉萨	−0.101	−0.220	−0.188	0.070
	羊村	−0.141	−0.226	−0.274	0.144
	更张	−0.148	−0.133	−0.222	0.121

6.2 径流演变与下垫面及气象要素敏感性分析

6.2.1 径流演变与下垫面变量敏感性分析

在下垫面的影响下，径流量变化特殊。为了对研究区径流量受下垫面影响的度量做出分析，分别在四个代表站点从四季和全年的尺度计算径流量对积雪比例和 NDVI 的敏感系数，如图 6-1 所示。从图中可以看出，径流量对积雪比例的敏感系数大体为负值，在夏季为正值，且值较小，这是由于在春、秋、冬三季中，径流逐渐减少，积雪比例提升，而夏季积雪比例很小，随着径流同步升高，敏感性系数为正。径流量对 NDVI 的敏感系数均为正值，且夏季奴各沙和羊村站绝对值较高，秋季更张站绝对值较高，冬季拉萨站绝对值较高，反映了不同子流域植被对径流的敏感性情况不同。

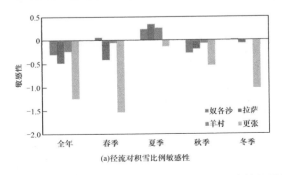

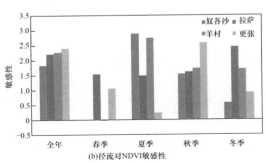

图 6-1　奴各沙、拉萨、羊村和更张径流对下垫面变量敏感性关系图

6.2.2　径流演变与气象要素敏感性分析

径流量同时受到下垫面和气象要素影响,分别在四个代表站点以四季和全年的尺度计算径流量对降水、平均气温、最高气温和最低气温的敏感系数,如图 6-2 所示。从图中可以看出,除了夏季,拉萨、羊村和更张的径流量对气温的敏感系数均为正值。这是由于径流受到多个因素的影响,且气温对径流的影响由于从融化到产汇流需要时间,具有滞后性,所以敏感性系数为负。四个站点径流对降水敏感系数大体为正值,反映了降水在流域径流形成过程中起到的重要作用,其中奴各沙和拉萨站夏季敏感系数较高,更张站春季和秋季敏感性系数较高,羊村秋季敏感系数较高,这是各地受不同的气候类型影响,降水时令不同及降水量不同决定的。

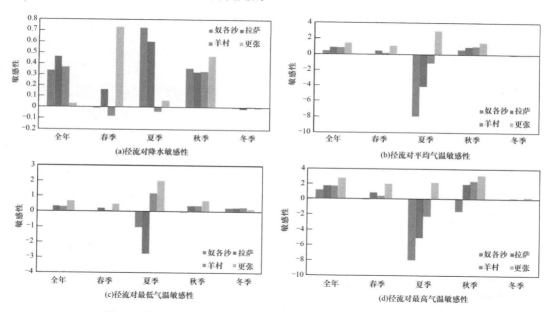

图 6-2　奴各沙、拉萨、羊村和更张径流对气象要素敏感性关系图

6.3　径流演变与下垫面及气象要素贡献率分析

6.3.1　下垫面要素对径流演变贡献率分析

为了进一步分析不同下垫面要素对径流的贡献程度,分别计算四个站点积雪比例和NDVI 对径流量的贡献率,如图 6-3 所示。

由图 6-3 可知,全年积雪比例对径流贡献率以负值为主,仅夏季以正值为主,反映了夏季融雪径流对总径流量具有重要的补充作用。全年 NDVI 对径流的贡献率以正值为主,且夏、秋两季贡献率较大,反映了下垫面植被对夏季降水的滞纳积蓄作用。无论

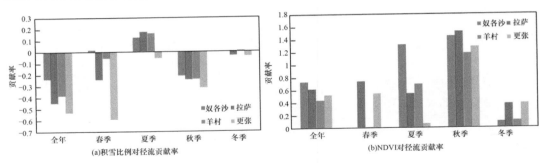

图6-3　奴各沙、拉萨、羊村和更张下垫面变量对径流贡献率分析图

何种下垫面要素，冬季对径流的贡献率都较小，这是流域冬季径流量较小，甚至部分河段封冻导致的。

6.3.2　气象要素对径流演变贡献率分析

分别计算四个代表站点降水、平均气温、最低气温和最高气温对径流量的贡献率，如图6-4所示。从图中可知，夏季到秋季，降水对径流量的贡献率逐渐增大，于秋季达到顶峰。冬、夏两季气温对于径流的贡献为负，春、秋两季贡献为正，且绝对值以秋季为最大值，反映了四季径流受气温影响在秋季最大。就平均气温和降水而言，降水的贡献率相对较小。上游站点降水对径流贡献率更大，而气温对下游站点贡献率更大，从侧面反映了下垫面植被对水分的拦蓄作用。

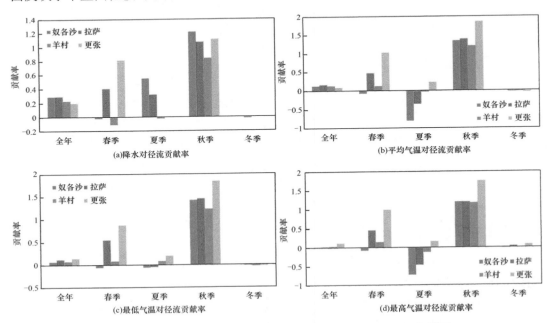

图6-4　奴各沙、拉萨、羊村和更张气象要素对径流贡献率分析图

6.4　下垫面变化对流域径流量影响的定量分析

6.4.1　研究方法概述

1. Mann-Kendall 非参数检验

Mann-Kendall 非参数检验已被广泛用于水文气象时间序列分析的趋势检验。另外，在 Mann-Kendall 检验中，还有一个重要的指标是 Kendall 斜率，它是 Hirsch 等（1982）依据 Sen（1968）提出的单调趋势幅度的无偏估计量。因此，本书中径流、降水和潜在蒸散量的趋势采用 Mann-Kendall 检验，选用的显著性水平为 0.01 和 0.05。

2. 径流突变点检验方法

确定突变点对本书中径流变化的归因分析至关重要。为了进行交叉验证和获得更高的可信度，分别选择三种经典方法，包括 Pettitt 检验（Pettitt，1979）、滑动 t 检验和 Mann-Kendall 突变检验，用于检测雅鲁藏布江流域下、中、上游径流的突变点。对于每种方法，本书均选择了 0.05 和 0.1 的显著性水平。

3. 径流变化的定量归因方法

1）流域水量平衡

流域的长期水平衡方程可表示如下：

$$P=R+\text{ET}\pm\Delta S \tag{6-1}$$

式中，P 为年平均降水量（mm）；R 为年平均径流深（mm）；ET 为年平均实际蒸散发量（mm）；ΔS 为流域储水量的年平均变化量（mm）。在多年（超过 10 年）平均尺度上，ΔS 的值可以忽略不计。

考虑雅鲁藏布江流域水文气象数据稀缺、径流产生的物理机制复杂等特点，本书采用 Budyko 框架对雅鲁藏布江流域径流变化进行归因分析。Budyko（1974）假设流域的实际蒸散发量是由水的供给（以降水量表示）和蒸发能力（以潜在蒸散发量表示）共同决定的。迄今为止，基于 Budyko 框架的流域水热耦合关系研究引起了广泛关注，许多学者提出了相应的经验方程。本书中，Choudhury-Yang 方程被选择用于计算年平均实际蒸散发量：

$$\text{ET} = \frac{P \times \text{ET}_0}{\left(P^n + \text{ET}_0^n\right)^{1/n}} \tag{6-2}$$

式中，ET 为年平均实际蒸散发量（mm）；P 为年平均降水量（mm）；ET_0 为年平均潜在蒸散发量（mm）；n 为反映流域下垫面特征的参数，通常被认为与植被类型和覆盖率、土壤特性有关。同时本书中使用 Penman-Monteith 方法估算 ET_0。

由于雅鲁藏布江流域径流产生的独特机制，冰川径流在流域径流中占着不可忽略的比例，所以传统的以降水作为径流补给来源的水量平衡方程并不适用。因此，本书对传统的水量平衡方程[式（6-1）]调整如下：

$$P=R_t(1-r) + \text{ET} \tag{6-3}$$

式中，R_t 为水文站观测的年平均总径流深（mm）；r 为冰川径流占总径流的比例。因此，$R_t(1-r)$ 相当于式（6-1）中的 R 减去冰川径流。r 值与温度变化密切相关，并显示出明显的空间异质性，本书结合已有文献，对 r 值进行了详细的推导。

将式（6-2）代入式（6-3），流域水量平衡方程最终可表示为

$$R_t = \left(P - \frac{P \times \text{ET}_0}{\left(P^n + \text{ET}_0^n \right)^{\frac{1}{n}}} \right) / (1-r) \tag{6-4}$$

2）径流影响因素的敏感性分析

Schaake（1990）的研究表明，可以通过弹性系数来量化特定变量（即本书中的 P、ET_0、r 和 n）对径流的敏感性，其定义如下：

$$\varepsilon_{y_i} = \frac{\partial R_t}{\partial y_i} \times \frac{y_i}{R_t} \tag{6-5}$$

式中，ε_{y_i} 为弹性系数；y_i 为特定的影响因素，即本书中的 P、ET_0、r 和 n。

假设 $\phi = \text{ET}_0 / P$，则 R_t 对每个变量的偏导数（$\partial R_t / \partial y_i$）可以表示为

$$\frac{\partial R_t}{\partial P} = \left(1 - \frac{\phi^{1+n}}{\left(1 + \phi^n \right)^{\frac{n+1}{n}}} \right) / (1-r) \tag{6-6}$$

$$\frac{\partial R_t}{\partial \text{ET}_0} = \left(-\frac{1}{\left(1 + \phi^n \right)^{\frac{n+1}{n}}} \right) / (1-r) \tag{6-7}$$

$$\frac{\partial R_t}{\partial n} = \left(-\text{ET}_0 \frac{n \ln \phi + \left(1 + \phi^n \right) \ln \left(1 + \phi^{-n} \right)}{n^2 \left(1 + \phi^n \right)^{\frac{n+1}{n}}} \right) / (1-r) \tag{6-8}$$

$$\frac{\partial R_t}{\partial r} = \left(P - \frac{\text{ET}_0}{\left(1 + \phi^n \right)^{\frac{1}{n}}} \right) / (1-r)^2 \tag{6-9}$$

进而，弹性系数可以分别表示如下：

$$\varepsilon_P = \frac{\left(1 + \phi^n \right)^{\frac{1}{n+1}} - \phi^{n+1}}{\left(1 + \phi^n \right) \left[\left(1 + \phi^n \right)^{\frac{1}{n}} - \phi \right]} \tag{6-10}$$

$$\varepsilon_{\mathrm{ET}_0} = \frac{1}{\left(1+\phi^n\right)\left[1-\left(1+\phi^{-n}\right)^{\frac{1}{n}}\right]} \tag{6-11}$$

$$\varepsilon_n = \frac{\ln\left(1+\phi^n\right)+\phi^n\ln\left(1+\phi^{-n}\right)}{n\left(1+\phi^n\right)\left[1-\left(1+\phi^{-n}\right)^{\frac{1}{n}}\right]} \tag{6-12}$$

$$\varepsilon_r = \frac{r\left(P-\dfrac{\mathrm{ET}_0}{\left(1+\phi^n\right)^{\frac{1}{n}}}\right)}{(1-r)\left(P-\dfrac{P\times\mathrm{ET}_0}{\left(P^n+\mathrm{ET}_0^n\right)^{\frac{1}{n}}}\right)} \tag{6-13}$$

需要注意的是，一旦确定了总径流量的突变点，就可以通过比较突变点前后两个时期的冰川径流量，并由 Budyko 框架中的式（6-13）来计算冰川径流量对两个时期总径流变化的贡献。

3）径流变化的归因分析

根据本书确定的径流变化点，将研究的时间段分为基准期（Ⅰ期）和变化期（Ⅱ期）。Ⅰ期的多年平均径流深度表示为 R_1，Ⅱ期的多年平均径流深度表示为 R_2。Ⅰ期和Ⅱ期之间的径流变化（ΔR_t）可以用突变点前后的年平均径流深之差表示，即

$$\Delta R_t = R_2 - R_1 \tag{6-14}$$

同样，基准期和变化期之间多年平均降水量（ΔP）、潜在蒸散发量（$\Delta\mathrm{ET}_0$）、下垫面（Δn）和冰川径流比例（Δr）的变化也可以表示为

$$\Delta P = P_2 - P \tag{6-15}$$
$$\Delta\mathrm{ET}_0 = \mathrm{ET}_{02} - \mathrm{ET}_{01} \tag{6-16}$$
$$\Delta n = n_2 - n_1 \tag{6-17}$$
$$\Delta r = r_2 - r_1 \tag{6-18}$$

根据弹性系数的定义，可以通过将每个变量的变化引起的径流变化相加得出总径流变化，如下：

$$\Delta R_t = \varepsilon_P \frac{R_t}{P}\Delta P + \varepsilon_{\mathrm{ET}_0}\frac{R_t}{\mathrm{ET}_0}\Delta\mathrm{ET}_0 + \varepsilon_n\frac{R_t}{n}\Delta n + \varepsilon_r\frac{R_t}{r}\Delta r + \delta \tag{6-19}$$

将式（6-19）简化为

$$O(R_t) = C(P) + C(\mathrm{ET}_0) + C(n) + C(r) + \delta \tag{6-20}$$

式中，$C(P)$、$C(\mathrm{ET}_0)$、$C(n)$ 和 $C(r)$ 分别为气候（P、ET_0）、下垫面（n）和冰川融化（r）所导致的径流变化（mm）；δ 为观测到的和计算的径流变化之间的偏差（mm）；$O(R_t)$ 为观测到的径流变化（mm）。

每个变量对径流变化的相对贡献可以表示如下：

$$\mathrm{RC}_{y_i} = \frac{C\_(y_i)}{O\_(R_t)}\,100\%　　　　　　　　　　　　（6-21）$$

式中，y_i 代表 P、ET_0、r 和 n；RC_{y_i} 代表 y_i 的相对贡献。

4）子流域划分

雅鲁藏布江流域位于青藏高原腹地，其具体地理位置如图 6-5 所示。本书根据雅鲁藏布江干流上设置的三座水文站的地理位置对雅鲁藏布江流域进行了子流域划分并由此得到了四个子流域。但是，由于奴下站以东的区域缺乏相关水文数据，无法准确有效地进行相应的径流归因分析，因此本书只选取奴下站以西的三个子流域作为研究区域，这三个子流域由西至东依次被视为雅鲁藏布江流域的上游、中游以及下游（图 6-5）。每个子流域中的径流量均由该子流域上下游两端的控制水文站决定：上游的径流量为奴各沙水文站实测的径流量，中游的径流量为羊村水文站以及奴各沙水文站实测得到的径流量的差值，下游的径流量则为奴下水文站以及羊村水文站实测径流量的差值。

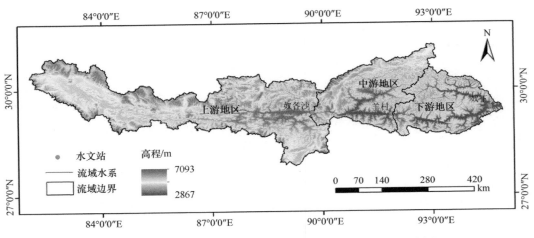

图 6-5　雅鲁藏布江流域地理位置、水文站的分布和子流域的划分

6.4.2　径流及其可能影响因素的长期变化趋势

本书分别计算了 P、R_t、ET_0 在各时期的均值（Mean）、变异系数（C_V）、M-K 统计量（Z_c）、Kendall 斜率（β）。1966～2015 年雅鲁藏布江流域三个子流域的水文气象要素的统计特征如表 6-3 所示。

1966～2015 年上游的 n、r 和年平均 P、R_t、ET_0 分别为 0.80、0.0635 和 400.46 mm、144.95 mm、1294.16 mm。随着海拔的降低和温度的升高，中游的 r、P、R_t、ET_0 特征相较于上游呈现出持续的上升趋势，其值分别为 0.1134、484.59 mm、297.04 mm、1424.52 mm，但是，下垫面参数 n 从 0.80 下降到 0.56。在具有与上游到中游相同的海拔下降趋势和温度升高的趋势下，中游到下游的 r、P、R_t 和 ET_0 均呈现上升趋势，上

升的幅度分别为 15.70%、37.27%、151.20%和 1.61%，然而 n 却呈下降趋势，下降幅度为–69.64%。

此外，尽管径流量和相关的两个气候因子（P 和 ET_0）均有轻微波动，相应的变异系数（$C_V<0.3$）也较小，但这些因子的变化特征在上、中、下游表现出明显的空间差异性。P 的变异系数从上游到下游没有差异，均为 0.14，ET_0 也较为稳定，变异系数分别为 0.02、0.03 和 0.03，而 R_t 变幅较大，变异系数在中游达到最大值 0.27。

M-K 趋势检验的结果也显示在表 6-3 中，径流量（R_t）、降水（P）和潜在蒸散发量（ET_0）的时间变化如图 6-6 所示，表明三个区域的 ET_0 都呈不显著增长趋势（$|Z_c|<$1.96）。在上游，P 的下降率和 R_t 的增加率分别为–0.72 mm/a 和 0.11 mm/a，两者均呈不显著增加趋势（$|Z_c|<1.96$）。在中游，P 和 R_t 也均显示出不显著增加趋势（$|Z_c|<1.96$），其斜率分别为 0.97 mm/a 和 1.73 mm/a。与上游和中游 R_t 的增加趋势不同，下游中的 R_t 呈现不显著下降的趋势（$|Z_c|<1.96$），速率为–0.91 mm/a，与 P 的 1.17 mm/a 的不显著上升趋势（$|Z_c|<1.96$）相反。

表 6-3　1966～2015 年雅鲁藏布江流域水文气象要素的统计特征

子流域	统计量	R_t/mm	P/mm	ET_0/mm	n	r
上游	均值（Mean）	144.95	400.46	1294.16	0.80	0.0635
	M-K 统计量（Z_c）	0.27	–1.28	2.54	—	
	Kendall 斜率（β）	0.11	–0.72	0.82	—	
	变异系数（C_V）	0.26	0.14	0.02	—	
中游	均值（Mean）	297.04	484.59	1424.52	0.56	0.1134
	M-K 统计量（Z_c）	1.92	1.42	1.81	—	
	Kendall 斜率（β）	1.73	0.97	0.81	—	
	变异系数（C_V）	0.27	0.14	0.03	—	
下游	均值（Mean）	746.15	665.22	1447.51	0.17	0.1312
	M-K 统计量（Z_c）	–0.92	1.17	0.22	—	
	Kendall 斜率（β）	–0.91	1.14	0.09	—	
	变异系数（C_V）	0.15	0.14	0.03	—	

注：$|Z_c| = 2.64$ 代表显著性水平 0.01；$|Z_c| = 1.96$ 代表显著性水平 0.05。

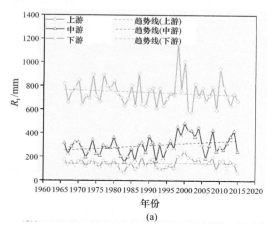

(a)

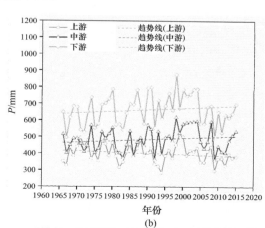

(b)

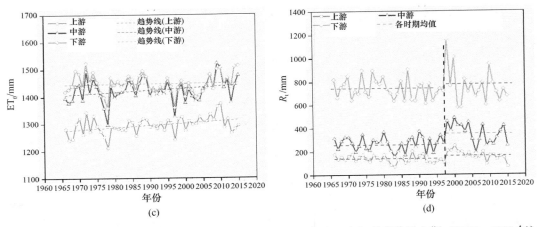

图 6-6 1966～2015 年上游、中游和下游 R_t（a）、P（b）和 ET$_0$（c）的变化及 I 期（1966～1997 年）和 II 期（1998～2015 年）R_t 的多年平均水平（d）

6.4.3 确定径流的基准期和变化期

径流突变点的合理确定是径流变化归因的基础。但是，检测径流突变点通常具有很大的不确定性，因此，本书使用 Pettitt 检验、滑动 t 检验和 Mann-Kendall 检验来全面检测雅鲁藏布江流域三个子流域的径流突变点，结果如表 6-4 所示。

表 6-4 通过三种统计方法检测到的变化点

子流域	Pettitt 检验	滑动 t 检验	Mann-Kendall 检验
上游	1997[*]	1997[**]	1997[**]
中游	1995[**]	1997[**]	1995[**]
下游	—	2000[*]	—
雅鲁藏布江流域	1997[*]	1997[**]	1996[**]

*表示显著性水平为 0.1；**表示显著性水平 0.05。

在上游，三种方法的突变检测结果都显示径流量的突变发生在 1997 年。在中游，三种方法检测到了不同的突变点：Pettitt 检验和 Mann-Kendall 检验结果表明，中游年径流量的突变发生在 1995 年，而滑动 t 检验检测到的变化点为 1997 年。此外，在下游，Pettitt 检验和 Mann-Kendall 检验都没有发现年径流量发生突变，而滑动 t 检验中将 2000 年确定为年径流量的突变点。

为了确定合适的径流量突变点以进行归因分析，根据在研究区出口处的奴下水文站测得的径流时间序列，进一步对整个雅鲁藏布江流域径流进行突变点检测。根据 Pettitt 检验和滑动 t 检验的结果，年径流量的突变点在 1997 年，而 Mann-Kendall 检验检测到的突变点在 1996 年。

结合中上游地区径流量的突变检验结果，为了统一雅鲁藏布江流域三个分区的气候变化和下垫面变化对径流变化的影响时期，选择 1997 年作为突变点，以确定本书的基准期和变化期，即基准期（I）为 1966～1997 年，变化期（II）为 1998～2015 年。

6.4.4　径流变化的量化归因分析

如图 6-7 所示，气候（P 和 ET_0）、冰川径流（r）和下垫面（n）的变化对上游、中游和下游的径流变化表现出不同的影响。与 I 期相比，II 期上、中、下游的径流量分别增加了 29.08 mm、85.80 mm、20.67 mm。为了评估调整后的 Budyko 框架在雅鲁藏布江流域的适用性，本书对计算的径流量变化$[C(R_t)]$与观测到的径流量变化$[O(R_t)]$之间的相对误差进行了计算，三个子流域相对误差均低于 0.4%，这表明本书所开发的归因分析方法对于量化各因素对径流变化的影响是有效和可信的。如图 6-7 所示，在上游，由降水变化（ΔP）、潜在蒸散量变化（ΔET_0）、下垫面变化（Δn）和冰川径流变化（Δr）引起的径流增加的贡献分别为–0.81mm、–1.54mm、14.34mm 和 14.30mm，分别占总径流量增加的–2.78%、–5.3%、59.61%和49.18%；以上影响因素对中游径流增加的相应贡献分别为 33.77mm、–1.16mm、31.24mm 和 22.34mm，分别占 39.36%、–1.36%、36.4%和 26.04%。而在下游，ΔP、ΔET_0、Δn 和Δr 对径流增加的贡献分别为 26.71 mm、–0.04 mm、–12.14 mm 和 6.16 mm，对应贡献率为 129.21%、–0.17%、–55.74%和 29.8%。

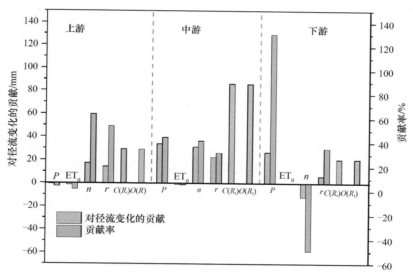

图 6-7　气候、冰川径流和下垫面变化对径流变化的贡献

以上结果表明，以 n 表示的下垫面变化以及以 r 为代表的冰川径流的变化对上游径流的增加起着主导作用；而降水量的变化对中下游径流的增加影响最大，同时冰川径流也有着超过 25%的不可忽略的贡献率。此外，本书还对全流域径流总量进行了归因分析，ΔP、ΔET_0、Δn 和Δr 对整个流域径流量增加的贡献分别为 39.62%、–2.74%、32.32%和30.94%，这进一步强调了下垫面变化和冰川径流变化对径流变化的重要性。

6.5 小 结

（1）对径流演变与下垫面及气象要素相关性分析发现：①四个代表站点径流量同积雪比例和 NDVI 的相关性和显著性水平结果显示，四个代表站点在全年尺度上径流量同下垫面呈现出了显著的相关性。②四个代表站点径流量同降水、平均气温、最低气温和最高气温的相关性和显著性水平结果显示，除了更张站径流同降水外，四个代表站点在全年尺度上径流量同下垫面及气象要素均呈现出了显著的相关性。

（2）对径流演变与下垫面及气象要素敏感性分析发现：①径流量对积雪比例的敏感系数大体为负值，在夏季为正值，且值较小。径流量对 NDVI 的敏感系数均为正值，且夏季奴各沙和羊村站绝对值较高，秋季更张站绝对值较高，冬季拉萨站绝对值较高。②除了夏季，径流量对气温的敏感系数均为正值。四个站点径流对降水敏感系数大体为正值，其中奴各沙和拉萨站夏季敏感系数较高，更张站春季和秋季敏感性系数较高，羊村站秋季敏感系数较高。

（3）对径流演变与下垫面及气象要素贡献率分析发现：①全年积雪比例对径流贡献率以负值为主，仅夏季是正值，反映了夏季融雪径流对总径流量重要的补充作用。全年 NDVI 对径流的贡献率以正值为主，且夏、秋两季贡献率较大，反映了下垫面植被对夏季降水的滞纳积蓄作用。②夏季到秋季，降水对径流量的贡献率逐渐增大，于秋季达到顶峰。就平均气温和降水而言，降水的贡献率相对较小。上游站点降水对径流贡献率更大，而气温对下游站点贡献率更大，从侧面反映了下垫面植被对水分的拦蓄作用。

（4）对下垫面变化对流域径流量影响的定量分析发现：①1966~2015 年，P 和 $\mathrm{ET_0}$ 在上、中、下游表现出明显的空间差异性。$\mathrm{ET_0}$ 都呈不显著增加趋势。在上游地区，降水减少、径流增加；中游地区 P 和 R_t 也均显示出不显著增加趋势；而下游的 R_t 呈现不显著下降的趋势。②下垫面变化以及冰川径流的变化对上游径流的增加起着主导作用；而降水量的变化对中下游径流的增加影响最大，同时冰川径流也有着超过 25%的不可忽略的贡献率。此外，本书还对全流域径流总量进行了归因分析，ΔP、$\Delta \mathrm{ET_0}$、Δn 和 Δr 对整个流域径流量增加的贡献分别为 39.62%、–2.74%、32.32%和 30.94%，这进一步强调了下垫面变化和冰川径流变化对径流变化的重要性。

参 考 文 献

Budyko M I. 1974. Climate and Life[M]. New York: Academic Press.

Hirsch R M, Slack J R, Smith R A. 1982. Techniques of trend analysis for monthly water-quality data[J]. Water Resources Research, 18: 107-121.

Pettitt A N A. 1979. Non-parametric approach to the change-point problem[J]. Journal of Applied Statistics, 28(2): 126-135.

Schaake J S. 1990. From climate to flow. In Waggoner, P E, Ed. Climate Change and US Water Resources[M]. New York: John Wiley.

Sen P K. 1968. Estimates of the regression coefficient based on Kendall's Tau[J]. Journal of the American Statistical Association, 63 (324): 1379-1389.

第 7 章　雅鲁藏布江流域径流响应与生态水文过程模拟

7.1　基于 BTOPMC 的流域生态水文过程模拟

7.1.1　流域分布式生态水文模型 BTOPMC 构建

雅鲁藏布江流域水文过程建模一直是一个难点，本章主要利用分布式水文模型 BTOPMC，针对雅鲁藏布江流域的典型特征对模型所对应模块做了系统介绍，并对建模所需数据文件及具体建模过程做了详细说明，初步探讨了该模型在雅鲁藏布江流域的适用性，以为进一步研究气候变化下雅鲁藏布江径流响应过程做铺垫。

1. BTOPMC 模型简介

BTOPMC 模型全称"Block-wise use of TOPMODEL and Muskingum-Cunge method"，是由日本山梨大学开发的基于网格的流域分布式水文模型，该模型在 TOPMODEL 的产流算法的基础上，加入了 Muskingum-Cunge 汇流算法，能够很好地模拟地形起伏较大流域的水文过程（Ao et al.，2003；Takeuchi et al.，2008）。

雅鲁藏布江作为中国的一级河流，相较于过去 BTOPMC 模型模拟的流域，面积、河长等特征均有很大程度的增加，是 BTOPMC 模型在该等级河流上模拟的首次尝试。雅鲁藏布江上下游高程差 7000 多米，低处植被茂盛，高处有冰山覆盖，流域各地区产汇流特征有明显的差异，因此模拟难度很大。BTOPMC 模型属于基于物理机制的分布式水文模型，模拟的基本单元为网格，可针对划分的子流域分别率定模型参数，对模拟整体异质性较大的流域具有很强优势。除此之外，BTOPMC 模型还有针对高海拔流域的融雪、冻土模块，可以模拟雅鲁藏布江流域的冰川融雪径流。

1）产流模块

BTOPMC 模型的产流过程模拟根据 TOPMODEL 的蓄满产流概化模式构建而成。计算单元以网格为基础，每个单元网格垂向水分运移过程从降水下落接触到下垫面开始，分别考虑了冠层截留、植被蒸腾、土壤蒸发、包气带土壤水分运移、根区土壤水分运移、饱和带土壤水分运移等过程，其概化模式如图 7-1 所示。

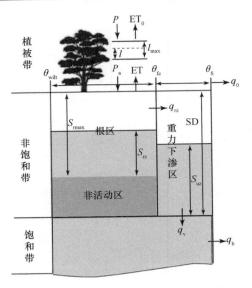

图 7-1　BTOPMC 产流过程概化示意图

2）蒸散发模块

BTOPMC 模型蒸散发输入数据植物截留蒸发 PET_0、土壤蒸发 PET 采用 Shuttleworth-Wallace 模型计算而得（Shuttleworth and Wallace，1985），计算方法如下：

$$\lambda ET = C_c ET_c + C_s ET_s \tag{7-1}$$

$$ET_c = \frac{\Delta(R_n - G) + \left[(24 \times 3600)\rho C_p (e_s - e_a) - \Delta r_a^c (R_n^s - G)\right]/(r_a^a + r_a^c)}{\Delta + \gamma\left[1 + r_s^c/(r_a^a + r_a^c)\right]} \tag{7-2}$$

$$ET_s = \frac{\Delta(R_n - G) + \left[(24 \times 3600)\rho C_p (e_s - e_a) - \Delta r_a^s (R_n - R_n^s)\right]/(r_a^a + r_a^s)}{\Delta + \gamma\left[1 + r_s^s/(r_a^a + r_a^c)\right]} \tag{7-3}$$

$$C_c = \frac{1}{1 + R_c R_a/\left[R_c(R_s + R_a)\right]} \tag{7-4}$$

$$C_s = \frac{1}{1 + R_s R_a/\left[R_c(R_s + R_a)\right]} \tag{7-5}$$

$$R_a = (\Delta + \gamma) r_a^a \tag{7-6}$$

$$R_c = (\Delta + \gamma) r_a^c + \gamma r_s^c \tag{7-7}$$

$$R_s = (\Delta + \gamma) r_a^s + \gamma r_s^s \tag{7-8}$$

在 Shuttleworth-Wallace 模型中，总蒸散发 ET（mm/d）与水汽化潜热 γ（MJ/kg）的乘积等于冠层蒸发 ET_c[MJ/（m^2·d）]和裸土地面蒸发 ET_s 乘上各自的权重系数 C_c、C_s 之和。其他变量定义如下：R_n 和 R_n^s 分别为冠层和土壤表面的净辐射[MJ/（m^2·d）]；G 为土壤热通量[MJ/（m^2·d）]；e_s 和 e_a 分别为饱和水汽压和实际水汽压（kPa）；Δ 为饱和水汽压-温度曲线斜率（kPa/℃）；ρ 为平均空气密度（kg/m³）；C_p 为空气定压比热；γ 为空气湿度常数（kPa/℃）；r_s^c 和 r_a^c 分别为冠层气孔阻力和冠层边界阻力（s/m）；r_a^s 和 r_a^a 分别为土壤表面到冠层、冠层到参考高度间的空气动力学阻力（s/m）。

叶面积指数 LAI 则是利用 NOAA-AVHRR NDVI 数据，采用 SiB2 方法计算得到，具体计算方法如下：

$$SR = \frac{1 + NDVI}{1 - NDVI} \tag{7-9}$$

$$FPRA = FPRA_{min} + \frac{\left(FPRA_{max} - FPRA_{min}\right)\left(SR - SR_{min}\right)}{SR_{max} - SR_{min}} \tag{7-10}$$

$$LAI = \left(1 - F_{cl}\right)LAI_{max}\frac{\ln\left(1 - FPAR\right)}{\ln\left(1 - FPRA_{max}\right)} + F_{cl}LAI_{max}\frac{FPAR}{FPRA_{max}} \tag{7-11}$$

式中，SR 为简单植被指数；FPRA 为光合有效辐射比率；最小光合有效辐射比率、最大光合有效辐射比率 $FPRA_{min}$ 和 $FPRA_{max}$ 分别取 0.001 和 0.950；F_{cl} 为丛生植被比例；SR_{min} 和 SR_{max} 分别为 NDVI 为 5% 和 98% 时对应的 SR 值；LAI_{max} 为植被生长完全时对应的最大叶面积指数，根据植被分类而定。

模型中所用到的数据及来源如表 7-1 所示。

表 7-1　Shuttleworth-Wallace 模型输入数据及来源

数据	含义	来源
NDVI	归一化植被指数	GIMMS AVHRR Global NDVI 3GV1
TMP	月日均温度	WorldClim Version 1 数据集
DTR	月日均温差	http://worldclim.org/version1
VAP	月日均气压	CRU 2.0 数据集
CLD	月日均云量	https://crudata.uea.ac.uk/cru/data/hrg/
WND	月日均风速	
ERA	月日均地外辐射	根据研究区域经纬度和年份计算得到
PDS	月日均光照时间	
LAND COVER	土地覆盖	MODIS 土地覆盖产品，500m 分辨率 https://lpdaac.usgs.gov/dataset_discovery/modis/modis_products_table/mcd12q1
DEM	数字高程	GLOBE 数据，1km 分辨率 http://www.ngdc.noaa.gov/mgg/topo/globe.html

3）冻土、融雪模块

冻土、融雪模块作为 BTOPMC 模型的子模块，以气温数据为基础数据，采用基于度日因子法的简单融雪模型进行融雪径流模拟，其优势在于相较于基于物理过程的能量平衡融雪模型，所需数据量极大减少，更适用于大流域及缺资料流域的融雪径流过程模拟。在整个融雪出流过程中，该模型系统考虑降雪过程、雪量累积过程、融雪过程、重新冻结过程、出流过程等，具体概化模式如图 7-2 所示。对于冰川广泛分布的雅鲁藏布江流域，需准备覆盖整个流域的雪水当量数据，才可保证能够模拟出温度变化情况下，冰川融水对径流的影响过程。

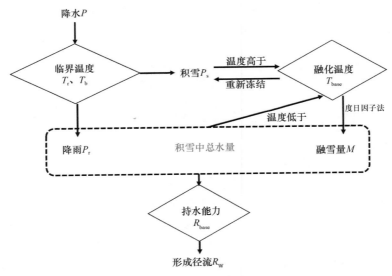

图 7-2 BTOPMC 融雪过程概化示意图

4）汇流模块

BTOPMC 模型汇流过程采用 Muskingum-Cunge 法进行演算（Takeuchi et al.，1999）。该方法是 Cunge 在传统的马斯京根汇流算法的基础上，改进汇流参数 K 和 X 的计算方法而得的，其控制方程如下：

$$Q(t) = C_1 I(t) + C_2 I(t-1) + C_3 Q(t-1) \tag{7-12}$$

$$C_1 = \frac{\Delta t - 2KX}{2K(1-X) + \Delta t} \tag{7-13}$$

$$C_2 = \frac{\Delta t + 2KX}{2K(1-X) + \Delta t} \tag{7-14}$$

$$C_3 = \frac{2K(1-X) - \Delta t}{2K(1-X) + \Delta t} \tag{7-15}$$

$$C_1 + C_2 + C_3 = 1 \tag{7-16}$$

式中，$I(t)$、$Q(t)$ 分别为河道上端入流、末端出流；t 为时间步长；蓄量常数 K 及河道入流量与出流量比值 X 计算方法如下：

$$K = \frac{0.6 n^{0.6} \Delta L}{q^{0.4} s_0^{1.3}} \tag{7-17}$$

$$X = 0.5 - \frac{0.3(nq)^{0.6}}{s_0^{1.3} \Delta L} \tag{7-18}$$

式中，ΔL 为河道长度；q 为单宽流量；n 为曼宁糙率系数；s_0 为河底坡度。

2. 雅鲁藏布江模型构建、率定及验证

1）水文模型构建

由于雅鲁藏布江流域面积较大，结合 BTOPMC 模型实际运行效率，将运算的基本单元网格大小定为 2 km × 2km。本书以雅鲁藏布江日径流为模拟对象，根据已有数据和条件，模拟时段定为 2003～2010 年，其中，选择 2003～2006 年为模型率定期，2007～2010 年为模型验证期。构建整个模型的过程共需要准备 11 个初始文件。首先，想要成功地创建工程文件，需要在模型创建之初输入 7 个符合模型格式要求的流域特征文件，分别为：①DEM 数字高程文件（http://www.gscloud.cn/sources/index?pid=302）；②土壤类别文件；③土壤类别属性说明文件；④土地利用文件；⑤土地利用属性说明文件；⑥气象站点降水时间序列文件；⑦水文站点流量时间序列文件。然后，在设定里打开融雪、冻土模块后，需要补充：⑧气象站点温度时间序列文件。最后，在参数率定一步，需要补充通过 Shuttleworth-Wallace 模型计算得到的满足模型输入格式要求的：⑨冠层截留蒸发文件；⑩土壤蒸发文件；⑪叶面积指数文件。其中，①、②、④、⑨、⑩、⑪必须严格调整为分辨率一致（2km × 2km）、区域范围大小一致（上：31.5°；下：27.7°；左：81.5°；右：97.5°）的栅格文件。

图 7-3 为雅鲁藏布江流域土壤类型分布图，根据联合国粮食及农业组织（FAO）土壤数据分类，雅鲁藏布江流域存在 14 种土壤，每种土壤砂土（sand）、粉砂（clay）和黏土（silt）含量有所不同。针对雅鲁藏布江流域的土地覆盖分布，这里将流域按照森林、灌木、草地、农田、城镇、水域分为 6 类，具体分布如图 7-4 所示。

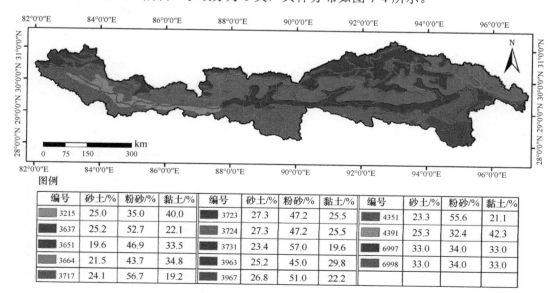

图例

编号	砂土/%	粉砂/%	黏土/%	编号	砂土/%	粉砂/%	黏土/%	编号	砂土/%	粉砂/%	黏土/%
3215	25.0	35.0	40.0	3723	27.3	47.2	25.5	4351	23.3	55.6	21.1
3637	25.2	52.7	22.1	3724	27.3	47.2	25.5	4391	25.3	32.4	42.3
3651	19.6	46.9	33.5	3731	23.4	57.0	19.6	6997	33.0	34.0	33.0
3664	21.5	43.7	34.8	3963	25.2	45.0	29.8	6998	33.0	34.0	33.0
3717	24.1	56.7	19.2	3967	26.8	51.0	22.2				

图 7-3 雅鲁藏布江流域土壤类型分布图

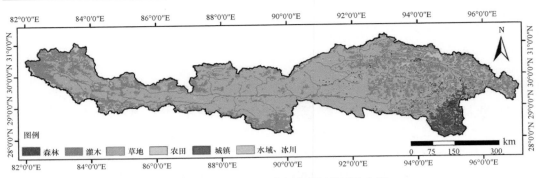

图 7-4　雅鲁藏布江流域土地利用类型分布图

研究中所用到的气象数据来自中国气象局站点逐日气温、降水资料（http://data.cma. cn/），从中筛选出位于雅鲁藏布江流域且研究时段内资料完整的气象站点，共计 10 个，各个站点分布如图 7-5 所示。从图中可以看出，上游只有一个拉孜站，中游七个站点绝大部分分布于干流周围，下游分布有两个站点，整个流域内站点分布比较稀疏。

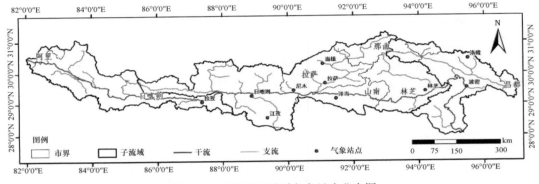

图 7-5　雅鲁藏布江流域气象站点分布图

成功创造工程文件后，接下来就是进行河道网的绘制，河道网是根据输入的 DEM 生成的，这里选用的是最小高程法，生成的河网如图 7-6 所示，和实际情况基本一致。再根据生成的河道网，将不在河道上的水文站点重新调整，使其点位恰好能落于流线上，最后根据流域特征，选择合适的站点生成子流域，为下一步模型率定创造条件。本书挑选了位于干流的四个水文站点，从上游到下游分别为拉孜站、奴各沙站、羊村站及奴下站，由于在流域出口处没有对应的水文站点，所以主要选用最下游的奴下站来率定和验证模型的可靠性，各站点的信息如表 7-2 所示，根据四个水文站点，划分出的子流域如图 7-7 所示。

2）模型率定及验证

模型的主要参数如表 7-3 所示，其中，包含产流过程参数（T_0、m、$S_{r\,max}$、Alpha）4 个、汇流过程参数（n_0、Δt、Δl）3 个，以及融雪冻土模块参数（T_b、T_r、M_f、T_{base}、Phi、C_{fr}）6 个，每个参数的具体含义如表 7-3 所示。

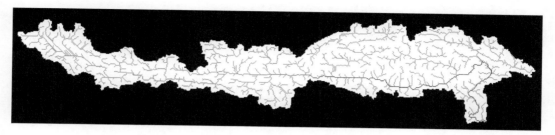

图 7-6　BTOPMC 模型中雅鲁藏布江流域河网分布

表 7-2　选取的流域水文站点信息

序号	站点名称	经度（°E）	纬度（°N）
站点 0	拉孜	87.75	29.21
站点 1	奴各沙	89.71	29.35
站点 2	羊村	91.91	29.31
站点 3	奴下	94.67	29.45

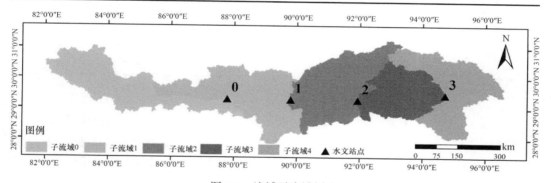

图 7-7　流域子流域划分

表 7-3　模型参数

过程分类	参数	含义	单位	取值范围
产流参数	T_0	饱和土壤水分侧向渗透率	m²/h	0.1~200
	m	侧向渗透衰减系数	—	0.001~0.3
	$S_{r\,max}$	根区最大水分含量	m	0.0001~0.8
	Alpha	土壤脱水经验参数	—	−3~8
汇流参数	n_0	子流域河道平均曼宁系数	—	0.001~0.4
	Δt	汇流演算中每个网格河段被划分多少段子河段	—	1~8
	Δl	汇流演算中模型模拟时间步长被划分成多少子时间步长	—	1~8
融雪参数	T_b	温度阈值，该温度以下全为降雪	℃	−2~0
	T_r	温度阈值，该温度以上全为降雨	℃	0~2
	M_f	度日因子	mm/d	1~4
	T_{base}	融雪温度	℃	0~2
	Phi	积雪储水能力系数	—	0.1~1.5
	C_{fr}	融水重新冻结系数	mm/（d·℃）	0.01~1.0

　　模型率定时需要在保证水量平衡的基础上，使模拟的流量过程曲线整体形态与实测曲线基本一致，尤其是洪峰位置与洪水退水曲线部分，经过参数率定后，各流域参数取值如表 7-4 所示。

表 7-4　各流域参数取值

参数	流域 0	流域 1	流域 2	流域 3	流域 4
T_0	100	100	100	100	100
m	0.057	0.018	0.005	0.005	0.005
$S_{r\,max}$	0.001	0.001	0.001	0.001	0.001
Alpha	−3	−3	−3	−3	−3
n_0	0.3	0.12	0.1	0.035	0.035
Δt	4	4	4	4	4
Δl	2	2	2	2	2
T_b	−2	−2	−2	−2	−2
T_r	2	2	2	2	2
M_f	3	3	3	3	3
T_{base}	0.5	0.5	0.5	0.5	0.5
Phi	0.5	0.5	0.5	0.5	0.5
C_{fr}	0.05	0.05	0.05	0.05	0.05

　　在模型中，由于各子流域汇流参数 n_0、Δt、Δl 共用一套参数，对于流域面积较大的雅鲁藏布江来说，上下游汇流过程差异较大，为了保证下游模拟结果尽可能精确，上游站点只能尽量调整参数使其保证在模拟时间段内的水量尽量达到平衡。在率定期，3 个站点的模拟曲线和径流曲线都表现出很好的一致性；验证期的径流曲线也很好地捕捉到了各个年份的径流峰谷，但个别年份的径流峰值估测比实际偏高。

　　由于流域日流量数据涉密的原因，不能直接展示实测径流过程曲线。为了更直观地评价模拟结果的好坏，这里选用两个参数分别对模型模拟径流过程形态和水量平衡两方面效果进行评价，分别是纳什效率系数（NSE）和模拟实测径流比值（VR）。

$$NSE = 1 - \frac{\sum\left(Q_{obs,i} - Q_{sim,i}\right)}{\sum\left(Q_{obs,i} - Q_{obs,a}\right)} \qquad (7-19)$$

$$VR = \frac{\sum Q_{sim,i}}{\sum Q_{obs,i}} \qquad (7-20)$$

式中，$Q_{obs,i}$、$Q_{sim,i}$ 分别为时间步长 i 下的实测流量、模拟流量；$Q_{obs,a}$ 为整个模拟期的平均实测流量。两个参数计算结果越接近 1.0，表明模拟结果越接近真实情况。用这两个指标分别评价 4 个站点的流量模拟情况，结果如表 7-5 所示。从表中可以看出，在率定期 VR≈1.0 的前提下，各站点模拟结果的 NSE 大小为羊村站>奴下站>奴各沙站>0.7，满足模型使用的标准；验证期奴各沙站的 NSE 降低，水量平衡较实测值偏高 31% 左右，其余羊村站及奴下站的模拟结果还保持在较高水平，NSE 皆大于 0.65，且水量基本保持平衡。

表 7-5　水文站点率定期和验证期的 NSE 及 VR 结果

站点	率定期		验证期	
	NSE	VR	NSE	VR
奴各沙站	0.73	0.92	0.29	1.32
羊村站	0.80	0.98	0.67	1.15
奴下站	0.75	0.96	0.78	1.00

7.1.2　气候变化情景构建及流域生态水文过程响应

雅鲁藏布江流域作为气候变化的敏感区域，气温和降水又作为气候变化的直接反应因子，温度变化导致的流域蒸散发和冰川融水的改变以及降水的变化直接影响流域径流过程。为了定量探究气候变化对雅鲁藏布江径流过程的影响，本章选择了四种未来气候情景，首先分析了四种未来气候情景下气温和降水的变化情况；然后将气温和降水两个水文要素作为基础变量输入 BTOP 模型构建四种未来气候情景下流域水文模型；最后将径流作为输出变量，从而比较四种气候情景下流域径流的变化情况。

1. 气候变化情景构建

针对未来的气候情景，本书选择 2050s（2050～2059 年）及 2070s（2070～2079 年）两个年段为模拟时段，考虑碳排放 rcp4.5 和 rcp8.5 两种情况，从而建立了四种未来气候情景：①2050s rcp4.5；②2050s rcp8.5；③2070s rcp4.5；④2070s rcp8.5。针对每种情景模式，国内外有很多研究机构开发了相应的 GCM 对气温、降水等气候因子进行预测。参考以往的研究成果，这里选用了五种 GCM 的降尺度产品，分别是 MIROC-ESM、MPI-ESM-LR、CCSM4、CanESM2 和 IPSL-CM5A-LR，经学者们证实，前四种温度产品在我国有较好的适用性，CanESM2 和 IPSL-CM5A-LR 的降水产品在我国的适用性较好（Chen and Frauenfeld，2014；Huang et al.，2013；Zhong et al.，2018）。本书中计算五个产品的均值作为对应气候情景下的气温、降水预测值。

为了进一步描述未来相较于当前温度的变化情况，选用的用于代表当前温度和降水的气象产品为 WorldClim Version 1.4 全球气候数据集（1960～1990 年），该套产品为 GCM 降尺度气象数据产品的基础数据，两者对应气象数据产品的差值恰为 GCM 在特定气候情景下模拟出的气候变化条件下该气象因子变化幅度。

1）未来气候情景下气温变化及分布

气温升高是气候变化最显著的一个特征，在第 3 章的研究中，雅鲁藏布江流域过去气温升高的趋势已被广泛证实。随着时间的变化及温室气体排放强度的改变，未来气温将会较当前气温有进一步的升高趋势，作为气候变化响应敏感区的雅鲁藏布江更是如此。

图 7-8 为雅鲁藏布江流域未来四种气候情景下与当前气温年内分布对比，由图可知，四种气候情景下的每月气温较当前均有不同程度的提高，每个情景下温度大小为

$T_{\text{当前}} < T_{2050s\,rcp4.5} < T_{2070s\,rcp4.5} < T_{2050s\,rcp8.5} < T_{2070s\,rcp8.5}$。在 rcp8.5 的情景下，2050s 的气温将高于 2070s rcp4.5 情景下的气温。可见，温室气体的排放是导致气温升高的一个重要因素，若不加以控制，气温将在短期内大幅度上升。

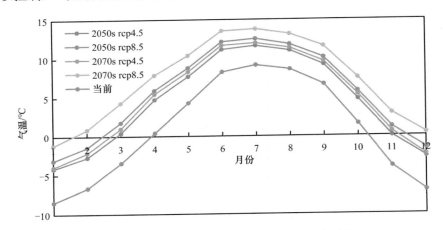

图 7-8　四种气候情景下与当前气温年内分布对比

流域每月温度增加的幅度如图 7-9 所示，2050s rcp4.5、2050s rcp8.5、2070s rcp4.5、2070s rcp8.5 四种气候情景下每年温度平均分别增加 3.5℃、4.5℃、4.0℃、6.3℃；温差浮动范围分别为 2.4～4.3℃、3.2～5.5℃、2.8～5.0℃、4.5～7.7℃，且气温每月增加波动趋势较为一致，均在 6～9 月气温较高时温度变化最小，较为寒冷的月份温度上升幅度较大，此结果同样说明气候变化更易对低温天气产生明显影响。

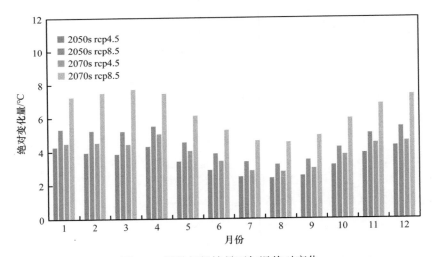

图 7-9　四种气候情景下气温绝对变化

图 7-10 为四种气候情景下年平均气温绝对变化流域分布，颜色由冷色调到暖色调代表气温增加量由小变大，四种情景暖色调区域所占面积大小排序即区域温度增加程度为：2050s rcp4.5< 2070s rcp4.5<2050s rcp8.5<2070s rcp8.5。在 2050s rcp4.5 情景下，全流域年均温度变化范围为 2.5～3.7℃，温度上升 3～3.5℃的区域占到流域面积的 34.9%，

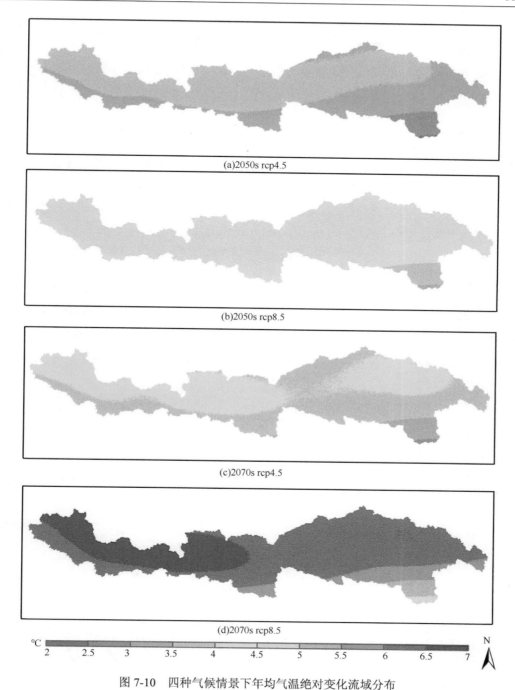

(a)2050s rcp4.5

(b)2050s rcp8.5

(c)2070s rcp4.5

(d)2070s rcp8.5

℃
2　　2.5　　3　　3.5　　4　　4.5　　5　　5.5　　6　　6.5　　7

图 7-10　四种气候情景下年均气温绝对变化流域分布

温度上升 3.5℃以上的区域占到流域面积的 60.8%；在 2050s rcp8.5 情景下，全流域年平均温度变化范围为 3.4～4.8℃，温度上升 4～4.5℃的区域占到流域面积的 20.0%，温度上升 4.5℃以上的区域占到流域面积的 75.7%；在 2070s rcp4.5 情景下，全流域年平均温度变化范围为 2.9～4.2℃，温度上升 3.5～4℃的区域占到流域面积的 44.8%，温度上升 4℃以上的区域占到流域面积的 50.9%；在 2070s rcp8.5 情景下，全流域年均温度变化范围为 4.8~6.7℃，温度上升 6~6.5℃的区域占到流域面积的 62.8%，还有 24.6%的区域温度上升超过 6.5℃，气候变暖进一步加剧。整个流域温差大致从南向北增大，根据温差条带的分布位置，流域的西北部和东北部明显较其他区域温度上升更为显著。

2）未来气候情景下降水变化及分布

降水作为对流域径流过程影响最直接的气象要素，在之前章节的研究中，证实雅鲁藏布江流域过去 53 年（1958~2010 年）降水以每年 1.48 mm 的趋势增加，据此推测在气候变化情况进一步加剧的未来，降水量会较当前有进一步的增加。为了证明此推测，这里同样将未来情景下的月均降水量与当前情况做对比。

图 7-11 为雅鲁藏布江流域未来四种气候情景下与当前降水年内分布对比，各情景模式下的月平均降水量相较于当前均有所增加。从年降水总量来看，$P_{当前}$（452 mm）$<P_{2050s\,rcp4.5}$（578 mm）$<P_{2070s\,rcp4.5}$（608 mm）$<P_{2050s\,rcp8.5}$（618 mm）$<P_{2070s\,rcp8.5}$（660 mm），然而这种关系在降水量较少的月份并不明显，只有在 6~8 月降水量较高的季节，各情景模式下降水的差异才开始显示出来，值得注意的是，2050s rcp8.5 情景下和 2070s rcp4.5 情景下的月平均降水曲线分布几乎一致，年降水量也仅相差 10 mm，这意味着在之后的未来气候模式下的径流模拟过程中，温度的差异是两个情景模拟结果差异的主要影响因素。

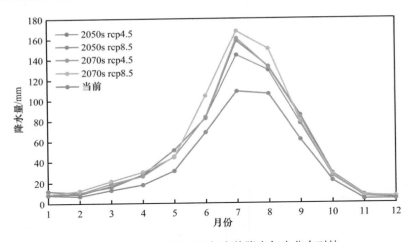

图 7-11　四种气候情景下与当前降水年内分布对比

图 7-12 为四种气候情景下降水相对变化，由图可知，气候变化下降水响应要比气温响应过程复杂得多，不仅四个气候情景下每月降水变化程度大小没有一致规律，相同气候情景如 2070s rcp8.5 每月降水相对变化从 10.5%到 99.7%也有很大的差异，11 月由于当前降水估计值较小，导致四个气候情景降水相对变化较其他月份高很多。基于此，着重分析年降水总量中贡献较多且在图 7-11 中分布有明显差异的 6~8 月降水变化情况。四个气候情景的 6~8 月降水分别占其年降水量的 61.7%、60.5%、61.9%和 63.9%，相对于当前 6~8 月降水的变化率分别为 2050s rcp4.5（25.7%）$<$2050s rcp8.5（31.7%）$<$ 2070s rcp4.5（32.7%）$<$2070s rcp8.5（48.9%），2050s rcp8.5 情景和 2070s rcp4.5 情景下 6~8 月降水的变化率仅相差 1%，两种气候情景的降水相对变化差异较小。

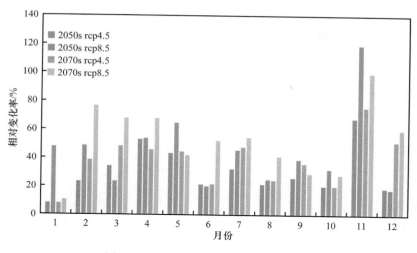

图 7-12　四种气候情景下降水相对变化

图 7-13 为四种气候情景下年降水相对变化的流域分布，暖色调表示相对变化较低的区域，冷色调为相对变化较高的区域，意味着该区域未来较当前降水会有很大提升。在 2050s rcp4.5 情景下，大部分流域降水增加率在 20%~50%，占到流域面积的 78.7%；在 2050s rcp8.5 情景下，42.7%的流域降水量增加了 30%~50%，31.4%的流域降水量增加了 50%~70%；在 2070s rcp4.5 情景下，47.6%的流域降水量增加了 30%~50%，30.6%的流域降水量增加了 50%~70%；在 2070s rcp8.5 情景下，36.3%的流域降水量增加了 40%~60%，31.3%的流域降水量增加了 60%~80%。由图可知，相对变化较大的区域集中在流域南部，且向周围逐渐降低，而雅鲁藏布江河谷位置的降水相对变化较周围地区较小，推测水体对气候变化在降水方面的影响有缓解作用。

(a)2050s rcp4.5

(b)2050s rcp8.5

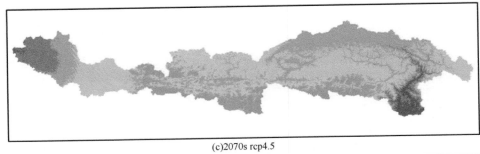

(c)2070s rcp4.5

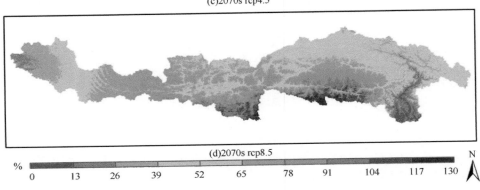

(d)2070s rcp8.5

%										
0	13	26	39	52	65	78	91	104	117	130

N

图 7-13　四种气候情景下年降水相对变化流域分布

2. 流域生态水文过程对气候变化的响应

在运用 GCM 未来降尺度数据集和 WorldClim Version 1.4 当前气候数据集充分论证了未来气温、降水变化趋势的基础上，基于以上两个数据模拟未来雅鲁藏布江流域径流过程，需要在前面建立的 BTOPMC 雅鲁藏布江流域水文模型的基础上，建立四种未来气候情景下的流域水文模型。

在构建四种未来气候情景下的流域水文模型时，需重新考虑模型输入文件。根据模型输入文件的要求及研究目标的设定，本书仅考虑降水、气温变化所产生的径流差异。降水输入为气象站点数据，直接关系流域的产流过程；气温影响流域冰川融雪径流以及蒸散发，其中，温度的气象站点输入数据用于计算冰川融雪径流，栅格数据用于计算流域蒸散发。构建未来水文模型时，除气象站点输入文件和蒸散发输入文件作为变量文件，需针对未来四个气候情景准备四套外，其余模型输入文件均作为常量文件与前面采用的文件一致。

1）未来气象站点输入数据

未来气象站点输入数据的原理是在当前实测站点数据的基础上，加入气候变化导致的差异，气温和降水的变化量分别用变化绝对值和变化相对值表示。在本节，需要通过相同的方式计算四种气候情景下气温和降水每月变化在流域上的分布，再通过气象站点的经纬度从中提取到对应气象站点位置的变化量，图 7-14 所示为提取到的 10 个气象站点在 2050s rcp4.5 情景下气温变化月分布情况，降水则由相对变化率来表示。

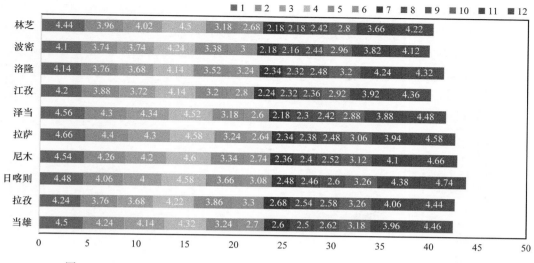

图 7-14　2050s rcp4.5 气候情景下气象站点气温变化月分布情况（单位：℃）

由于提取到的气温变化绝对值和降水变化相对值均为月尺度数据，而模型输入为日尺度数据，因此需要将提取到的气象站点对应月份的变化量（率）叠加（乘）到实测数据整月的日序列上。以波密站为例，在 2050s rcp4.5 气候情景下，波密站 1 月气温平均上升 4.1℃，降水平均上升 34.5%，原 2003～2010 年波密站 1 月每天的实测气温数据加上 4.1℃就作为 2050s rcp4.5 情景下的波密站 1 月气温输入数据，其降水输入数据则用 2003～2010 年波密站 1 月每天的实测降水数据乘上 134.5%所得。

2）未来蒸散发输入数据

用于构建未来气候情景下水文模型的冠层截留蒸发、土壤蒸发及叶面积指数输入文件仍由 Shuttleworth-Wallace 模型计算而得，模型输入包括 10 个文件，除月日均温度 TEP 和月日均温差 DTR 文件需根据气候情景的不同重新准备外，其余文件均使用同一套数据。

未来气候情景下的日平均温度 TEP 数据来自每种气候情景下五个 GCM 预测出的气温的平均值，月日平均温差 DTR 数据来自气候情景下五个 GCM 预测出的最高最低气温之差，将处理好的数据输入蒸散发模型后，得到对应四个气候情景下水文模型的四套蒸散发输入文件。

3）未来情景模式下雅鲁藏布江水文特征分析

奴下站作为整个雅鲁藏布江流域具有完整研究时段水文资料的最下游的站点，其率定期和验证期的模拟径流 NSE 均大于 0.75，2003～2010 年月平均模拟流量与实测流量具有很好的一致性，因此选择奴下站的模拟结果作为对比各气候情景下径流过程的对象，将 2003～2010 年的模拟结果作为基础流量。

将准备好的四种未来气候情景下的数据输入水文模型后，输出各情景下奴下站的模拟流量，计算其月均值，径流过程与当前模拟结果对比如图 7-15 所示。按年月平均流量来看，$Q_{当前}<Q_{2050s\ rcp4.5}<Q_{2070s\ rcp4.5}<Q_{2050s\ rcp8.5}<Q_{2070s\ rcp8.5}$。从降水分布可见，降水量最大

的月份出现在 7 月，流量的最大值则出现在 8 月，显示出峰值相较于降水的滞后性。未来
气候情景流量在 12 月至次年 2 月波动趋于平缓，相对于其他月份基本与基础流量重合，
将此段时期作为基流量，观察每年流量开始明显上升的月份，可以看出，2050s rcp4.5 流
量明显上升发生在 4 月，2070s rcp8.5 流量明显上升发生在 2 月，其余两个情景下流量
明显上升的月份应在 2～3 月，由此推测造成这种现象的原因应该是气温上升造成流域
冰川融雪过程的加剧与提前。

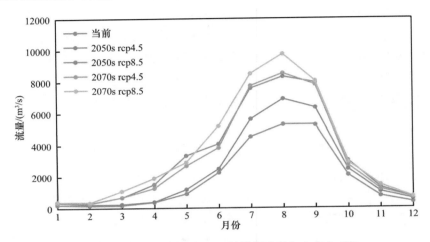

图 7-15　四种气候情景下与当前模拟流量年内分布对比

　　由降水分析可知，2050s rcp8.5 与 2070s rcp4.5 的年降水总量以及相对于当前的变化程
度十分接近，但 2050s rcp8.5 情景的气温明显高于 2070s rcp4.5 的气温，8 月在 2050s rcp8.5
情景的降水量高于 2070s rcp4.5 的情况下，2070s rcp4.5 的流量却反而高于 2050s rcp8.5
的流量，这种情况主要是由温度差异引起的。8 月下的温度蒸发量已经大于融雪量，从
而使 2050s rcp8.5 的流量低于 2070s rcp4.5。结合图 7-8 来看，未来气候情景下 6、7 月
的温度均高于 8 月，均属于蒸发量较大的月份，由此初步推断出，在未来气候情景下，
当不考虑降水影响时，冰川融雪在春季占主导作用，而蒸发在夏季占主导作用。
　　图 7-16 为四种气候情景下模拟流量每月相对变化，由图可知，未来气候情景下的
模拟流量较当前模拟结果每月均有不同程度的增加，但 3～5 月后三种气候情景的流量
增加相对程度十分巨大，是当前模拟流量的 2～5 倍，其降水在这段时间仅增加了 20%～
70%，在正常范围之间。由此可见，冰川融水大概开始发生在 3 月，气温上升会导致河
道流量的增加；但随着气温的上升，流域蒸发量逐渐增大，冰川融水在径流中的贡献逐
渐被流域蒸发抵消，4、5 月流量变化量逐渐下降；当蒸发量大于冰川融水量时，温度上
升就会导致河流流量的减小。但对比图 7-14 降水 6～8 月增加了 20%～60%，径流却增
加 50%～130%，远远高于降水增加量，应是春季冰川融水导致流域土壤含水量增加，
在夏季补充了径流所致。2050s rcp4.5 情景下 3～5 月的冰川融水没有对径流产生较大影
响，推测每年雅鲁藏布江冰川融水温度有一个阈值，当温度到达这个阈值后，将使雅鲁
藏布江流域冰川融化速度大大加快，冰川融水和蒸发耗水之间的平衡被打破，使径流呈
现明显增加。3 月 2050s rcp4.5 情景下全流域均温为 0.40℃，2070s rcp4.5 情景下全流域

均温为 0.97℃，推测这个阈值应该在 0.40～0.97℃，而随着气候变暖的加剧，每年温度达到这个阈值的时间将会提前，冰川将会提早进入融化期。

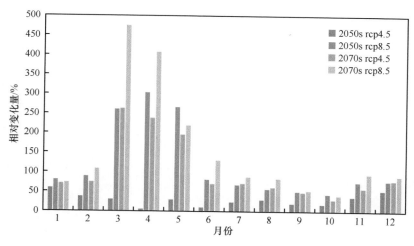

图 7-16　四种气候情景下模拟流量每月相对变化

7.2　降雨融雪径流模拟分析

HEC-HMS 模型是美国陆军工程兵团水资源研究中心开发的名为 HEC 系列的水文模型中的一个。该水文模型研发的主要目的是实现对树枝状流域的降雨径流过程智能化模拟。HEC-HMS 模型在研发时考虑了相当广泛的地理、气候以及水文条件等流域特征，使该模型可以适用于不同大小、不同产汇流特点的流域。研发者在该模型中嵌入了多种与降雨径流过程相关的水文过程模块，使得该模型可以对多种水文过程以及水文学领域大家所关注的问题进行模拟计算并提供相应的解决策略。HEC-HMS 模型界面如图 7-17 所示。

7.2.1　HEC-HMS 模型主要功能

HEC-HMS 模型具有强大的水文仿真模拟功能，该模型中集成了大量的较为方便实用的水文仿真计算方法，而且这些方法在模型中的调用十分简单，用户只需要做简单的操作就可以实现各种算法的设置。而那些较为复杂的计算过程则由模型自动完成，用户不需要做任何操作与计算。

1. 流域数字建模

HEC-HMS 模型通过建立流域的数字模型来实现对流域物理环境的模拟。建立的水文模型由若干个彼此树状相连的水文组件构成。这些水文组件包括：子流域组件、河道组件、汇流点组件、水库组件、分流组件、水源组件和水槽组件。径流的方向与过程通过组件彼此之间相连的方式来模拟。仿真计算的过程也是依据组件的属性和连接形式从上游到下游依次进行的。

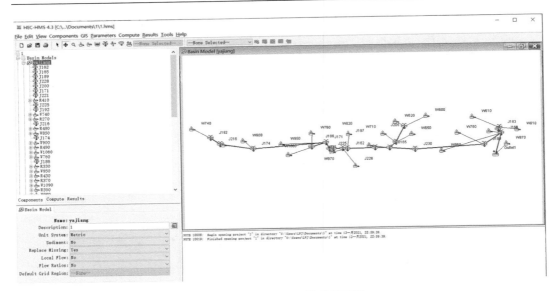

图 7-17　HEC-HMS 模型界面图

在流域的径流量模拟计算中模型提供了很多可供使用的计算渗透损失的方法。包括：初始常数速率法、SCS 法、栅格 SCS 法、格林安普特法、亏欠常数率法、土壤湿度计算法以及栅格土壤湿度计算法。当需要在模型中添加有关截留的水文过程时，地表截留模块同样可以添加到模型中。

HEC-HMS 模型提供了七种用来计算模拟流域降雨汇流为地表径流的方法。模型中嵌入的单位线模型包括：克拉克单位线模型、斯奈德单位线模型和 SCS 单位线模型。模型中提供的修正克拉克单位线模型是一种分布式的单位线模型，这一模型可以用在基于栅格数据的分布式气象模型中。模型中同样提供了可以适用于多种河道和汇流情形的动力波模型。

模型提供了四种用于模拟流域基流的方法。分别是指数衰减模型、月常数模型、线性水库模型和非线性法模型。指数衰减模型是指数形式增长的基流模型，可进行单一事件或多重连续事件仿真。月常数模型对于连续事件有较好的模拟效果。线性水库模型通过调节径流过程中降雨入渗与基流流出之间的平衡来计算基流量。非线性法模型的计算原理与指数衰减模型相似，但该种计算方法所使用的参数可以通过流域的实际水文特征计算得到，因此在模型数据较齐全的流域有较强的应用性。

HEC-HMS 模型集成了六种用于河道演进的模型，分别是：动波模型、洪峰延时模型、修正的 Plus 模型、马斯京根模型、马斯京根-春格标准断面模型和马斯京根-春格点断面模型。对于没有衰减的河道演进可以使用延迟模型。传统的马斯京根模型连同一些可以交叉使用的模型可以对一些相对简单的衰减过程进行模拟。修正的 Plus 模型是一种基于连续方程的有限差分法并耦合了经验表达的动量模型，通常也称为蓄水演进或是水平池演进。具有梯形、矩形三角形或是圆形截面的河道可以使用马斯京根-春格标准断面模型或是动波模型来进行模拟演算。具有河漫滩的河道可以使用马斯京根-春格标准断面模型和马斯京根-春格点断面模型来模拟。另外，在河道中产生的渗透等损失可以添加到河道演进中来计算，常数损失的方法可以被添加到任何一种河道演进方法中来，然而渗透损失方法只能添加在修正的 Plus 模型和马斯京根-春格标准断面模型。

2. 流域气象模拟

HEC-HMS 模型对气象数据的模拟和分析通过构建气象模型来完成。气象模型中包括降雨、蒸发和融雪。目前，模型中提供了 6 种用来描述历史降雨或是合成降雨的方法，提供了 3 种用来描述蒸发的计算方法和 2 种用来描述融雪的方法。

模型中提供了 4 种用来分析和使用历史降雨数据的方法，分别是：用户指定雨量法、仪器记录加权法、反距离权重法和栅格降水法。其中，用户指定雨量法允许用户在程序外对降雨的时间数据进行处理之后再导入模型中。仪器记录加权法可以用于有记录的或是非记录的降水数据，用户可以根据需要采用一定的方法给每个雨量站赋予一定的权重。反距离权重法可以用于动态数据的问题解决。栅格降水法更多应用于基于雷达的降水预测模拟。

模型中提供了 4 种可以用来合成降雨的方法，包括频率暴雨法、标准工程降水法、SCS 暴雨法和用户指定暴雨法。频率暴雨法通过统计的历时降雨数据来合成一定的超越概率的暴雨。在美国最为常用的统计数据来源是中国气象局的数据服务。通常数据以地图的形式给出，其中每张地图表示指定的历时和超越频率的暴雨的期望水深。当一个流域的模拟有相应的暴雨雨量雨深要求时可以使用标准工程降水法。SCS 暴雨法使用自然资源保护局开发的设计暴雨方法。该方法可以为安全蓄水设施的设计提供指导。用户指定暴雨法同样可以在合成降水中使用并可以在程序外进行编辑。蒸散发是气象模型中的一个重要组件，当气象模型中含有使用连续损失速率的子流域时往往会使用到蒸散发。

HEC-HMS 模型的气象模型中提供了三种计算蒸散发的方法，分别是月平均法、Priestley Taylor 法和栅格 Priestley Taylor 法。当拥有实测蒸发皿的蒸发量数据时可以使用月平均法来模拟蒸散发。Priestley Taylor 法是基于 Priestley-Taylor 方程来计算蒸散发的方法，当时间步长小于 24h 的时候，该方法可以根据太阳辐射计数据来计算潜在的蒸发量。当 Priestley Taylor 法所需要的参数可以通过一些以栅格为基础的数据获得时，蒸散发的模拟可以使用栅格 Priestley Taylor 法来进行。融雪模型可以用于雪山或是雪堆融化的跟踪模拟。用户需要根据研究区当前或是以往的融雪条件，在模型中输入与融雪温度相关的温度指数。模型会根据对大气条件的响应，模拟积雪的累计和融化，该方法输出的结果是地表子流域雨量分布的液态水。

HEC-HMS 模型提供了两种用于融雪模拟计算的方法，分别是栅格温度指数法和温度指标法。栅格温度指数法需要和栅格 Mod Clark 转化法协同工作。该方法的特点为可以对每个像元栅格采用单独的降水和温度边界条件。温度指标法是一个扩展了的度-日因子融雪建模方法。典型的度-日因子模型中对应于冰点之上的每一个度数都有一个固定的融雪量。当积雪场内部条件及大气条件改变时，这些融化系数也会改变。

3. 水文过程模拟及参数估计

在 HEC-HMS 模型中每一次模拟的时间跨度由控制模型来决定。控制模型包括一次模拟的开始日期和时间、结束的日期和时间以及时间跨度。开始一次模拟需要将选定的流域模型、气象模型及控制模型组合起来。模型会根据选用的各个模型调用所需要的数据开始计算。模拟计算的结果可以在相应的流域模型中查看调用。模型会自动生成每一个子流域的洪水出流过程图及径流深和洪峰流量的统计结果。每一个水文组件的时间系列数据也会同时计算出来。所有这些计算结果都可以被查看和打印。

HEC-HMS 模型根据每一种计算方法所需的参数给出了相应的参数估计方法和取值范围。该模型中所包含的大部分参数都是可以通过其自带的自动参数优化功能来自动率定的。在使用参数自动优化功能时，整个流域模型的水文组件中至少有一个需要有实际观测到的数据。自动参数优化功能可以对拥有实际观测数据的水文组件及其上游的水文组件进行自动参数优化。HEC-HMS 模型进行参数优化时是根据目标函数的值来决定参数的优劣的。HEC-HMS 模型中共提供了七种用于率参的目标函数，模型会根据目标函数值决定该参数值是否符合率参要求。当参数不能被接受时，模型会按照一定的参数搜索方法来寻找下一个参数值并进行计算。模型提供了两种参数搜索的方法，分别是单变量梯度法和 Nead and Mead 法。在参数的搜索过程中用户可以对搜索的范围进行限制。

本节技术路线如图 7-18 所示。

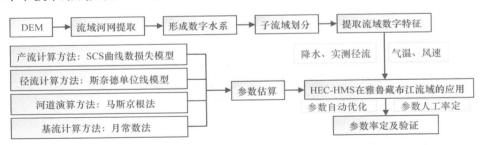

图 7-18　本节研究技术路线图

7.2.2　HEC-HMS 模型的建立、水文过程模拟及参数率定

采用 90m × 90m DEM 数据产品，用美国陆军工程兵团水资源研究中心开发的 HEC-Geo HMS 模块对 DEM 数据进行处理并提取数字流域。对得到的数字流域经过填洼、流向计算、汇流累积量计算、河网提取、生成集水区等过程，生成研究区流域的水文模型用于 HEC-HMS 模型的水文模拟。

由研究区资料可以看出，所选取的研究区属于半湿润半干旱地区，地形条件以山地为主，产汇流条件复杂。该研究区的产流过程同时包括蓄满产流和超渗产流，且部分地区地形坡度大汇流时间较短。HEC-HMS 模型具有强大的水文模拟功能，模型中嵌入了多种较为成熟及常用的产汇流及河道演算的方法，能对研究区的水文过程进行很好的模拟与计算。根据研究区的气候条件、下垫面情况、地形地势特点及土地使用情况等，考虑研究区资料较少，水文过程模拟选定如下的模拟方案：产流计算选用 SCS 曲线数损失模型，汇流计算选用斯奈德单位线模型，河道演算方法选用马斯京根法，基流计算采用月常数法。使用 HEC-HMS 模型所推荐的参数估算方法对产汇流及河道演算模型中所用到的参数初始值进行估计，并使用 HEC-HMS 模型中的自动参数优化功能对水文模拟后的参数进行优化调整，之后根据合理性进行参数的人为修改。

1. 数据前期处理

对 DEM 数据进行填洼处理是利用 DEM 数据进行数字流域提取的前提条件。在 DEM 数据的建立过程中由于数据收集或是插值的错误，往往存在不合理的低洼点或是裂隙。这些不合理数据的存在会直接导致数字流域提取过程中出现错误。例如，某一个栅格的高程低于周围 8 个栅格中任意一个则该栅格的水流流向将无法得到并最终导致该栅格中的水无法流出。HEC-GeoHMS 模块会自动识别这些栅格并将这些栅格的高度提升为和周围 8 个栅格中最低栅格同样的高度，以此来修正原始数据中的错误。研究区 DEM 填洼结果如图 7-19 所示。

图 7-19　研究区 DEM 填洼结果图

填洼处理后得到的栅格图层是河网确定及子流域划分的数据基础，流向计算采用 D8 法来进行，即以每个栅格为中心，在其周围的 8 个相邻的栅格中选取与其高差最大的栅格作为该栅格水流的流出方向。该过程利用 HEC-Geo HMS 模块来进行，并同时生成水流方向的栅格图层储存在工程文件夹下，流向的计算结果如图 7-20 所示。

图 7-20　研究区流向计算结果图

汇流累计量的计算实质上是计算每一个栅格的上游栅格中的水流汇入该栅格的栅格数量，并由此来计算栅格上游的汇流面积。每一个指定栅格汇流面积的计算原理为每一个栅格的面积乘以该栅格的累计汇流栅格个数。该计算过程通过 HEC-Geo HMS 模块的 Flow Accumulation 功能来实现。计算结果自动输出在该工程目录下，结果如图 7-21 所示。

图 7-21 汇流累计量计算结果图

河流及河网的提取基于汇流累计量的计算结果，将汇流累计量大于设定阈值的栅格定义为河流并最终生成河网。将阈值设定为 4000 时，河网过密与实际情况并不相符；将阈值设定为 6000 时，河网过于稀疏，一些较小的河流并不能提取出来，最终影响模拟结果。经过反复试算最终将汇流累积量的阈值设定为 5000，河网的提取效果较好与实际比较接近。提取出的研究区流域的河网为一个整体，这并不利于以后步骤中的相关处理与计算。因此，需要将河网按照一定的规则来分成若干段以利于以后步骤的处理。在该模型中，以河流的交汇处为节点来进行分段。将整个河网划分为河流交汇点与交汇点之间、交汇点与流域出口之间及汇流起始点与交汇点之间等若干没有分支的河段。河网的提取与划分通过 HEC-Geo HMS 模块的 Stream Definition 和 Stream Segmentation 功能来实现。

除河网以外的栅格的属性定义为集水区栅格，根据已经得到的河流分段的结果，计算每一段河流的集水区并同时生成集水区的矢量图层，该图层同时也是子流域初步划分的结果。该步骤通过 HEC-Geo HMS 模块的 Catchment Grid Delineation 和 Catchment Polygon Processing 功能来计算完成。运用 HEC-Geo HMS 模块的 Drain Line Processing 功能对河网图层进行矢量化并生成相应的矢量图层，并以此为依据结合集水区计算结果计算每一个河流交汇点处汇入该交汇点的子流域。这个步骤并没有水文学的意义，但所得到的结果是接下来生成 HEC-Geo HMS 工程的必要数据准备。集水区及河网的提取及矢量化的结果如图 7-22 所示。

图 7-22 集水区及河网图

2. 建立 HEC-HMS 工程

运用前期处理后的数据可以在 HEC-Geo HMS 模块中经过一系列的处理最终生成 HEC-HMS 可以读取的水文模型文件，这一系列的处理主要包括流域出口控制点的选择及设定；新模型数据图层的选择确认及命名；子流域的划分；流域模型相关参数的计算和获取及 HEC-HMS 模型文件的生成。

该研究区流域水流流向整体为由西向东流动，两侧河流向中间主河道汇流。因此，选择河网最北端为该模型的流域出口控制点。运用 HEC-Geo HMS 模块的 Add Project Point 工具选中该点并将整个流域选定为研究区建立模型。

HEC-HMS 模型为半分布式水文模型，水文模拟过程中可以将研究区划分为若干个子流域并设定不同的水文参数。本书以数据前期处理中得到的集水区为基础结合研究区土壤类型，通过将部分集水区合并将研究流域划分为 20 个子流域。该过程通过 HEC-Geo HMS 模块中的 Merge 功能来实现。子流域的最终划分结果如图 7-23 所示。

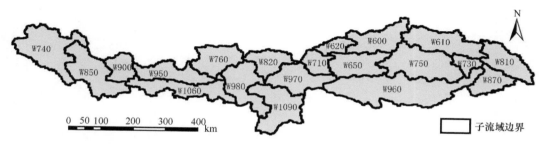

图 7-23　子流域划分结果图

在流域出口洪水过程等流域水文过程模拟之前需要设定许多相关的水文参数，这些参数的估算需要以子流域或河流的相关特性为依据。HEC-Geo HMS 模块具有强大的特性提取功能，可以在已经划分好的子流域及河网中提取河流的长度坡度、子流域的面积坡度及子流域的流域中心和径流路径等参数，并且 HEC-Geo HMS 模块可以在提取完成这些参数之后自动将这些参数的数字添加在相应图层的属性表中，在使用时可以直接调用输出。

HEC-Geo HMS 模块的最终任务为生成可供 HEC-HMS 水文模型调用的流域结构模型图。运行该模块的 HMS Schematic 功能，模块自动根据已有数据计算绘制流域结构模型，并在子流域的中心点处放置"集水区"水文组件，自动抽象出"河道""交汇点"及"流域出口"等水文单元。本书所生成的流域结构模型图如图 7-24 所示。

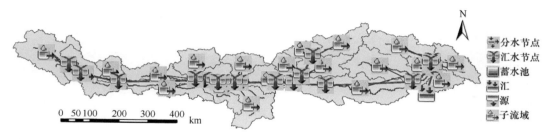

图 7-24　流域结构模型图

运用 HEC-Geo HMS 模块中的 Create HEC-HMS Project 功能将已经处理好的 DEM 数据集得到的流域结构模型图转化为 HEC-HMS 可以直接调用读取的文件并同时生成水文模型过程中所使用的背景图片。生成的可调用文件包括流域模型、气候模型、栅格数据文件和背景图等文件。

气象模型是划定流域水文模拟过程中气象边界条件的重要构件，也是一个工程的重要组成部分。通过访问 HEC-HMS 模型中的气象模型管理器，构建一个新的气象模型将已经生成的研究区流域模型添加到其中并为其设定相关的时间降雨的边界条件。降雨是本研究的重要组成部分，气象模型管理中内嵌了频率暴雨法、仪器记录加权法、栅格降水法、反距离权重法、SCS 暴雨法以及标准工程降水法等多种方法。本书中需要将已有的雨量站数据添加到气象模型中并形成研究区流域内的降水，因此，本书中降雨方法选用仪器记录加权法，相关雨量站权重采用泰森多边形法来确定（表 7-6 和图 7-25）。

表 7-6　雨量站权重计算表

子流域名称	拉孜	奴各沙	羊村	奴下	江孜	日喀则	拉萨	唐加	旁多	羊八井	更张	工布江达
W600	—	—	—	—	—	—	—	0.45	0.22	—	—	0.33
W610	—	—	—	0.12	—	—	—	—	—	—	0.49	0.39
W620	—	—	—	—	—	—	—	—	0.62	0.38	—	—
W650	—	—	0.04	—	—	—	0.21	0.52	0.21	0.01	—	0.01
W710	—	—	—	—	—	—	0.10	—	0.02	0.88	—	—
W730	—	—	—	0.65	—	—	—	—	—	—	0.35	—
W740	1.00	—	—	—	—	—	—	—	—	—	—	—
W750	—	—	0.01	0.05	—	—	—	0.04	—	—	0.31	0.60
W760	0.85	—	—	—	—	0.15	—	—	—	—	—	—
W810	—	—	—	1.00	—	—	—	—	—	—	—	—
W820	—	0.39	—	—	—	0.60	—	—	—	0.01	—	—
W850	1.00	—	—	—	—	—	—	—	—	—	—	—
W870	—	—	—	1.00	—	—	—	—	—	—	—	—
W900	1.00	—	—	—	—	—	—	—	—	—	—	—
W950	1.00	—	—	—	—	—	—	—	—	—	—	—
W960	—	—	0.38	0.15	—	—	0.10	0.00	—	—	0.12	0.25
W970	—	0.69	—	—	0.02	0.05	0.15	—	—	0.10	—	—
W980	0.23	—	—	—	0.09	0.68	—	—	—	—	—	—
W1060	1.00	—	—	—	—	—	—	—	—	—	—	—
W1090	—	0.02	—	—	0.83	0.15	—	—	—	—	—	—

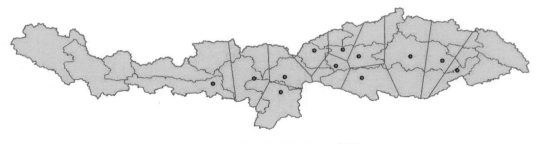

图 7-25　研究区泰森多边形示意图

3. SCS 曲线数损失模型及参数估算

在目前众多降雨-径流量计算经验模型中，美国农业部水土保持局（USDA SCS）于1954 年开发的用来估算无资料区径流量的经验模型 SCS 模型，是应用最为广泛的流域水文模型之一。SCS 模型能够客观反映土壤类型、土地利用方式及前期土壤含水量对降雨-径流的影响，其显著特点是模型结构简单、所需输入参数少，是一种较好的径流计算方法（Tramblay et al.，2010）。SCS 模型在水土保持与防洪、城市水文及无资料流域的多种水文问题解决等诸多方面得到了应用，并取得了较好的效果（Boughton et al.，1989；Williams et al.，1976）。

SCS-CN 模型是在两个基本假定和水量平衡方程的基础上研制的。一个基本假定是：实际入渗量（F）与土壤潜在滞蓄能力（S）的比值等于实际地表径流深（Q）与可能最大径流深的比值，即

$$\frac{F}{S} = \frac{Q}{P - I_a} \tag{7-21}$$

按水量平衡原理：

$$P = I_a + F + Q \tag{7-22}$$

经整理后，可用下述公式计算地表径流深：

$$Q = \frac{\left(P - I_a\right)^2}{P - I_a + S} \tag{7-23}$$

式中，S 为土壤潜在最大滞蓄量（mm）；I_a 为降雨初损（mm）；P 为降雨量（mm）；F 为实际入渗量（mm）。另一个基本假定是，初损是土壤潜在最大滞蓄量的一部分，即 S 与 I_a 关系为 $I_a = \lambda S$。

Mockus 根据美国大量的实测数据推导出 $I_a = 0.2S$，则得到只需要 1 个参数的降雨-径流关系方程：

$$Q = \frac{\left(P - 0.2S\right)^2}{P + 0.8S} \quad P > 0.2S \tag{7-24}$$
$$Q = 0 \quad P \leqslant 0.2S$$

潜在最大滞蓄量 S 可用无量纲参数 CN 表示为

$$S = \frac{25400}{CN} - 254 \tag{7-25}$$

式中，CN 由流域前期土壤湿润程度（AMC）、坡度、水文土壤类型（hydrologic soil group, HSG）和土地利用现状综合确定。根据土壤最小下渗率及土壤质地的不同，SCS-CN 模型将水文土壤类型划分为 A、B、C、D 四类，其渗透性依次降低，如表 7-7 所示。CN 值的计算方法是，先假定前期土壤湿度 AMC 处于一般条件下，根据流域水文土壤类型、土地覆盖/土地利用等因素查美国农业部提供的 SCS 手册得到 CN。

使用 SCS 曲线，集水区的 CN 数可以被估算为土地利用、土壤类型、集水区前期湿度的函数。根据土壤类型和土地利用信息就可以找出对应的 CN 值。

表 7-7　水文土壤类型划分

土壤类型	最小下渗率	土壤质地
A	>7.26	砂土、壤质砂土、砂质壤土
B	3.81~7.26	壤土、粉砂壤土
C	1.27~3.81	砂黏壤土
D	<1.27	黏壤土、粉砂黏壤土、砂黏土、粉砂黏土

对于一个有不同土壤类型和土地利用类型的集水区，合成 CN 值计算可由下式来进行计算：

$$CN_{合成} = \frac{\sum A_i CN_i}{\sum A_I} \qquad (7\text{-}26)$$

式中，$CN_{合成}$ 为用于 HEC-HMS 的径流量计算的合成 CN 值；i 为用于将集水区划分为均匀的土地利用和土壤子分区的下标；CN_i 为子分区 i 的 CN 值；A_i 为子分区的排水面积。计算结果见表 7-8。

表 7-8　初始参数估算表

子流域名称	C	C_t	L	L_c	t_p	CN
W600	0.75	0.4	245.98	108.56	6.38	67
W610	0.75	0.4	208.46	124.02	6.32	71
W620	0.75	0.4	58.59	42.10	3.12	59
W650	0.75	0.4	238.03	81.96	5.81	57
W710	0.75	0.4	102.76	66.16	4.23	64
W730	0.75	0.4	40.76	48.85	2.93	60
W740	0.75	0.4	178.46	83.02	5.35	58
W750	0.75	0.4	288.59	127.62	7.03	60
W760	0.75	0.4	134.33	67.93	4.63	56
W810	0.75	0.4	153.64	79.38	5.05	77
W820	0.75	0.4	111.78	74.39	4.50	55
W850	0.75	0.4	258.43	108.61	6.48	56
W870	0.75	0.4	198.27	72.55	5.30	57
W900	0.75	0.4	99.38	51.78	3.90	54
W950	0.75	0.4	242.38	148.95	6.99	55
W960	0.75	0.4	605.88	263.72	10.92	58
W970	0.75	0.4	289.66	81.44	6.15	55
W980	0.75	0.4	167.38	60.14	4.76	55
W1060	0.75	0.4	361.13	123.82	7.45	54
W1090	0.75	0.4	239.47	101.06	6.20	57

4. Snyder 单位线模型及参数估算

1938 年斯奈德（Snyder）发表了参数化单位线的方法，推导了美国 Appala-chian

Highlangs 中无实测资料集水区的分析方法，并给出了从集水区特征预测单位线参数的关系式。斯奈德在研究中选择洪峰滞时、峰值流量和总的时间作为单位线的特征值。他定义了一个标准的单位线，其中，降雨历时 t_r 与集水区洪峰延时 t_p 的关系为

$$t_p = 5.5t_r \tag{7-27}$$

这里的洪峰滞时是单位线峰值时间与对应于净雨分布图质心的时间之差，对于标准情况，斯奈德发现集水区单位线的滞时和峰值可用下式相关联：

$$\frac{U_p}{A} = C\frac{C_p}{t_p} \tag{7-28}$$

式中，U_p 为标准单位线的峰值；A 为集水区排水面积；C_p 为单位线峰值系数；C 为转换常数，SI 单位制时为 2.75。

斯奈德收集了有仪器记录的集水区的降雨和径流数据，推导出了如前面所述的单位线，参数化这些单位线，并将这些参数与可测量的集水区特性相关联。对于单位线的洪峰滞时，他建议：

$$t_p = CC_t \left(LL_c\right)^{0.3} \tag{7-29}$$

式中，C_t 为集水区系数；L 为从出口到分水点的主河道长度；L_c 为从出口沿着主河道到集水区质心最近点的长度；C 为转换常数（SI 单位制时为 0.75，英尺-磅单位系统时为 1.00），参数 C_t 最好用率定方法估计。

本书中斯奈德相关参数初始值的估计采用公式所建议的方法来计算。其中，转化系数 C 采用 SI 单位制初始值为 0.75；集水区系数 C_t 由于并非为具有实际物理意义的量，将初始值选定为 2，具体参数值采用率定的方法来确定；从流域出口到分水点的主河道长度 L 以及从流域出口沿着主河道到集水区质心最近点的长度 L_c 的确定，借助于 ArcGIS9.3 相关的测量功能来获取。将 HEC-GeoHMS 所生成的流域模型的河网图层文件导入 ArcGIS10.2 中，通过软件中带有的测量功能以及相应的图层属性列表来获取。相关参数的估计值及 t_p 的初始估算值如表 7-8 所示，本书中斯奈德单位线的峰值系数的初始值取为 0.8，具体参数值通过率定得到，见表 7-8。

5. 马斯京根法

马斯京根（Muskingum）法主要是确定 K 和 x 两个参数，方法有很多，如蚁群算法（詹士昌和徐婕，2005）、遗传算法（陆桂华等，2001）和混沌模拟退火法（程银才等，2007）等，但这些智能算法不能用于无资料地区和分布式、半分布式水文模型中。该法洪水演算是从河段上断面过程推求下断面过程。本书选用水文学的线性马斯京根法进行河道演算。

水量平衡方程为

$$\frac{\Delta t}{2}(I_1 + I_2) - \frac{\Delta t}{2}(Q_1 + Q_2) = S_2 - S_1 \tag{7-30}$$

槽蓄曲线方程为

$$S = K\left[xI + (1-x)Q\right] \tag{7-31}$$

将上式联立求解，可得马斯京根演算方程，如下：

$$Q_2 = C_0 I_2 + C_1 I_1 + C_2 Q_1 \tag{7-32}$$

$$\begin{cases} C_0 = \dfrac{0.5\Delta t - Kx}{0.5\Delta t + K - Kx} \\[2mm] C_1 = \dfrac{0.5\Delta t + Kx}{0.5\Delta t + K - Kx} \\[2mm] C_2 = \dfrac{-0.5\Delta t}{0.5\Delta t + K - Kx} \end{cases} \tag{7-33}$$

$$C_0 + C_1 + C_2 = 1 \tag{7-34}$$

式中，S 为河段总蓄量（h·m³/s）；K 为河段传播时间；Q_1、Q_2 为时段起、止下断面出流量（m³/s）；S_1、S_2 为始、末河段蓄水量（h·m³/s）；x 为流量比重因子；I_1、I_2 为时段起、止上断面入流量（m³/s）。

6. 水文模型精度评定

采用纳什效率系数（NSE）和相对误差来对水文模型模拟的精度进行评价，相对误差是指模拟值相对于实测值的误差。NSE 计算公式如下：

$$\mathrm{NSE} = 1 - \dfrac{\sum\limits_{i=1}^{n}(Q_i - Q)^2}{\sum\limits_{i=1}^{n}(Q_i - \bar{Q})^2} \tag{7-35}$$

式中，Q_i 为实测值；Q 为模拟值；$\bar{Q}$ 为实测值系列的均值；n 为实测序列的点据数。

7. 水文参数的率定

本书使用研究区 2003～2008 年降雨径流资料对构建的研究区 HEC-HMS 模型相关参数进行率定。率定方法采用 HEC-HMS 模型内嵌的参数优化模块和人为调参相结合的方法进行。

对于水文模型中的一些无法实测出来的参数，HEC-HMS 模型提供了自动优化率定的功能。HEC-HMS 模型通过设定相应的目标函数比较模拟值与实测值之间的差距来判断模拟结果是否符合真实的水文系统。如果模拟结果达不到相应的符合度要求，HEC-HMS 模型会根据设定的搜索方法调整参数值并进行迭代运算。当目标函数达到符合度要求时，模型会自动报告最优参数值并显示将这些优化后的参数用于模拟计算的结果。优化过程如图 7-26 所示。

在进行参数优化时目标函数选用残差平方和。残差平方和是 HEC-HMS 模型中使用频率较高的目标函数之一。该目标函数同样是对两个洪水过程线的纵坐标进行对比，但是使用差值的平方来计算符合度，因此，在这种目标函数下一些比较小的偏差可以被放大，便于观察比对结果。同样，该函数可以对过程线的峰值、水量和峰现时间进行比较，成为其符合度的一个量化指标。

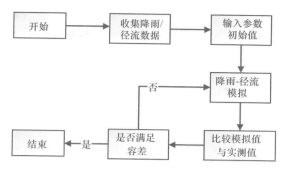

图 7-26　参数优化过程图

　　HEC-HMS 模型进行的参数优化率定是为了确定合理模型参数使得计算的过程和实测的过程符合度最高。在使用目标函数作为度量指标时，当模拟的符合度不符合要求不可接受时，模型会自动搜索下一个参数来重新进行比较试算。HEC-HMS 提供两种确定性搜索方法：单变量梯度法和单纯形法（Simplex）。单变量梯度法在优化模拟过程中只能对一个参数进行评估和调整。单纯形方法可同时评估所有参数，并确定调整各个参数。

　　单变量梯度法可以对参数进行连续的修改，如果 x_k 表示目标函数 $f(x_k)$ 第 k 次试算的估计值，那么，模型会在第 $k+1$ 次试算中选取一个新的值 x^{k+1} 为

$$x^{k+1} = x^k + \Delta x^k \tag{7-36}$$

式中，Δx^k 为参数的改正量。HEC-HMS 在搜索中的目标就是寻找 Δx^k 使得所得到的参数可以使目标函数逐渐接近最小值。

　　单纯形法是以要率定的 n 个模型参数构造一个 $(n-1)$ 的多边形。在优化过程中，该多边形按照一定规则逐步向最优目标函数移动，循环搜索直至给定的优化条件得到满足。在实际应用中，常用改进的单纯形法（Nelder and Mead，1965）通过加大或缩小反射点距离的算法来快速优化计算的速度。

　　本书采用单纯形法对参数进行搜索。在搜索过程中，单纯形搜索法通过迭代调整参数来降低目标函数值，可以对参数估算值进行连续的修正。容差决定了目标函数值在两个连续迭代之间的变化，从而终止搜索。

　　由于拉萨河流域数据相对丰富，取该流域为研究对象进行初步参数率定。通过 HEC-HMS 模型参数优化功能对相关参数率定以及对有关参数人工率定，率定后的参数如表 7-9 所示。使用该参数，得到初步模拟结果，如图 7-27 所示。

表 7-9　拉萨河流域参数调整情况

流域号	参数名	初始值	调整后
W650	CN	57	58.376
W600	CN	67	67.078
W620	CN	69	65.185
W710	CN	74	66.686
R290	Muskingum $-K$	0.12	0.063994
R290	Muskingum $-x$	0.25	0.022549
W650	洪峰系数	0.8	0.40877

续表

流域号	参数名	初始值	调整后
W620	洪峰系数	0.8	0.24658
W600	洪峰系数	0.8	0.17134
W710	洪峰系数	0.8	0.10503
W650	标准滞时	5.81	2.2374
W620	标准滞时	3.12	1.5932
W600	标准滞时	6.38	4.2816
W710	标准滞时	4.23	3.4605

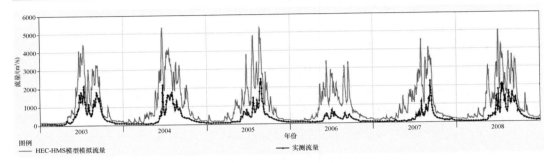

图例
—— HEC-HMS模型模拟流量　　　—— 实测流量

图 7-27　初步率定结果

7.2.3　SRM 模型简介

SRM 模型是 20 世纪 80 年代初由瑞士科学家 Martinec 和 Rango（1986）提出的，其是一种具有物理机制的半分布式水文模型，专用于模拟和预报以融雪为主要补给源的山区流域融雪径流，在资料相对缺乏地区可以采用遥感数据作为输入资料，简单易用，主要的方法是度日因子法，通过计算逐日的融雪以及降水形成的水量，然后与计算得到的退水流量相加，得到逐日径流量。根据世界气象组织报告中提出并使用的分类方法[1][2]，SRM 模型被归类为基于物理原理的概念性半分布式的过程响应模型。它的优点是将遥感数据作为模型输入变量，不同的地理和气候条件下均适用，从半干旱地区到干旱地区，再到高寒山区都有成功的应用。

1. 模型原理

模型按照应用目的可分为 3 种运行模式：模拟、预报和对气候变化的响应模式。模拟模式下可通过与实际径流作对比，来评价模型的模拟效率；预报模式需要根据历史数据对模型所需要的参变量进行预测；在当前气候变化的大背景下，响应模式是研究的主流。不论哪种模式，模型的 3 个主要输入变量不可缺少，分别是日气温、日降水和积雪覆盖率。另外，还有若干参数是由流域本身的水文特征所确定的。SRM 模型的核心计算公式如下：

① WMO. 1986. Intercomparison of models of snowmelt runoff. Switzerland, Geneva.
② WMO. 1992. Simulated real-time intercomparison of hydrological models. Switzerland, Geneva.

$$Q_{n+1} = \left[C_{S_n} \cdot a_n \left(T_n + \Delta T_n \right) S_n + C_{R_n} P_n \right] \frac{A \cdot 10000}{86400} \left(1 - k_{n+1} \right) + Q_n k_{n+1} \qquad (7\text{-}37)$$

式中，Q 为日平均流量（m³/s）；C_S、C_R 分别为融雪、降雨的径流系数；T 为度日因子数（℃/d）；ΔT 为根据气温直减率在不同高程进行温度插值后度日数的修正值（℃/d）；a 为度日因子[cm/（℃·d）]，表示单位度日因子的融雪深度；S 为积雪覆盖面积和流域分带面积的比值，即积雪覆盖率；P 为降雨径流深（cm）；A 为流域或流域分带面积（km²）；k 为退水系数，表示在无融雪或无降雨期间径流衰退比例；n 为流量计算时间段的日数序列；10000/86400 为径流深到径流量的换算系数。

通常情况下，如果流域的高程范围大于 500 m，就需要对流域进行分带，以保证模拟或预测精度。SRM 模型的公式就可具体表示为式（7-38）：

$$Q_{n+1} = \left\{ \begin{array}{l} \left[C_{SA_n} a_{A_n} \left(T_n + \Delta T_{A_n} \right) S_{A_n} + C_{RA_n} P_{A_n} \right] \dfrac{A_A \cdot 10000}{86400} + \\ \left[C_{SB_n} a_{B_n} \left(T_n + \Delta T_{B_n} \right) S_{A_n} + C_{RB_n} P_{B_n} \right] \dfrac{A_B \cdot 10000}{86400} + \\ \qquad \cdots + \\ \left[C_{SG_n} a_{G_n} \left(T_n + \Delta T_{G_n} \right) S_{G_n} + C_{RG_n} P_{G_n} \right] \dfrac{A_G \cdot 10000}{86400} \end{array} \right\} \left(1 - k_{n+1} \right) + Q_n k_{n+1} \qquad (7\text{-}38)$$

式中，A，B，$\cdots$，G 为高程分带编号，其余参数意义同式（7-37）。

2. 模型变量

SRM 模型所需要的变量有气温、降水和积雪覆盖率。通常，气温和降水是通过地面观测资料获得的，然而在我国西北寒区、旱区内陆河流域，气象、水文观测资料稀少，尤其在一些高山区域内实测数据更为稀缺，获取高山带内的气象数据，成为这些区域融雪径流模拟的关键。比较以往研究发现，一般采取推测的方法，大部分是将流域内的气象站数据直接作为 SRM 模型的输入变量或是利用气象站数据进行外推得到相邻分带的气象数据，极少研究利用分散的观测点数据进行空间插值得到各高程带的气温和降水数据。

3. 模型参数

1）度日因子

度日因子是 SRM 模型中一个重要的参数，是指每日气温上升 1℃所产生的融雪深度，它不是常量，在融雪季随积雪属性的变化而变化。当雪密度增加，反照率降低，雪中的液态水含量也增加，因此雪密度的变化能反映融雪过程的变化。度日因子和度日数与融雪水深的关系为

$$M = a \cdot T \qquad (7\text{-}39)$$

式中，M 为融雪水深；a 为度日因子；T 为度日数。度日因子可以通过比较每日由雪量计（雪枕或雪槽）测得的雪水当量的减少量来确定，在没有实验数据的情况下，也可以由经验公式得到。由于没有实测数据，故采用 SRM 手册建议的经验公式获取度日因子，公式如下：

$$a = 1.1 \times \frac{\rho_s}{\rho_w} \qquad (7\text{-}40)$$

式中，ρ_s 为积雪密度；ρ_w 为水的密度。

2）临界温度与气温直减率

由于模型模拟径流严重依赖累积雪覆盖率这个参数，而在融雪期间，降水往往有两种情况，即降雪和降雨。降雨会直接形成坡面流，然后汇集到河道；而降雪一般不会直接形成径流，在之后的时间段内温度升高，直到新雪融化，这就延迟了汇流过程。当然很难确定降水是雨或雪，一天之内有可能白天是雨，晚上是雪。由于降水量采用的是日均值，因此通常采用临界温度值区分这两种情况，以决定降水是否立即形成径流。大于临界温度为降雨，反之为降雪。一般，在模型中临界气温值要高于 0℃，并且随着积雪的融化，临界气温会逐渐接近 0℃，但是在不同的流域、不同的月份，情况会有所不同。

气温直减率在 SRM 模型中是一个非常敏感的参数，如果基站位于流域的平均海拔，由于温度的外推发生在向上和向下两个方向，气温直减率的误差可能在一定程度上得以抵消；如果基站在低海拔区，气温直减率的微小变化都有可能影响融雪深度，最终影响径流模拟的精度。山区气温随着海拔的升高而降低，通常气温直减率采用每 100m 降低 0.65℃。

3）退水系数

退水系数是指在没有融雪或降雨的时间段里径流下降值，反映出每日融水能直接补给到径流量中的部分。退水系数 k 定义为

$$k_{n+1} = \frac{Q_{n+1}}{Q_n} \qquad (7\text{-}41)$$

式中，Q_n 为第 n 天的径流值。

k 可以由历史流量数据分析法得到，一般通过实测的径流数据由以下计算公式得到

$$k_{n+1} = x \cdot Q_n^{-y} \qquad (7\text{-}42)$$

式中，x 和 y 是两个常量，对于给定流域有其确定的值。

4）降雨贡献面积与径流滞时

降雨贡献面积（RCA）是根据融雪期不同阶段而设置的一个控制参数。融雪初期，地面原有积雪相对干冷并且厚度较大，降雨通常被地表积雪截获而不产生径流，而降落在非积雪区的降雨则形成径流。融雪后期，原始积雪层基本处在 0℃ 的等温状态，积雪含水率达到饱和，这时降水通常能穿透积雪层，在积雪和非积雪区都能形成径流。因此，降雨在融雪期的不同阶段其形成径流的效果是不一样的，也就是说，降雨不同的融雪时期，积雪区和非积雪区对径流产生的形成贡献的面积不同。在 SRM 模型中有选项来控制融雪期不同阶段的降雨贡献形式，若降雨落到无雪区，则为 1，若落到积雪区则为 0，具体可根据各分带在不同的月份确定具体的日期以区分融雪期的不同阶段。

径流滞时是指从气温上升产生融雪水到融雪水到达水文断面的时间，是反映流域出口径流相对补给水量的时间滞后效应的模型参数，决定补给水量的日分配比例根据世界

气象组织公布的结果，不同的流域面积对应不同的径流滞时。

5）径流系数

径流系数 C 表示流域内的降水量有多少流入河流经流域出口断面流出，综合反映了流域的自然地理因素对降水与径流的影响。C 值在 $0\sim1$，若 C 趋近于 1，说明降水大部分转化成径流；若 C 趋近于 0，则说明降水大部分消耗于蒸发。理论上，径流系数的值与降水和径流量的比率值一致，而事实上并非如此，径流会有损耗。融雪初期，雪面蒸发较小，径流损耗较小，在一些高海拔区域更加明显；当融雪达到一定阶段时随着土壤的暴露和植被生长，由于蒸发和植被截留会导致水量损失增加，径流系数逐渐降低。

SRM 模型中径流系数 C 分为融雪径流系数 C_S 和降雨径流系数 C_R，在模拟时需要分别考虑。

7.2.4　SRM 模型在典型区的模拟应用

1. 数据准备

SRM 模型中，降水、气温、积雪覆盖率是三大输入变量。根据拉萨河流域（图 7-28）积雪覆盖衰退曲线可确定 3 月 6 日至 7 月 12 日为流域融雪期，以 2002 年 3 月 6 日至 7 月 12 日为研究期。拉萨河流域主要有旁多、唐加、拉萨等水文站及气象站，以拉萨站为流域出口，拉萨日径流量为流域日径流，降水和气温数据采用旁多、唐加、拉萨等 3 个水文站及气象站的日平均值。

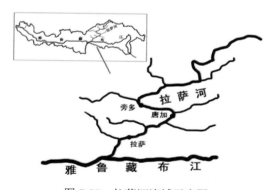

图 7-28　拉萨河流域示意图

2. 模型参数获取

1）径流系数

SRM 分别设置融雪径流系数和降雨径流系数。融雪径流受坡向和低温、土壤含水量等前期土壤条件以及积雪冻土下渗阻碍作用和下层积雪吸收的影响（严登华等，2001），融雪径流系数于春季由低逐渐增大，夏季受气温影响又逐渐减小。随着高程的增加，这种规律性变化在时间上具有滞后性（米艳娇，2009）。本书根据流域地理特征选取融雪和降雨径流系数的初值，并在模型率定中适当调整。

2）度日因子

度日因子反映了融雪量与气温之间的关系，可由站点实测数据计算或现场试验测定，但冰雪融水当量数据缺乏，实际应用中也不具备现场试验条件，通常由式（7-40）确定。作者查阅了相关资料并借鉴其他流域的已有研究初步确定拉萨河流域的度日因子为 0.1～0.16 cm/（℃·d）（张勇等，2006；吴倩如等，2010；谯程骏等，2010）。

3）温度直减率

单位高度的气温变化值称为气温垂直递减率，简称气温直减率，通常以℃/100m 计。由于逆温层的存在，气温直减率变化较大（谢健等，2009，2010）。本书在经验值 0.65℃/100m 的基础上再参考青藏高原气温直减率的变化进行取值（游庆龙等，2001）。

4）退水系数

退水系数用以确定每日径流量对后期径流的贡献，k 不是一个定值，一般由实测历史径流数据根据式（7-41）计算得到。本书使用 SRM 用户手册所使用的方法，x 和 y 值采用作图方法确定：将 1956～1968 年的实测日径流数据点绘到双对数纸上，取 1:1 线和下廓线之间的中线上的两点 A 和 B，认为 A、B 两点满足式（7-41），则可求得 x 和 y 作为模型的输入参数。计算结果如图 7-29 所示。经计算，拉萨河流域 x 和 y 值分别为 1 和 0.022（表 7-10）。

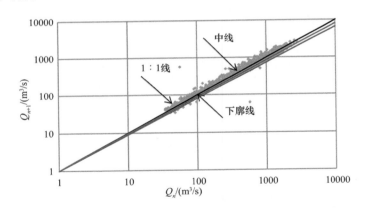

图 7-29　拉萨河流域 1956～1968 年实测日径流双对数散点图

表 7-10　拉萨河流域 2002 年融雪期 SRM 参数

高程带	月份	γ	T_{crit}	α/[cm/（℃·d）]	LagTime/h	C_S	C_R	RCA	x_{coef}	y_{coef}
	3	0.55	3	0.1/0.12	18	0.15	0.4	1	1.0	0.022
	4	0.6	3	0.12/0.14	18	0.15	0.4	1	1.0	0.022
A	5	0.65	2	0.14/0.15	18	0.15	0.4	1	1.0	0.022
	6	0.6	2	0.15	18	0.15	0.4	1	1.0	0.022
	7	0.55	1	0.16	18	0.15	0.4	1	1.0	0.022

高程带	月份	γ	T_{crit}	α/[cm/（℃·d）]	LagTime/h	C_S	C_R	RCA	x_{coef}	y_{coef}
	3	0.6	3	0.1	24	0.15	0.35	0	1.0	0.022
	4	0.65	2	0.12	24	0.15	0.35	0	1.0	0.022
B	5	0.65	2	0.12/0.14	24	0.15	0.35	1	1.0	0.022
	6	0.65	2	0.14/0.15	24	0.15	0.35	1	1.0	0.022
	7	0.6	1	0.16	24	0.15	0.35	1	1.0	0.022
	3	0.65	3	0.1	32	0.1	0.3	0	1.0	0.022
	4	0.65	3	0.1/0.12	32	0.1	0.3	0	1.0	0.022
C	5	0.65	2	0.12/0.14	32	0.1	0.3	1	1.0	0.022
	6	0.65	2	0.14/0.15	32	0.1	0.3	1	1.0	0.022
	7	0.6	1	0.16	32	0.1	0.3	1	1.0	0.022
	3	0.65	3	0.1	32	0.1	0.3	0	1.0	0.022
	4	0.65	3	0.1/0.12	32	0.1	0.3	0	1.0	0.022
D	5	0.65	2	0.12/0.14	32	0.1	0.3	1	1.0	0.022
	6	0.65	2	0.14/0.15	32	0.1	0.3	1	1.0	0.022
	7	0.6	1	0.16	32	0.1	0.3	1	1.0	0.022
	3	0.65	3	0.1	40	0.1	0.3	0	1.0	0.022
	4	0.65	3	0.1/0.12	40	0.1	0.3	0	1.0	0.022
E	5	0.65	2	0.12/0.14	40	0.1	0.3	0	1.0	0.022
	6	0.65	2	0.14/0.15	40	0.1	0.3	1	1.0	0.022
	7	0.6	1	0.15/0.16	40	0.1	0.3	1	1.0	0.022
	3	0.65	3	0.1	40	0.1	0.3	0	1.0	0.022
	4	0.65	3	0.1/0.12	40	0.1	0.3	0	1.0	0.022
F	5	0.65	2	0.12/0.14	40	0.1	0.3	0	1.0	0.022
	6	0.65	2	0.14/0.15	40	0.1	0.3	1	1.0	0.022
	7	0.6	1	0.15	40	0.1	0.3	1	1.0	0.022
	3	0.65	3	0.1	42	0.1	0.3	0	1.0	0.022
	4	0.65	3	0.1/0.12	42	0.1	0.3	0	1.0	0.022
G	5	0.65	3	0.12/0.14	42	0.1	0.3	0	1.0	0.022
	6	0.65	2	0.14/0.15	42	0.1	0.3	1	1.0	0.022
	7	0.6	1	0.15	42	0.1	0.3	1	1.0	0.022

注：γ 为温度直减率（℃/100m）；T_{crit} 为临界温度（℃）；α 为度日因子；LagTime 为降雨贡献径流滞时；C_S 和 C_R 分别为融雪和降雨径流系数；RCA 为降雨贡献面积；x、y 为流量衰退系数公式的两个系数。

3. 模拟结果与精度分析

以 2002 年资料作为研究期，对拉萨河流域融雪径流过程进行模拟。通过手动调参，研究期确定性系数 R^2 为 0.89，表明 SRM 模拟结果较好，基本反映了拉萨河流域融雪期的径流过程（表 7-11）。

表 7-11　模型研究期 2002 年结果

年份	径流总量/$10^9 m^3$		相对误差/%	日平均流量/（m^3/s）		相对误差/%	R^2
	实测	计算		实测	计算		
2002	2.86	2.65	−7	256	238	−7	0.89

　　图 7-30 为拉萨河流域 2002 年 3 月 6 日至 7 月 12 日融雪径流模拟结果，实线为实测径流过程，虚线为模拟径流结果。模型计算径流量 $2.65 \times 10^9 m^3$，实测径流量 $2.86 \times 10^9 m^3$，相对误差为−7%，模拟效果较好。

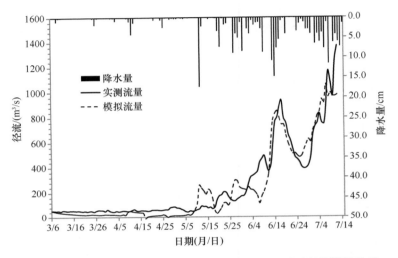

图 7-30　拉萨河流域 2002 年 3 月 6 日至 7 月 12 日融雪径流模拟结果

　　实测最大流量出现时间为 2002 年 7 月 12 日，计算最大流量出现时间为 2002 年 7 月 7 日，误差 5 天。实测最大流量为 1370 m^3/s，计算最大流量为 1061 m^3/s，相对误差为−23%。峰值在模拟中期偏大，在模拟末期偏小。整个流量过程在模拟前期几乎都偏小，主要表现在 3 月、4 月、5 月初及模拟末期；模拟中后期时而偏大时而偏小。降水过程与实测径流过程表现一致，降水在实测径流中的表现稍有滞后，5 月中上旬起降水开始增多，实测日径流主要表现为增大趋势，而降水与模拟径流的较大值时间一致。

4. 模拟误差原因分析

　　SRM 模型模拟融雪径流产生的误差，可从内部原因及外部原因两方面分析。内部原因主要为 SRM 模型本身的局限性，外部原因主要从数据的局限性及参数设置的合理性等方面分析。

　　1）内部原因

　　SRM 模型有一定的物理基础，但其模型结构及参数设置相对简单，且未考虑蒸散发、地理地形等物理因素，而高山寒区水循环过程复杂，水文、气象、地形、地质、植被、土地利用方式等因素均对径流产生影响，模型本身存在一定的局限性。

2）外部原因

拉萨河流域面积广阔，布设的站点稀少，各种数据均比较稀缺，站点均设置在海拔相对较低的地点，地形雨、坡面雨等影响较大。研究使用的降水、气温数据为旁多、唐加、拉萨等 3 个水文站及气象站的日均值，其代表全流域的降水、气温等，必然对模拟精度产生一定的影响。此外，高山地区降水、气温变化十分显著，且其变化未必能在现有分布稀疏的测站中表现出来，也将产生较大误差。

下载的 MODIS 数据均为直接应用，未进行相应影响因素的校正，且无实际地面观测资料修正，而云层、植被等因素对遥感资料均有影响，流域的积雪覆盖面积势必会受到一定影响。

7.3　水文过程对气候变化的响应模拟

降水时空变异已被广泛确认为直接影响流域径流分布的因子之一（Osborn and Lane，1969；Beldring，2002；Speak et al.，2013；Zhang et al.，2018）。气温上升引起的蒸散发变化及冻融与地下水变化也被指出可直接影响冬季径流（Gouttevin et al.，1994；Jayawickreme and Hyndman，2007；Dong et al.，2009；Gao et al.，2015）。全球变暖会通过改变降水模式、增加冰川积雪消融等导致严重的春洪（Collins，2008；Valdés et al.，2015）。总之，包括降水变化、气温上升等气候因子的变异均会改变径流机制（Shi et al.，2013）。因此，评估气候变化对水文过程的影响将会为水资源管理如削减洪旱灾害等提供决策支持（Liu et al.，2010；Zhu et al.，2012）。因此，结合未来气候模式模拟相应水文过程将为相关径流机制探索提供必要基础（Ouyang et al.，2015）。

具有巨大高程差异（151~6234 m）的雅鲁藏布江流域，其内有 40%面积地域分布有积雪、冰川和冻土，人类活动较少。该流域下游位于印度洋流水汽通道上，年降水量高达 4000 mm 以上（Li et al.，2012），因此该流域径流以天然成分为主。探究流域水文机制，水文模型是一种最广为接受的途径，如 SWAT（the soil and water assessment tool，Ullrich and Volk，2009）、HBV（the hydrologiska byråns vattenbalansavdelning model，Seibert，1999），TOPMODEL（the topgraphy-based hydrological model，Pan and King，2012）、VIC（the variable infiltration capacity，Wu et al.，2007）等。雅鲁藏布江流域，流域面积广，地形地貌差异大，适用于大尺度范围的 VIC 模型相对较为成熟。VIC 模型包含积雪消融、冻融过程、植被活动模拟等模块。刘文丰于 2012 年首次采用该模型对拉萨河流域进行了模拟，2015 年该模型再次被应用于拉萨河流域探索气候变化情景下径流机制（Liu et al.，2015）。

采用适合大尺度流域的分布式 VIC（variable infiltration capacity）水文模型，结合经优选出的 CMIP5 MIROC5 数据集对雅鲁藏布江流域未来气候情景下（2016~2100 年）年际尺度上的水文响应（降水、蒸散发、土壤含水量、径流，以及冻融过程）进行模拟与分析。

7.3.1　VIC 模型数据来源

1. 地形数据

本书中 VIC 模型建立在 1km × 1km 的网格上，建模过程中所需数据包括土壤参数、植被参数和高程。其中，高程数据收集自科技资源开放共享平台，即分辨率为 90 m×90 m 的 DEM（digital elevation model）数据。后期，为与模型模拟精度相吻合，借用 ArcGIS 平台上的重采样（Resampling）工具，将网格重采样成 10 km × 10 km 分辨率，最终覆盖整个雅鲁藏布江流域的网格。另外，根据 D8 算法，对相邻网格间的水流流向进行了提取，对比发现提取出的流向与实际流向具有良好的匹配效果，这是为模型汇流计算做的前期准备工作。

2. 土壤数据

为反映次网格土壤特性的空间变异性，VIC 模型输入变量要求提供一个土壤参数文件。本书采用 NOAA（National Oceanic & Atmospheric Administration）水文办公室提供的全球 5′土壤数据，这套数据将土壤分为 12 种类型。土壤参数分为两大类：一类是确定性参数，与土壤特性有关，可以直接从参数库文件提取，主要包括土壤饱和体积含水量（θ_s）、饱和土壤水势（ψ_s）、土壤饱和水力传导度（K_s）、总密度等；另一类是经验性参数，需要根据模型模拟效果进行调整，主要有可变下渗曲线指数（B），与基流有关的参数包括最大基流量（D_m）、最大基流量的比例系数（D_s）、下层土壤最大含水量的比例系数（W_s）及三层土壤深度 d_i（$i=1$，2，3）。

3. 植被数据

研究区内植被类型包括草本植被、冰雪覆地、常绿针叶林、稀疏灌木、裸土、针叶林、阔叶林、栽培植被、自然植被及水体等（图 7-31）。其中，分布最为广泛的植被类型为草本植被，分布面积占整个流域面积的 60%。另外，冰雪覆地、常绿针叶林和稀疏灌木分布较少。在建模过程中，所需植被参数包括零平面位移、糙率、根系分布、最小气孔阻抗、逐月叶面积指数、反照率等，这些数据收集自全球陆面数据集。

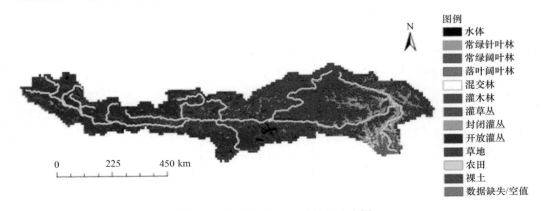

图 7-31　雅鲁藏布江流域植被分布图

4. 历史气象与水文数据

历史逐日气象数据集收集自国家气象科学数据中心（http://data.cma.cn/），包括流域周围 21 个气象站点（图 7-32）1961～2015 年的逐日降水和气温（最高气温、最低气温和平均气温）资料，其中，空值通过线性插值方法获得（Yang et al.，2011）。1961～2000 年奴下站（在雅鲁藏布江干流上，同时位于流域下游）的逐日流量实测系列由西藏自治区水文水资源勘测局提供，用于模型参数的率定及模拟效果的验证（图 7-32）。

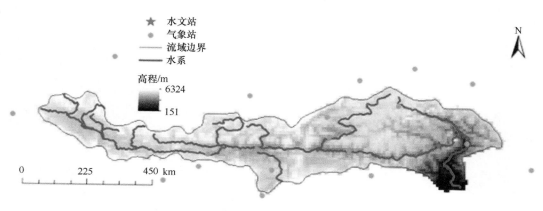

图 7-32　雅鲁藏布江流域模拟网格以及气象站点和水文站点分布图

5. 未来气象数据

IPCC 第五次评估报告（The fifth report of Intergovernmental Panel on Climate Change，IPCC5）提供了超过 40 种全球气候模式（https://esgf-node.llnl.gov/projects/cmip5/）。前期相关对比与评估结果表明 MIROC5（Model for Interdisciplinary Research on Climate，Fifth Version）模式结果相比而言能够更加精确地捕捉到研究区内降水与气温的时空分布特征（刘文丰等，2012；Kim et al.，2011；Mochizuki et al.，2012；Kumar et al.，2013；Huang et al.，2015；Qu et al.，2015；Yu et al.，2015）。MIROC5 模式数据集由东京大学气候系统研究中心（the Climate System Research Center of University of Tokyo）提供，输出数据的空间分辨率为 1.4°×1.4°。前期分析表明 MIROC5 数据集对雅鲁藏布江流域陆地气象变量（降水和气温）的模拟效果相对好于 GCM 中的其他数据集（刘文丰等，2012）。MIROC5 输出的三种气候情景下（rcp26、rcp60 和 rcp85）2005～2100 年数据集，以及 1970～2005 年的历史气象数据序列也被收集用于降尺度。然而，通过整理所收集的数据发现，rcp26 和 rcp60 两种气候情景下的数据集中存在许多空值，因此，后续研究中仅选用了 MIROC5 rcp85 气候情景下的数据集。

6. 降尺度方法

本书选取了由 Immerzal 等于 2002 年提出的降尺度方法，用于将 CMIP5 MIROC5

数据集进行降尺度，包括 21 个气象站对应格网上的降水、气温（最高气温、最低气温、平均气温）数据。该降尺度方法已被成功应用在喜马拉雅地区，其具体实施步骤如下：首先，结合各目标变量的月平均模式值和实测值及对应标准差计算式（7-43）和式（7-44）的两个调节系数，降尺度后的逐月变量值可由式（7-45）计算得到：

$$\mu_m = \frac{\overline{x_{0,m}}}{\overline{x_{\mathrm{MIROC5},m}}} \tag{7-43}$$

$$\sigma_m = \frac{\sigma_{0,m}}{\sigma_{\mathrm{MIROC5},m}} \tag{7-44}$$

$$x'_{\mathrm{MIROC5},m} = \left(x_{\mathrm{MIROC5},m} - \overline{x_{\mathrm{MIROC5},m}}\right) \times \sigma_m + \left(x_{\mathrm{MIROC5},m} \times \mu_m\right) \tag{7-45}$$

式中，$x_{\mathrm{MIROC5},m}$ 和 $x'_{\mathrm{MIROC5},m}$ 分别为原始的和校正后的要素值；μ_m 为平均值的调节系数；$\overline{x_{0,m}}$ 和 $\overline{x_{\mathrm{MIROC5},m}}$ 分别为历史时期（1971～2005 年）观测序列和 MIROC5 数据序列给定月份 m（$m=1$，…，12）的均值（降水或气温）。相似的，σ_m 为标准差的调节系数；$\sigma_{0,m}$ 和 $\sigma_{\mathrm{MIROC5},m}$ 分别为历史时期（1971～2005 年）观测序列和 MIROC5 数据序列给定月份 m（$m=1$，…，12）的标准差（降水或气温）。

然后，利用 1970～2015 年 12 个给定月份的平均分布序列将校正后的 2005～2100 年逐月 MIROC5 数据集分配到日尺度上。具体地，保持 MIROC5 序列逐月加和保持不变，基于相应给定月份观测值的统计分布对其进行日尺度上的分配；执行这一步后可输出 2005～2100 年 21 个气象站点的逐日统计降尺度的降水和气温，其可直接用作 VIC 模型的输入数据。模拟格网中降水和气温降尺度序列的空间分布由克里金插值得到[胡林涓等（2012）已验证了克里金插值方法在流域内的有效性]。

7.3.2　VIC 模型介绍

VIC 模型最早由刘文丰等（1992）提出，此后部分学者通过部分算法的改进与添加新的模块使得模型得到不断发展与应用，包括吹雪模块、湖泊计算模块及冻土计算模块等。VIC 模型可用于模拟大尺度流域土壤-植被-大气间的相互作用，其独特性在于考虑了下渗能力的空间异质性，并用土壤参数来表征这种异质性。就产流机制而言，该模型同时考虑了蓄满产流与超渗产流机制，关于模型的更多介绍可参考其官方网站（http：//github.com/UW-Hydro/VIC）。此次建模中也考虑了融雪与积雪过程、冻土融化与冻结过程。其中，7 个土壤参数需要率定（Liu et al.，2015），包括三个土壤层厚度、变化下渗能力曲线的形状系数、日最大地下水径流量，当地下水径流从线性变成非线性时地下水径流量与参数 K_m 的比例、最小土壤含水量与最大土壤含水量的比例（Liu et al.，2015）。

研究采用由 Duan 等于 1994 年提出的 SCE-UA（Shuffled Complex Evolution developed at the University of Arizona）算法对 VIC 模型进行参数率定，前期研究中已证实该方法在雅鲁藏布江流域是可行的（Liu et al.，2015）。在 SCE-UA 算法中，为获取最优参数集，

如式（7-46）所示的目标函数 F 被选用。1971～1980 年和 1981～2000 年两个时间段分别被用于模型的率定与验证。在验证 VIC 模型有效性的过程中，Nash-Sutcliffe（N_s）效率系数[式（7-47）]、相对误差（E_r）[式（7-48）]、相关系数（r）及确定性系数（R^2）被选作评估指标，其中，r 和 R^2 的计算可参考 Liu 等（2015）的论文。另外，N_s、r、R^2 值越大，E_r 值越小表示模型模拟效果越好。

$$F = (1-N_s) + 5\left|\ln(1+E_r)\right|^{2.5} \tag{7-46}$$

$$N_s = 1 - \frac{\sum(Q_{m,i} - Q_{0,i})^2}{\sum\left(Q_{0,i} - \overline{Q_0}\right)^2} \tag{7-47}$$

$$E_r = \frac{\sum Q_{m,i}}{\sum Q_{0,i}} - 1 \tag{7-48}$$

式中，$\overline{Q_0}$ 为 1981～2000 年月平均观测流量；$Q_{m,i}$ 和 $Q_{0,i}$（i 为 1981～2000 年月份序号，$i=1$，2，$\cdots$，240）分别为奴下站逐月观测流量和模拟流量。

7.3.3　降　　水

年尺度降水变化如图 7-33 所示，2045～2060 年，大多数地区的降水量将低于 2005～2020 年的相应数值；到 21 世纪末则出现相反的情况，特别是在流域的中南部地区，如喜马拉雅山脉及其中南部地区。为了识别降水的季节性特征，图 7-33（d）～（o）显示了 2005～2020 年季节性降水的空间分布以及 2045～2060 年、2085～2100 年降水量的变率。首先，2005～2020 年和 2045～2060 年春季和秋季的降水具有相似的空间变化，表现为在流域的中部和东部地区，降水的减少趋势明显。然而在上游地区近一半的网格在

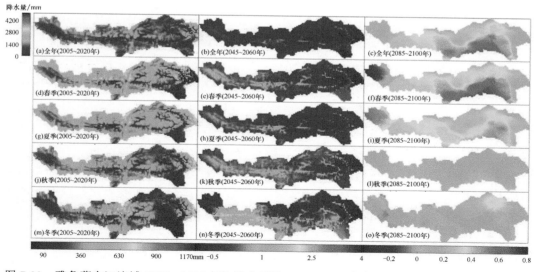

图 7-33　雅鲁藏布江流域 2005～2020 年均降水量及 2045～2060 年相比于 2005～2020 年、2085～2100 年相比于 2045～2060 年年均降水量的变率

春季和夏季降水分别增加或减少。对于秋季降水，流域东部边缘的大部分网格显示降水明显减少，而在其他地区，降水以增加为主。此外，在 2005～2020 年和 2045～2060 年，观测到冬季降水变化存在显著空间差异，与其他季节相比，北部地区一些网格的降水量存在减少的趋势。

7.3.4　蒸　散　发

就蒸散发的空间分布[图 7-34（a）～（c）]而言，2005～2020 年，上游地区的蒸散发量总体小于中下游，且蒸散发量最大值分布于中下游南部地区。与研究区上游地区2005～2020 年相比，2045～2060 年蒸散发的变异性大幅增加，并且中下游地区蒸散发略有增加。2045～2060 年和 2085～2100 年蒸散发的变化表明，蒸散发量呈现出微弱的变化。具体而言，在上游区域观察到轻微增加，在中游和下游区域观察到轻微减少。

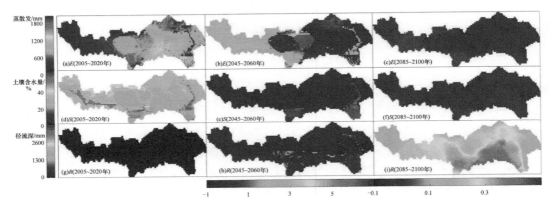

图 7-34　雅鲁藏布江流域 2005～2020 年年尺度水文要素值及 2045～2060 年相比于 2005～2020 年、
2085～2100 年相比于 2045～2060 年相应变率
图中 E、S、R 分别代表蒸散发、土壤含水量、径流深

2005～2020 年，四季平均蒸散发对比结果显示，大部分区域夏季蒸散发值最大（图 7-35）。然而，就 2005～2020 年至 2045～2060 年夏季蒸散发的变化而言，上游大部分区域蒸散发总体呈下降趋势。春季和冬季蒸散发的变化具有相似性，并且总体均呈增加趋势，其中唯一的差异在流域的西北边缘处：在春季和冬季分别检测到蒸散发增加和减少。对于秋季蒸散发，其幅度大于 2005～2020 年相应的夏季蒸散发量，并且 2045～2060 年的空间变异模式整体表明整个流域的蒸散发量增加。对比 2045～2060 年和2085～2100 年季节性蒸散发的变化，结果表明：春季和夏季蒸散发量略有增加，只有流域东北部地区夏季蒸散量减少；在秋季，流域西北边缘、中游和下游的格网蒸散发量整体减少；然而，冬季的蒸散量总体增加。

7.3.5　土壤含水量

与蒸散发相反，与 2005～2020 年相比，上游流域年度尺度土壤含水量（图 7-36）预计

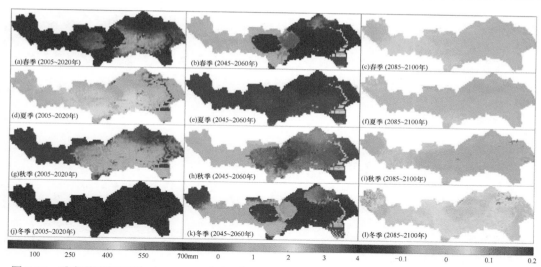

图 7-35　雅鲁藏布江流域 2005～2020 年四季蒸散发及 2045～2060 年相比于 2005～2020 年、2085～
2100 年相比于 2045～2060 年蒸散发的变率

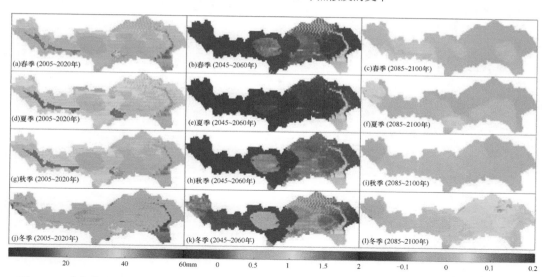

图 7-36　雅鲁藏布江流域 2005～2020 年四季土壤含水量及 2045～2060 年相比于 2005～2020 年、
2085～2100 年相比于 2045～2060 年土壤含水量的变率

在 2045～2060 年略微减少。在中下游流域，大多数区域土壤含水量略有增加。在雅鲁藏布江流域的东南角和年楚河流域的部分地区观测到了相当大的变化。2045～2060 年和 2085～2100 年土壤水分的差异与蒸散量相似，具体而言，研究区域中大多数网格的土壤含水量增加，下游东北角的一些格网中的土壤含水量减少。

对于研究区季节性土壤含水量而言，2005～2020 年各季节土壤含水量的空间格局存在一致性，土壤含水量按季节从小到大排列为：冬季、春季、秋季和夏季。同样，关于季节性土壤含水量的变化，所有季节的空间格局也是一致的，春季上游地区的土壤含水量减少，夏季和秋季中上游地区土壤含水量减少，相应地，夏季和秋季中下游地区的土壤含水量增加。此外，冬季土壤水分的增加通常在整个流域中得到证实，这与上面列出的土壤含水量季节排序相反，并且季节尺度土壤含水量普遍呈增加趋势。关于 2045～2060 年和 2085～2100 年土壤含水量变化，任何季节的土壤含水量都未呈现显著下降趋势，但冬季土壤含水量的变化幅度相对来说最大。

7.3.6　径　　流

研究区内 2005～2020 年径流量的空间分布（图 7-37）与年降水量的分布模式相当一致。整个流域内 2005～2020 年至 2045～2060 年径流量呈现下降趋势，而 2085～2100 年相比于 2045～2060 年径流量呈增加趋势。2005～2020 年至 2045～2060 年，季节间径流变化具有明显差异。上中游部分区域冬季径流增量微小，而下游径流普遍减少，流域内大部分区域春秋季径流也表现为减少趋势。

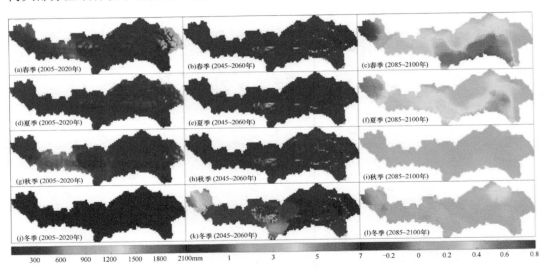

图 7-37　雅鲁藏布江流域 2005～2020 年四季径流深及 2045～2060 年相比于 2005～2020 年、2085～2100 年相比于 2045～2060 年径流深的变率

2045～2060 年至 2085～2100 年，大部分区域四季径流呈增加趋势，春季和夏季径流增加趋势显著，而秋季径流增加趋势不明显。此外，春季径流变化具有空间变异性，西北部分格点径流呈明显下降趋势，而其他区域为增加趋势，其中年楚河流域和喜马拉雅山地区增加趋势最为显著。夏季径流增量微小，仅西北边界区域和大拐弯地区径流明显增加。2005～2020 年和 2045～2060 年、2045～2060 年和 2085～2100 年年尺度和季节尺度上所选水文要素的变率具有较强的一致性。具体地，所有的水文变量除了蒸散发之外在不同的时间尺度上于 2005～2020 年和 2045～2060 年都被检测为减少趋势，但冬季各水文要素均表现为增加趋势（图 7-37）。对比而言，降水和径流 2045～2060 年至 2085～2100 年均呈显著增加趋势，而蒸散发和土壤含水量的变化趋势相对微弱，具体地，蒸散发以增加趋势为主，而土壤含水量的变化与降水和气温具有一致

性。研究结果显示，降水量的多少以及变化过程直接影响径流量大小以及变化形态。就径流季节性变化而言，由气温升高引发的积雪消融、冰川和冻土融化补给径流是径流增加的另一个原因。

7.3.7　冻融过程分析

1. 冻融起止日期和历时变化趋势

明显地，冻结开始日期推迟、冻结结束日期提前，仅拉萨河流域北部部分地区出现异常，其冻结结束时间有推迟现象；但冻结历时仍以缩短为主，仅流域东南角以及拉萨河流域西南部区域部分格网点冻结历时呈不明显的增加趋势（图 7-38）。

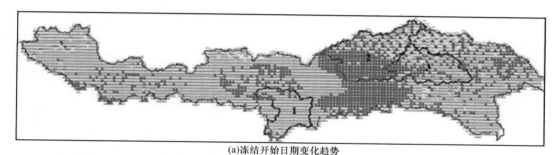

(a)冻结开始日期变化趋势

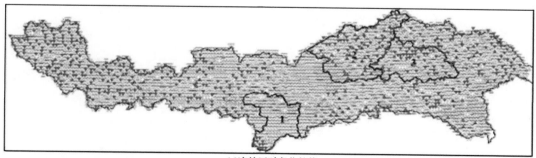

(b)冻结结束日期变化趋势

(c)冻结历时变化趋势

图 7-38　冻结起止日期和历时变化趋势图

1-年楚河流域；2-拉萨河流域；3-尼洋河流域

实心蓝色下三角-下降趋势显著；空心蓝色下三角-下降趋势不显著；空心黑色圆圈-无趋势；空心红色上三角-上升趋势不显著；实心红色上三角-上升趋势显著；下同

与冻结过程相反，融化开始日期提前、结束日期推迟，融化历时增加；仅拉萨河流域和尼洋河流域北部部分区域呈现相反的现象。就年楚河而言，融化开始和结束日期总体分别呈提前和推迟趋势、融化历时也增加，尼洋河流域同样如此，但其变化趋势更加显著；而拉萨河流域西南部区域和东北部区域分异明显，其中，西南部区域融化开始和结束日期分别表现为显著的提前和推迟趋势、融化历时为显著增加趋势，而东北部区域恰好相反（图7-39）。

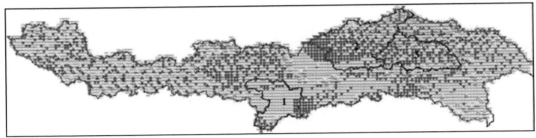

(a)融化开始日期变化趋势

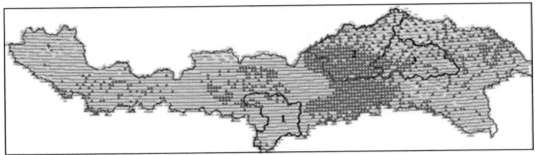

(b)融化结束日期变化趋势

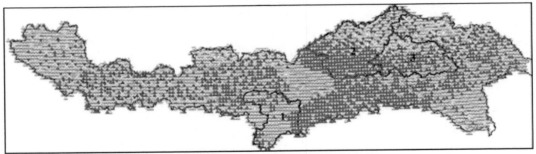

(c)融化历时变化趋势

图7-39 融化起止日期和历时变化趋势图

2. 冻融时期土壤含水量变化趋势

图7-40和图7-41分别为冻结时期和融化时期不同深度处土壤含水量变化趋势图。二者综合来看，在流域中游与下游大部分区域冻结时期和融化时期0～10 cm、10～40 cm和40～190 cm三层土壤含水量均表现为显著增加趋势，仅流域东南角区域土壤含水量为下降趋势，且0～10 cm和10～40 cm土壤含水量下降趋势极为显著。对于上游区域

(a)冻结时期0~10cm深度土壤含水量变化趋势

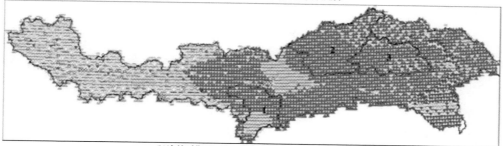

(b)冻结时期10~40cm深度土壤含水量变化趋势

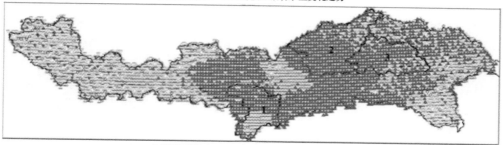

(c)冻结时期40~190cm深度土壤含水量变化趋势

图 7-40　冻结时期不同深度土壤含水量变化趋势图

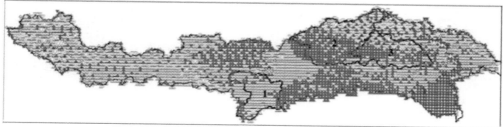

(a)融化时期0~10cm深度土壤含水量变化趋势

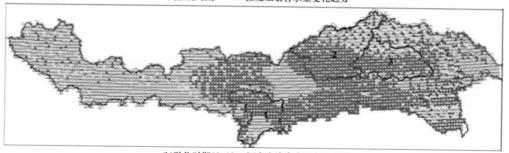

(b)融化时期10~40cm深度土壤含水量变化趋势

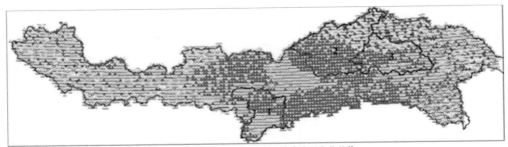

(c)融化时期40~190cm深度土壤含水量变化趋势

图 7-41　融化时期不同深度土壤含水量变化趋势图

而言，冻结时期和融化时期三层土壤含水量变化趋势总体均不显著，但冻结时期内超过一半区域土壤含水量表现为不明显的下降态势，而融化时期此区域内土壤含水量仍以不明显的增加趋势为主。

3. 0～10cm 土壤水分深度变化及其对径流深度变化贡献分析

年楚河流域、拉萨河流域和尼洋河流域 0～10 cm 土壤水含量增量（1961～1985 年至 1986～2015 年，其中 1985 年和 1986 年为 0～10 cm 土壤含水量主要突变年份）分别为 9.409 mm、12.19 mm 和 15.89 mm；三个流域对应径流深增量（1985 年和 1986 年同时也是三个流域出口流量序列的突变年份）分别为–15.58 mm、10.06 mm 和 41.99 mm。尼洋河流域 0～10 cm 土壤含水量增加对径流增加的贡献率为 37.83 %，而年楚河流域 0～10 cm 土壤含水量增加径流量减少，拉萨河流域径流增量小于 0～10 cm 土壤含水率，二者可能由人类活动造成（图 7-42）。

图 7-42　1961～1985 年至 1986～2015 年 0～10 cm 土壤水分深度增量图

7.4　小　　结

7.4.1　流域生态水文过程模拟

（1）对雅鲁藏布江流域 BTOPMC 模型的构建、率定及验证的研究发现：羊村站及奴下站在率定期和验证期模拟结果与实际情况基本一致，率定期 NSE 大于 75%，验证期 NSE 大于 65%，模拟效果良好。奴各沙站由于所处区域地势复杂，其子流域汇流特征较其下游两个子流域有一定的差别，且位于奴各沙水文站上游的气象站点仅有三个，分布较少，降水及气温资料的代表性较差，直接制约了模型模拟的精确度。但从整体的模拟结果来看，BTOPMC 依然保证了整个流域水文过程的准确模拟，可以进一步用于下一步对未来气候情景下径流变化的预测中。

（2）对气候变化情景构建及流域生态水文过程响应的研究发现：①每月气温大小规律均符合 $T_{当前}<T_{2050s\ rcp4.5}<T_{2070s\ rcp4.5}<T_{2050s\ rcp8.5}<T_{2070s\ rcp8.5}$。从温室气体排放较强的情景 rcp8.5 的情况来看，2050s 气温已超过相对排放较弱的 2070s。可见，温室气体排放是气候变暖的一个主要影响因素，若想减缓气候变暖的步伐，一定要对其排放量加以控制。四种气候情景下每年温度平均分别增加 3.5℃、4.5℃、4.0℃、6.3℃，从气温的年分布来看，6～9 月气温增加的幅度要明显低于其余月份，说明气候变化更易对低温天气产生影响。从气温变化的流域分布来看，四个情景下整个流域温差变化在 1～2℃，流域北部较南部气温上升更大，且最大值往往出现在东北和西北两端。②从四种气候情景年降水总量来看，$P_{当前}$（452mm）$<P_{2050s\ rcp4.5}$（578mm）$<P_{2070s\ rcp4.5}$（608mm）$<P_{2050s\ rcp8.5}$（618mm）$<P_{2070s\ rcp8.5}$（660mm），从月降水分布来看，6～8 月是丰水期，占到年降水总量的 60%以上，降水均在 7 月达到最大值。平水期和枯水期的月降水量分布及变化四个情景各不相同且没有统一规律，针对丰水期，四个情景下 6～8 月降水的变化率分别为 2050s rcp4.5（25.7%）$<$2050s rcp8.5（31.7%）$<$ 2070s rcp4.5（32.7%）$<$ 2070s rcp8.5（48.9%），其中情景 2050s rcp8.5 和情景 2070s rcp4.5 的降水量分布及变化率十分接近，同样说明温室气体排放强度会加快气候变化进程。从降水变化的流域分布来看，降水增加量较大的区域集中在流域南部，且随着气候变化的加剧，区域有由南向北逐渐扩大的趋势，流域源头及出口区域降水增加较小。③分析四个未来气候情景水文模型奴下站的模拟流量可知，年月均流量 $Q_{当前}<Q_{2050s\ rcp4.5}<Q_{2070s\ rcp4.5}<Q_{2050s\ rcp8.5}<Q_{2070s\ rcp8.5}$，若把 12 月至次月 2 月流量相对平稳时期看作基流期，其基流量大小关系为 $Q_{当前}$（255.2 m³/s）$<Q_{2050s\ rcp4.5}$（387.7 m³/s）$<Q_{2070s\ rcp4.5}$（447.9 m³/s）$<Q_{2050s\ rcp8.5}$（462.2 m³/s）$<Q_{2070s\ rcp8.5}$（483.4 m³/s），均有明显的提升。将每年径流相较于降水量有明显上升的时间看作冰川融化开始的时间，当前及 2050s rcp4.5 情景大致在 4 月，2050s rcp8.5 与 2070s rcp4.5 大致发生在 2～3 月，且 2050s rcp8.5 情景下流量上升的幅度更大，2070s rcp8.5 情景大致在 2 月，冰川融化时间随着气候变化的加剧逐渐提前。3～5 月降水相对较少，此时河道流量变化主要由温度上升引发的冰川融水所致，随着气温的上升，流域蒸发量将抵消融雪量从而使降水变化成为河道流量变化的主导因子。当每年流域温度达到 0.40～0.97℃之间的某一个温度阈值时，冰川融雪径流量将出现明显上升，随着气候变暖的进一步加剧，此温度阈值出现的时间将会提前，每年冰川的融化期将会越来越长。

7.4.2　融雪径流模拟

本书中温度直减率 γ 值设置有待改善，高山区和低山区设置相同，且未考虑季节变化，采用分时间段设置 γ 值的方法难以满足精度要求。其他参数如度日因子等设置均为参考数值，没有相关监测资料可用，也给应用带来一定的困难。但是，青藏高原地区普遍存在这样的问题，地面监测站相对其他地区奇缺，相关的研究成果较少，参考流域或地区的实际情况与拉萨河流域均有较大差别，且缺乏相关的经验总结，实用性较高的参考资料很少。因而参数设置只能估算，难以满足精度要求。需进一步进行资料积累，长期开展缺资料地区的水文过程模拟研究。

7.4.3　水文过程对气候变化的响应模拟

（1）蒸散发和土壤湿度的变化相对较小，整个流域内 2006～2020 年至 2046～2060 年均蒸散发是增加的，而上游土壤含水量增加、中下游土壤含水量是减少的。在 2086～2100 年，上中游蒸散发和土壤含水量均显示出不显著的增加态势，而下游二者表现为略微下降态势。

（2）从 2006～2020 年至 2046～2060 年，年尺度上的降水量、土壤含水量和径流量均有所减少，但年降水量和年平均径流量从 2046～2060 年至 2086～2100 年呈显著增加趋势，尤其对于喜马拉雅山区和年楚河流域。

（3）从 2046～2060 年至 2086～2100 年，春季和夏季降水量、径流量均表现出显著的增加趋势，尤其是喜马拉雅地区。降水的变化可能是雅鲁藏布江流域径流变化的主导因素。

（4）雅鲁藏布江流域冻结开始时间推迟、融化开始时间提前，冻结历时缩减、融化历时增加，土壤含水量增加显著。

参 考 文 献

程银才, 李明华, 范世香. 2007. 非线性马斯京根模型参数优化的混沌模拟退火法[J]. 水电能源科学, 25(1): 30-33.
胡林涓, 彭定志, 张明月, 邱玲花. 2012. 雅鲁藏布江流域气象要素空间插值方法的比较与改进[J]. 北京师范大学学报(自然科学版), 48(5): 449-452.
刘文丰, 徐宗学, 刘浏, 等. 2012. 基于 VIC 模型的拉萨河流域分布式水文模拟[J]. 北京师范大学学报(自然科学版), 48(5): 524-529.
陆桂华, 郦建强, 杨晓州. 2001. 遗传算法在马斯京根模型参数估计中的应用[J]. 河海大学学报: 自然科学版, 29(4): 9-12.
米艳娇. 2009. 和田河流域融雪径流模拟及其对未来气候变化的响应[D]. 北京: 北京师范大学.
谯程骏, 何晓波, 叶柏生. 2010. 唐古拉山冬克玛底冰川雪冰度日因子研究[J]. 冰川冻土, 32(2): 257-264.
吴倩如, 康世昌, 高坛光, 等. 2010. 青藏高原纳木错流域扎当冰川度日因子特征及其应用[J]. 冰川冻土, 32(5): 891-897.
谢健, 刘景时, 杜明远, 等. 2009. 拉萨河流域高山水热分布观测结果分析[J]. 地理科学进展, 28(2): 223-230.
谢健, 刘景时, 杜明远, 等. 2010. 念青唐古拉山南坡气温分布及其垂直梯度[J]. 地理科学, 30(2): 113-118.
严登华, 邓伟, 何岩. 2001. 融水对流域水环境系统影响研究进展[J]. 水文, 21(1): 5-9.
游庆龙, 康世昌, 田克明, 等. 2001. 青藏高原念青唐古拉峰地区气候特征初步分析[J]. 山地学报, 25(4):

497-504.

詹士昌, 徐婕. 2005. 蚁群算法在马斯京根模型参数估计中的应用[J]. 自然灾害学报, (5): 20-24.

张勇, 刘时银, 丁永建. 2006. 中国西部冰川度日因子的空间变化特征[J]. 地理学报, 61(1): 89-98.

Ao T, Yoshitani J, Takeuchi K, et al. 2003. Effects of sub-basin scale on runoff simulation in distributed hydrological model: BTOPMC[J]. International Association of Hydrological Sciences, Publication, (282): 227-233.

Beldring S. 2002. Multi-criteria validation of a precipitation–runoff model[J]. Journal of Hydrology, 257(1): 189-211.

Boughton W C. 1989. A review of the USDA SCS curve number method[J]. Soil Research, 27(3): 511-523.

Chen L, Frauenfeld O W. 2014. A comprehensive evaluation of precipitation simulations over China based on CMIP5 multimodel ensemble projections[J]. Journal of Geophysical Research Atmospheres, 119(10): 5767-5786.

Collins D N. 2008. Climatic warming, glacier recession and runoff from Alpine basins after the Little Ice Age maximum[J]. Annals of Glaciology, 48(48): 119-124.

Dong L, Wang W, Ma M, et al. 2009. The change of land cover and land use and its impact factors in upriver key regions of the Yellow River[J]. International Journal of Remote Sensing, 30(5): 1251-1265.

Gao X, Huo Z, Bai Y, et al. 2015. Soil salt and groundwater change in flood irrigation field and uncultivated land: a case study based on 4-year field observations[J]. Environmental Earth Sciences, 73(5): 2127-2139.

Gouttevin I, Krinner G, Ciais P, et al. 1994. Multi-scale validation of a new soil freezing scheme for a land-surface model with physically-based hydrology[J]. Cryosphere Discussions, 6(2): 2197-2252.

Huang D Q, Zhu J, Zhang Y C, et al. 2013. Uncertainties on the simulated summer precipitation over Eastern China from the CMIP5 models[J]. Journal of Geophysical Research: Atmospheres, 118(16): 9035-9047.

Huang Y, Li X, Wang H. 2015. Will the western Pacific subtropical high constantly intensify in the future[J]? Climate Dynamics, 47(1-2): 1-11.

Jayawickreme D H, Hyndman D W. 2007. Evaluating the influence of land cover on seasonal water budgets using Next Generation Radar (NEXRAD) rainfall and streamflow data[J]. Water Resources Research, 43(2): 604-614.

Kim H J, Takata K, Wang B, et al. 2011. Global monsoon, El Niño, and their interannual linkage simulated by MIROC5 and the CMIP3 CGCMs[J]. Journal of Climate, 24(21): 5604-5618.

Kumar R, Singh S, Kumar R, et al. 2016. Development of a glacio-hydrological model for discharge and mass balance reconstruction[J]. Water Resources Management, 30(10): 3475-3492.

Kumar S, Dirmeyer P A, Merwade V, et al. 2013. Land use/cover change impacts in CMIP5 climate simulations: a new methodology and 21st century challenges[J]. Journal of Geophysical Research, 118(3): 6337-6353.

Li H, Li Y, Shen W, et al. 2015. Elevation-dependent vegetation greening of the Yarlung Zangbo River basin in the southern Tibetan Plateau, 1999–2013[J]. Remote Sensing, 7(12): 16672-16687.

Liang X, Lettenmaier D P, Wood E F, et al. 1994. A simple hydrologically based model of land surface water and energy fluxes for general circulation models[J]. Journal of Geophysical Research: Atmospheres, 99(D7): 14415-14428.

Liu W, Xu Z, Li F, et al. 2015. Impacts of climate change on hydrological processes in the Tibetan Plateau: a case study in the Lhasa River basin[J]. Stochastic Environmental Research and Risk Assessment, 29(7): 1809-1822.

Liu Z, Xu Z, Huang J, et al. 2010. Impacts of climate change on hydrological processes in the headwater catchment of the Tarim River basin, China[J]. Hydrological Processes: An International Journal, 24(2): 196-208.

Martinec J, Rango A. 1986. Parameter values for snowmelt runoff modeling[J]. Journal of Hydrology, 84(3-4): 197-219.

Mochizuki T, Chikamoto Y, Kimoto M, et al. 2012. Decadal prediction using a recent series of MIROC global climate models[J]. Journal of the Meteorological Society of Japan. Ser. II, 90: 373-383.

Nelder J A, Mead R. 1965. A simplex method for function minimization[J]. The Computer Journal, 7(4): 308-313.

Osborn H B, Lane L. 1969. Precipitation–runoff relations for very small semiarid rangeland watersheds[J]. Water Resources Research, 5(2): 419-425.

Ouyang F, Zhu Y H, Fu G B, et al. 2015. Impacts of climate change under CMIP5 RCP scenarios on stream-flow in the Huangnizhuang catchment[J]. Stochastic Environmental Research & Risk Assessment, 29(7): 1781-1795.

Pan F, King A W. 2012. Downscaling 1-km topographic index distributions to a finer resolution for the TOPMODEL-based GCM hydrological modeling[J]. Journal of Hydrologic Engineering, 17(2): 243-251.

Qu X, Huang G, Hu K, et al. 2015. Equatorward shift of the South Asian high in response to anthropogenic forcing[J]. Theoretical & Applied Climatology, 119 (1-2), 113-122. doi: 10.1007/s00704-014-1095-1.

Seibert J. 1999. Regionalisation of parameters for a conceptual rainfall-runoff model[J]. Agricultural and Forest Meteorology, 98-99: 279-293.

Shuttleworth W J, Wallace J S. 1985. Evaporation from sparse crops-an energy combination theory[J]. Quarterly Journal of the Royal Meteorological Society, 111(469): 839-855.

Speak A F, Rothwell J J, Lindley S J, et al. 2013. Rainwater runoff retention on an aged intensive green roof[J]. Science of the Total Environment, 461-462(7): 28-38.

Takeuchi K, Ao T, Ishidaira H. 1999. Introduction of block-wise use of TOPMODEL and Muskingum-Cunge method for the hydroenvironmental simulation of a large ungauged basin[J]. International Association of Scientific Hydrology Bulletin, 44(4): 633-646.

Takeuchi K, Hapuarachchi P, Zhou M, et al. 2008. A BTOP model to extend TOPMODEL for distributed hydrological simulation of large basins[J]. Hydrological Processes: An International Journal, 22(17): 3236-3251.

Tramblay Y, Bouvier C, Martin C, et al. 2010. Assessment of initial soil moisture conditions for event-based rainfall–runoff modelling[J]. Journal of Hydrology, 387(3-4): 176-187.

Ullrich A, Volk M. 2009. Application of the Soil and Water Assessment Tool (SWAT) to predict the impact of alternative management practices on water quality and quantity[J]. Agricultural Water Management, 96(8): 1207-1217.

Valdés J B, Seoane R S, North G R. 2015. A methodology for the evaluation of global warming impact on soil moisture and runoff[J]. Journal of Hydrology, 161(1-4): 389-413.

Williams J R, LaSeur W V. 1976. Water yield model using SCS curve numbers[J]. Journal of the Hydraulics Division, 102(9): 1241-1253.

Wu Z Y, Lu G H, Wen L, et al. 2007. Thirty-five year (1971~2005) simulation of daily soil moisture using the variable infiltration capacity model over China[J]. Atmosphere, 45(1): 37-45.

Yoshitani J, Takeuchi K, Fukami K, et al. 2003. Effects of sub-basin scale on runoff simulation in distributed hydrological model: BTOPMC[J]. Weather Radar Information and Distributed Hydrological Modelling, (282): 227-233.

Yu E T, et al. 2015. Evaluation of a high-resolution historical simulation over China: Climatology and extremes. Climate Dynamics, 45, 2013-2031. doi: 10.1007/s00382-014-2452-6.

Zhang Y, Feng X, Wang X, et al. 2018. Characterizing drought in terms of changes in the precipitation–runoff relationship: A case study of the Loess Plateau, China[J]. Hydrology and Earth System Sciences, 22(3): 1749-1766.

Zhong R, He Y, Chen X. 2018. Responses of the hydrological regime to variations in meteorological factors under climate change of the Tibetan plateau[J]. Atmospheric Research, 214: 296-310.

Zhu T, Ringler C. 2012. Climate change impacts on water availability and use in the Limpopo River Basin[J]. Water, 4(1): 63-84.

第 8 章　结论与建议

8.1　结　论

8.1.1　气候变化-径流演变互馈机理研究

1）雅鲁藏布江流域气温、降水时空演变特征

根据近地表温度计算不同高程带的区域平均气温，拉萨河流域海拔上升 100m，气温下降 0.62℃。雅鲁藏布江流域未来 2016～2050 年在 RCP2.6 和 RCP8.5 两种排放情景下，都表现出温度持续上升的趋势，在 RCP2.6 排放情景下日平均气温平均上升 0.14℃，在 RCP8.5 排放情景下日平均气温平均上升 0.30℃。

使用逐步订正法对 PERSIANN-CDR 产品在日尺度上进行校正，校正后的降水卫星在日尺度对地面降水的反演有了明显的提升。在拉萨河流域内结合实测站点的降水数据分析，分辨率为 0.25°×0.25° 的 TRMM 3B43V7 遥感降水量大于实测降水量，但是由于与实测降水数据有着高度的正相关关系，在该流域有较好的应用。在流域尺度上，年降水量、降水天数和极端降水日数呈增加趋势。年降水量和降水天数显著增加，分别占流域面积的 50.8%和 75.8%。两个指数呈现上升趋势的区域大多重叠，表明降水天数增加是年降水量增加的一个可能原因。拉萨河下游地区南部的降水强度和极端降水强度增加，但在年楚河流域显著减少。极端降水频率显著上升，上升区域占流域面积的 43.0%。拉萨河山南地区极端降水对降水的贡献率显著增加。综合考虑四个极端降水指标，发现极端降水引起灾害的风险在中游东部和下游南部增加。

2）流域径流时空演变规律

通过分析过去 55 年年径流量的时空变化规律及其与降雨的相关关系，得知雅鲁藏布江径流从下游到上游集中期增大，集中度减小，最大径流出现日期延后，雨季径流量占年径流总量的比例减小。干流及主要支流的年径流序列在 30 年以上尺度上（1956～2015 年）呈非单调变化趋势，整体上在 20 世纪 90 年代之前呈不显著下降趋势，1990 年之后表现为先上升后下降的趋势，且通过了 0.05 的显著性检验。干流年径流量存在 3～4 年和 12～15 年左右的周期变化，同时也存在一个 30～33 年的显著长周期，并与降水的变化周期相似。各站年平均径流序列和降雨序列在 2～4 年和 10～16 年周期区间具有正相关关系，降雨仍然是径流变化的主要驱动要素。

3）多源气象水文数据融合及其分析

基于高分辨率的气象驱动场，借用搭建的陆面数据同化系统（集合卡尔曼滤波）开展土壤水分的融合工作。初步分析可以发现现有的驱动数据可以很好地代表流域内基本的气象要素分布特点。构建的同化系统同化后再预报的结果比只预报不同化更接近观测信息，误差更小。因此，利用改进的 EnKF 同化方法，可以同化生成雅鲁藏布江流域的土壤温湿度产品。这样就可以拥有一套完整的高分辨率的雅鲁藏布江流域水文气象数据，可以在雅鲁藏布江流域很好地开展气候变化对径流的影响研究。

8.1.2　雅鲁藏布江流域下垫面演变特征及其驱动力分析

1）土地利用演变及其驱动机制分析

雅鲁藏布江流域在 1980～2015 年整体土地利用结构比较稳定，未发生较大变化。流域地形复杂，空间异质性明显，坡度与地形起伏度空间分布较为相似。1980～2015 年雅鲁藏布江流域，草地、水体、耕地、永久性冰川积雪面积下降，林地、未利用地、城乡用地面积呈现不同程度的增加。其中，永久性冰川积雪降幅最大。森林适合在中低海拔区域生长，高程对其城乡用地和耕地约束性十分强烈。永久性冰川积雪主要分布于高海拔区域，河流及高原湖泊分布不连续且受高程影响有限。草地及未利用地与高程面积曲线类似，高程变化对其分布影响较小。耕地面积适应性要明显优于水体与城乡用地，水体的坡度限制性尤为明显。林地对不同坡度适应能力较强，未利用地较为狭长、分布更为集中，永久性冰川积雪在坡度 5°～9° 处分布较多，草地面积峰值出现在坡度 4° 处，坡度对草地限制性较小。随地形起伏度增加，耕地面积呈先减少后增加再减少趋势。水体与城乡用地变化趋势较为相似，对地形起伏度敏感性较高，但城乡用地有向地形起伏较大地区逐步扩张趋势。草地、林地、未利用地及永久性冰川积雪随地形起伏度增大面积先增后减，不同地类峰值出现位置不同。

2）景观格局演变及其驱动机制分析

草地在雅鲁藏布江流域景观组成中占了绝对优势地位，其次是林地与未利用地，且对应的景观异质性较低。流域内存在面积较大的完整草地，林地在研究期间斑块数量增加、密度上升、平均面积减小，未利用地破碎化程度较大。雅鲁藏布江流域景观水平各指数（除平均斑块面积外）在 1980～2015 年均有不同程度的下降，景观破碎化过程明显。其中，香农多样性指数、香农均匀度指数下降最为显著，降幅达到 1.2%。受全球气候变暖等因素的影响，雅鲁藏布江流域近年来气温明显升高，对永久性冰川积雪和高原水体构成威胁。耕地和城乡用地是雅鲁藏布江流域受人类活动影响较大的地类。

3）植被覆盖演变及其驱动机制分析

夏季 NDVI 值最大，其次为秋季。从上游到下游植被分布呈沿程递增的趋势，雅鲁藏布江流域植被分布与地形、海拔分布不均有很大关系。流域上下游植被覆盖变化类型以改善为主，且绝大部分区域变化轻微，流域中游植被覆盖变化类型以恶化为主，且部分区域恶化程度较重，流域内 NDVI 空间异质性非常显著。流域内不同植被类型年内分布和年际分布从大到小的排列顺序均为阔叶林、草丛、针叶林、栽培植被、灌丛、草甸、草原、高山植被和其他。流域呈弱持续性的比例最大，其次是弱反持续性；强持续性与强反持续性所占比例小。植被覆盖的变化同气象要素的变化有着显著的相关性。在流域下游，由于夏季温度较高，植被生长繁茂，NDVI 与最低气温的相关性不显著。在生长季降水不超过 700mm 的范围内，生长季 NDVI 值随着降水的增加而显著增大；生长季 NDVI 值随着气温的增加而显著增大，当生长季平均气温大于 15℃后，植被生长将会受到温度限制。生长季 NDVI 呈现显著增加和降低的区域分别占全流域总面积的 22.64% 和 3.98%。

4）积雪覆盖演变及其驱动机制分析

5～9 月流域积雪覆盖率较小，1～3 月流域积雪覆盖率较大。2000～2016 年流域年内变化呈现出夏季小、冬春大的特点，最小积雪覆盖率最小值出现在 7 月，最大积雪覆盖率最大值出现在 3 月。2000～2016 年，研究区积雪覆盖率、积雪日数和积雪深度空间异质性非常显著，空间演变规律相似，流域上游及下游北部海拔起伏较大的区域，人类活动对积雪造成影响不大。位于雅鲁藏布江干流和支流附近的中游地区，人类活动影响可能是造成积雪剧烈变化的重要因素。雅鲁藏布江流域积雪覆盖率和积雪日数呈弱持续性和弱反持续性的比例最大，其中积雪覆盖率呈弱反持续性的比例最高。雅鲁藏布江流域夏季积雪覆盖率离散程度较小，冬季积雪覆盖率离散程度较大，相同温度下，春季积雪覆盖率比秋季大。

5）陆地生态系统对气候变化的响应

随着气温升幅的增加，模拟出的 ET 表现出显著增加趋势。气温升高对雅鲁藏布江流域 ET 空间分布具有显著影响。此外，气温对雅鲁藏布江流域 ET 的增大具有重要作用，且气温升幅越大，ET 变幅增大的趋势越明显。气温升高对雅鲁藏布江流域碳平衡的变化具有显著作用。随着气温升幅的增加，流域整体碳汇强度也增加。

8.1.3　气候变化驱动下的径流响应与水文过程演变机理

1）径流演变与下垫面及气象要素相关性分析

奴各沙、拉萨、羊村、更张四个代表站点径流量同积雪比例和 NDVI 的相关性和显著性水平结果显示，四个代表站点在全年尺度上径流量同下垫面呈现出了显著的相关性。四个代表站点径流量同降水、平均气温、最低气温和最高气温的相关性和显著性水平结果显示，除了更张站径流量同降水量外，四个代表站点在全年尺度上径流量同下垫面及气象要素均呈现出了显著的相关性。

2）径流演变与下垫面及气象要素敏感性分析

径流量对积雪比例的敏感系数大体为负值，在夏季为正值，且值较小。径流量对

NDVI 的敏感系数均为正值，且夏季奴各沙和羊村站绝对值较高，秋季更张站绝对值较高，冬季拉萨站绝对值较高。除了夏季，径流量对气温的敏感系数均为正值。四个站点径流量对降水量敏感系数大体为正值，其中奴各沙和拉萨站夏季敏感系数较高，更张站春季敏感系数较高，羊村站秋季敏感系数较高。径流量对积雪比例的敏感系数在全年及春、秋、冬三季均为负值，夏季为正值，除了更张站外敏感系数绝对值较小。

3）径流演变与下垫面及气象要素贡献率分析

全年积雪比例对径流贡献率以负值为主，仅夏季是正值，反映了夏季融雪径流对总径流量具有重要的补充作用。全年 NDVI 对径流的贡献率以正值为主，且夏、秋两季贡献率较大，反映了下垫面植被对夏季降水的滞纳积蓄作用。夏季到秋季，降水对径流量的贡献率逐渐增大，于秋季达到顶峰。就平均气温和降水而言，降水的贡献率相对较小。上游站点降水对径流贡献率更大，而气温对下游站点贡献率更大，从侧面反映了下垫面植被对水分的拦蓄作用。

4）下垫面变化对流域径流量影响的定量分析

1966～2015 年，P 和 ET_0 在上、中、下游表现出明显的空间差异性。ET_0 呈不显著增加趋势。在上游地区，降水减少、径流增加；中游地区 P 和 R_t 也均显示出不显著增加趋势；而下游中的 R_t 呈现不显著下降的趋势。下垫面变化以及冰川径流的变化对上游径流的增加起着主导作用；而降水量的变化对中下游径流的增加影响最大，同时冰川径流也有着超过 25% 的不可忽略的贡献率。此外，本书还对全流域径流总量进行了归因分析，ΔP、ΔET_0、Δn 和 Δr 对整个流域径流量增加的贡献率分别为 39.62%、−2.74%、32.32% 和 30.94%，进一步说明研究下垫面变化和冰川径流变化对理解径流变化的重要性。

5）雅鲁藏布江流域 BTOPMC 模型构建、率定与验证

羊村站及奴下站在率定期和验证期模拟结果与实际情况基本一致，率定期 NSE 大于 0.75，验证期 NSE 大于 0.65，模拟效果良好。奴各沙站由于所处区域地势复杂，其子流域汇流特征较其下游两个子流域有一定的差别，且位于奴各沙水文站上游的气象站点仅有三个，分布较少，降水及气温资料的代表性较差，直接制约了模型模拟的精度。但从整体的模拟结果来看，BTOPMC 依然保证了整个流域水文过程的准确模拟。

6）气候变化情景构建及流域生态水文过程响应

各月气温大小规律符合 $T_{当前} < T_{2050s\ rcp4.5} < T_{2070s\ rcp4.5} < T_{2050s\ rcp8.5} < T_{2070s\ rcp8.5}$。从温室气体排放较强的情景 rcp8.5 来看，2050s 气温已超过相对排放较弱的 2070s。可见，温室气体排放是气候变暖的一个主要影响因素。四种气候情景下每年温度平均分别增加 3.5℃、4.5℃、4.0℃、6.3℃，从气温的年内分布来看，6～9 月气温增加的幅度要明显低于其余月份，说明气候变化更易对低温天气产生影响。从气温变化的流域分布来看，四个情景下整个流域温差变化在 1～2℃，流域北部较南部气温上升更大，且最大值往往出现在东北和西北两端。

从四种气候情景年降水总量来看，$P_{当前}$（452mm）$<P_{2050s\,rcp4.5}$（578mm）$<P_{2070s\,rcp4.5}$（608mm）
$<P_{2050s\,rcp8.5}$（618mm）$<P_{2070s\,rcp8.5}$（660mm），从月降水分布来看，6～8 月是丰水期，占到
年降水总量的 60%以上，降水量均在 7 月达到最大值。平水期和枯水期的月降水量分布
及变化四个情景各不相同且没有统一规律，针对丰水期，四个情景下 6～8 月降水量的变
化率分别为 2050s rcp4.5（25.7%）$<$2050s rcp8.5（31.7%）$<$ 2070s rcp4.5（32.7%）$<$2070s
rcp8.5（48.9%），其中情景 2050s rcp8.5 和情景 2070s rcp4.5 的降水量分布及变化率十分
接近，同样说明温室气体排放强度会加快气候变化进程。从降水量变化的流域分布来看，
降水增加量较大的区域集中在流域南部，且随着气候变化的加剧，区域有由南向北逐渐
扩大的趋势，流域源头及出口区域降水量增加较小。

分析四个未来气候情景水文模型奴下站的模拟流量可知，年月平均流量 $Q_{当前}<Q_{2050s\,rcp4.5}$
$<Q_{2070s\,rcp4.5}<Q_{2050s\,rcp8.5}<Q_{2070s\,rcp8.5}$，若把 12 月至次年 2 月流量相对平稳时期看作基流期，其
基流量大小关系为 $Q_{当前}$（255.2 m³/s）$<Q_{2050s\,rcp4.5}$（387.7 m³/s）$<Q_{2070s\,rcp4.5}$（447.9 m³/s）$<$
$Q_{2050s\,rcp8.5}$（462.2 m³/s）$<Q_{2070s\,rcp8.5}$（483.4 m³/s），均有明显的提升。将每年径流相较于
降水量有明显上升的时间看作冰川融化开始的时间，当前及 2050s rcp4.5 情景大致在 4 月，
2050s rcp8.5 与 2070s rcp4.5 大致发生在 2～3 月，且 2050s rcp8.5 情景下流量上升的幅度
更大，2070s rcp8.5 情景大致在 2 月，冰川融化时间随着气候变化的加剧逐渐提前。3～
5 月降水相对较少，此时河道流量变化主要由温度上升引发的冰川融水所致，随着气温
的上升，流域蒸发量将抵消融雪量从而使降水量变化成为河道流量变化的主导因子。当
每年流域温度达到 0.40～0.97℃之间的某一个温度阈值时，冰川融雪径流量将出现明显
上升，随着气候变暖的进一步加剧，此温度阈值出现的时间将会提前，每年冰川的融化
期将会越来越长。

7）水文过程对气候变化的响应模拟

蒸散发和土壤含水量的变化相对较小，整个流域内 2006～2020 年至 2046～2060 年
蒸散发量是增加的，而上游土壤含水量增加、中下游土壤含水量减少。2086～2100 年，上
中游蒸散发量和土壤含水量均显示出不显著的增加态势，而下游二者表现为略微下降态
势。从 2006～2020 年至 2046～2060 年，年尺度上的降水量、土壤含水量和径流量均有
所减少，但年降水量和年平均径流量从 2046～2060 年至 2086～2100 年呈显著增加趋势，
尤其对于喜马拉雅山区和年楚河流域。从 2046～2060 年至 2086～2100 年，春季和夏季
降水量、径流量均表现出显著的增加趋势，尤其是喜马拉雅地区。降水量的变化可能是
雅鲁藏布江流域径流量变化的主导因素。雅鲁藏布江流域冻结开始时间推迟、融化开始
时间提前，冻结历时缩减、融化历时增加，土壤含水量增加显著。

8.2　建　议

（1）在分析雅鲁藏布江流域气候变化影响下的流域径流的时空演变规律，解析影响
流域径流变化的因子时只考虑了降水、潜在蒸散发、下垫面和冰川对流域径流的影响，
对整个流域径流归因的解析存在一定的不确定性，主要源于：①降水。由于流域内的实

测站点较少，特别是高海拔地区，因此目前现有的站点降水数据生成的格网产品和已有的再分析、遥感降水产品都有一定的不确定性，特别是在高海拔地区，因此对流域的液态降水和固态降水的总量把握与实际存在一定的偏差，从而引起径流解析的不准确。②蒸发。由于观测的蒸发数据很少，而现有的各种蒸发产品存在一定的不确定性，即使借助于水量平衡数据估算的蒸发数据也存在偏差。因此，目前的研究中只考虑了潜在蒸散发对径流的影响。③冰川。雅鲁藏布江流域的冰川面积占比较大，但是现有的冰川编目数据都是不连续的。当前冰川消融对径流贡献的考虑只是基于已发表的模型模拟的冰雪消融比例，尽管存在一定的偏差，但是已经最大限度考虑了冰雪消融对径流的贡献。下一阶段工作中可以结合已经率定好的模型继续开展相关的工作。因此，下一阶段工作中，继续收集流域内已有的观测降水，特别是高海拔地区，尽可能提高流域降水数据的质量。同时，借助于观测的冰川数据率定已有的水文模型，提供较准确的流域冰川变化的数据，合理地开展流域降水和冰雪消融对径流的补给比率评估。

（2）增加遥感数据与实地观测数据相融合的分析方法。由于遥感数据本身就存在很大的不确定性，并不能完全反映流域真实情况，应加强与实地观测资料的验证分析。评估 LPJ 植被动态模型在雅鲁藏布江流域的适用性时，本书只考虑了利用遥感数据验证模型，还需要进一步加强与实地观测资料的验证分析。

（3）对机理模型进行改进。LPJ 植被动态模型是全球尺度模型，为了适应更为广阔区域和各类气候条件下的植被模拟，模型参数的取值范围较广。由于雅鲁藏布江流域地形和气候条件复杂，地理位置独特，模型中的参数有时候不能反映植被的真实生长状况，因此基于实测资料等对模型参数进行改进，增强模型机理，提高模型模拟植被生长的能力将是后续研究的重点方向之一。

（4）基于大气环流模型的气候变化情景开展未来植被演变分析。本书在分析陆地生态系统对气候变化的响应时，仅考虑气温变化对其影响，但气温升高也会影响降水和大气中 CO_2 浓度的变化，因此后续研究中，应考虑加入降水和大气中 CO_2 浓度两个影响因子。